国家自然科学基金面上项目(51776218)
江苏省自然科学基金优秀青年基金项目(BK20180083)
江苏省自然科学基金青年基金项目(BK20190626)

固液相变模型与应用

霍宇涛　饶中浩　著

中国矿业大学出版社
· 徐州 ·

内 容 提 要

本书根据作者在固液相变模拟的研究经验，总结了伪焓法、焓转化法等固液相变数值计算模型，并拓宽了固液相变模型在复杂边界和柱坐标系中的应用。同时也对固液相变模型在相变储热和温度调控中的应用进行介绍。

本书可作为能源与动力工程、储能科学与工程、新能源科学与工程等相关专业本科生的教材或参考书，也可供电力、建筑、化工等领域从事固液相变机理研究和储热、温控技术研发的相关研究人员和工程技术人员阅读和参考。

图书在版编目(CIP)数据

固液相变模型与应用 / 霍宇涛，饶中浩著. — 徐州：中国矿业大学出版社，2020.9

ISBN 978-7-5646-4809-1

Ⅰ. ①固… Ⅱ. ①霍…②饶… Ⅲ. ①相变-研究 Ⅳ. ①O414.13

中国版本图书馆 CIP 数据核字(2020)第 179500 号

书　　名 固液相变模型与应用
著　　者 霍宇涛　饶中浩
责任编辑 仓小金
出版发行 中国矿业大学出版社有限责任公司
（江苏省徐州市解放南路　邮编 221008）
营销热线 (0516)83884103　83885105
出版服务 (0516)83995789　83884920
网　　址 http://www.cumtp.com　**E-mail**:cumtpvip@cumtp.com
印　　刷 徐州中矿大印发科技有限公司
开　　本 787 mm×1092 mm　1/16　**印张** 14.75　**字数** 281 千字
版次印次 2020 年 9 月第 1 版　2020 年 9 月第 1 次印刷
定　　价 48.00 元

前　言

相变材料具有潜热和相变温度变化小的优点，被广泛应用于潜热储能和温度调控中。强化传热是提高潜热储能和温度调控性能的主要措施，关键在于提高相变材料的热物性和优化系统结构。为深入分析潜热储能和温度调控中的传热过程，需通过数值模型还原温度场并追踪固液相变界面，为系统设计和优化提供理论依据。

笔者总结了研究团队在固液相变模型研发和应用方面的研究成果和经验，编写了《固液相变模型与应用》一书，对固液相变模型基础及应用进行了介绍。本书共分为 11 章：第 1 章为绪论，主要对固液相变原理及模型基础进行介绍；第 2 章和第 3 章对改进的焓法和焓转化法固液相变模型进行介绍；第 4 章和第 5 章介绍了复杂边界和柱坐标系中的固液相变模型；第 6 章—第 8 章介绍了固液相变模型在非均匀热流、间断热流和高导热肋片储热系统中的应用；第 9 章—第 11 章对固液相变模型在多孔介质和分离隔板固液相变温控系统、低温环境电池温控系统中的应用进行了介绍。

本书在编写过程中，研究生庞晓文和殷冒彬等在文献整理、插图制作、文字校对等方面提供了很大帮助，在此表示感谢。作者的研究工作得到了国家自然科学基金面上项目(51776218)、江苏省自然科学基金优秀青年基金项目(BK20180083)和江苏省自然科学基金青年基金项目(BK20190626)的支持，并得益于中国矿业大学的良好科研环境。此外,衷心感谢本书参考文献中所列的全体作者。

由于作者时间和水平所限,书中不妥之处在所难免,敬请读者批评指正。

霍宇涛　饶中浩

2020 年 6 月

目　录

第 1 章　储热和温控中的固液相变 …… 1
1.1　相变材料在储热和温控中的应用 …… 1
1.2　固液相变原理 …… 2
1.3　固液相变数值模型基础 …… 4
1.4　格子 Boltzmann 方法基础 …… 10

第 2 章　伪焓法固液相变数值计算模型 …… 18
2.1　引言 …… 18
2.2　伪焓法固液相变数值计算模型构建 …… 18
2.3　伪焓法固液相变数值计算模型结果分析 …… 19
2.4　本章小结 …… 29

第 3 章　焓转化法固液相变数值计算模型 …… 30
3.1　引言 …… 30
3.2　焓转化法固液相变数值计算模型与结果分析 …… 30
3.3　改进焓转化法固液相变数值计算模型与结果分析 …… 35
3.4　本章小结 …… 52

第 4 章　统一动力学固液相变数值计算模型 …… 54
4.1　引言 …… 54
4.2　统一动力学固液相变数值计算模型构建 …… 55
4.3　统一动力学固液相变数值计算模型结果分析 …… 60
4.4　本章小结 …… 68

第 5 章　柱坐标系固液相变数值计算模型 …… 69

5.1　引言 …… 69

5.2　柱坐标系固液相变数值计算模型构建和验证 …… 70

5.3　柱坐标系固液相变数值计算模型应用和结果分析 …… 75

5.4　本章小结 …… 82

第 6 章　固液相变模型在非均匀热流储热系统中的应用 …… 84

6.1　引言 …… 84

6.2　固液相变模型在非均匀热流储热系统的应用 …… 85

6.3　固液相变模型在倾斜方腔储热装置中的应用 …… 96

6.4　本章小结 …… 110

第 7 章　固液相变模型在间断热流储热系统中的应用 …… 111

7.1　引言 …… 111

7.2　间断热流储热系统数值计算模型构建 …… 111

7.3　间断热流储热系统数值计算结果分析 …… 112

7.4　本章小结 …… 126

第 8 章　固液相变模型在高导热肋片储热系统中的应用 …… 127

8.1　引言 …… 127

8.2　高导热肋片储热系统数值计算模型构建 …… 127

8.3　高导热肋片储热系统数值计算结果分析 …… 129

8.4　本章小结 …… 141

第 9 章　固液相变模型在多孔介质控温系统中的应用 …… 142

9.1　引言 …… 142

9.2　多孔介质控温系统数值计算模型构建 …… 142

9.3　多孔介质控温系统数值计算结果分析 …… 147

9.4　本章小结 …… 155

第 10 章 固液相变模型在分离隔板电池热管理系统中的应用 …… 156
10.1 引言…… 156
10.2 分离隔板电池热管理系统数值计算模型构建…… 157
10.3 分离隔板电池热管理系统数值计算结果分析…… 159
10.4 本章小结…… 169

第 11 章 固液相变模型低温环境相变材料电池温控系统中的应用 …… 170
11.1 引言…… 170
11.2 低温环境相变材料电池温控系统数值计算模型构建…… 170
11.3 材料物性和温度对电池恒温性能计算结果分析…… 175
11.4 本章小结…… 186

参考文献…… 188

附录 A …… 207

附录 B …… 211

附录 C …… 213

附录 D …… 216

第 1 章　储热和温控中的固液相变

1.1　相变材料在储热和温控中的应用

随着科学技术的发展，人类对能源的需求量日趋增长。除此之外，不可再生能源的燃烧等利用方式会排放二氧化硫（SO_2）、氮氧化物（NO_x）等有害气体及二氧化碳（CO_2）等温室气体，导致环境污染及全球温室效应，影响全球可持续发展。解决能源危机和环境污染的根本途径是寻找和开发清洁、高效的可再生能源。虽然近年来如太阳能、潮汐能、风能和地热能等可再生能源在能源结构中的比重逐渐加大，但由于技术开发的限制，上述可再生能源具有时间和空间上的不连续性，难以得到推广和应用。为解决这个问题，作为能源产生和消耗之间的中介，储能技术（Energy Storage）逐渐成为完善能源架构的关键。

储能技术包括热能存储、热化学储能、电化学储能、机械储能和电磁储能等[1]。热能存储以热量的形式储存能量，根据热量储存的形式可以分为显热储能（STES，Sensible Thermal Energy Storage）和潜热储能（LTES，Latent Thermal Energy Storage）。其中，潜热储能是将固液相变材料（PCM，phase change material）作为储能介质，通过潜热的形式储存能量，具有储能密度大、结构简单和成本低等优点，是缓解能源短缺问题的关键技术。潜热储能的评价标准主要有储能密度（Energy density）和功率密度（Power density）。前者主要由相变材料的潜热和显热保证，后者即为潜热储能的储能和释能速率。

固液相变材料在相变过程会吸收和释放热量，除在潜热储能的应用外，还被广泛应用于室内建筑、元器件等温度调控。在建筑材料中加入固液相变材料，可充分利用相变潜热与相变过程温度波动小的优点，调控室内温度变化，同时降低了室内空调等控温设备的能耗，达到节能减排的目的。

半导体器件、电化学电池等元器件在工作期间部分能量会以热量的形式散发，使元器件的温度上升，降低运行性能，甚至产生燃烧和爆炸。利用固液相变材料在相态变化过程吸收元器件所产生的热量，实现温度调控；在低温环境下，以潜热形式存储在固液相变材料中的热量会使减缓元器件的温度下降，实现保温，保证元器件在低温环境下的性能。在温度调控中，相变材料的主要利用方式有直接散热[2-4]、相变材料/微通道耦合散热[5]和相变材料/热管耦合散热[6]等。但是，与提高热能存储功率密度一样，为保证电子元件、电池等的温度，需对相变材料的传热性能进行强化，其关键在于深入探索固液相变机理。

1.2 固液相变原理

物质热量主要以显热和潜热储存。其中，物质所吸收的显热量可由两平衡态(起始状态和终止状态)间的温差计算而得(假设物质物性与温度无关)：

$$Q = mC(T_2 - T_1) \tag{1-1}$$

式中，Q 为吸收热量 J；m 为质量，kg；C 为比热，$J \cdot kg^{-1} \cdot C^{-1}$；$T_2$ 和 T_1 为起始状态和终止状态时的温度值。根据过程不同，比热可分为定压比热 C_p 和定容比热 C_v。本书中所讨论流体均视为不可压流体，所涉及的所有比热均为定压比热 C_p，下文中不再赘述。

物质从某一相向另一相转变的过程称为相变，包括物质在气相、液相和固相间相互转化的"一级相变"和如液态氦和超流氦之间转化的"二级相变"。其中，相变材料(部分文献中相变材料包括气液相变和固固相变。为防止混淆，本书中，相变材料仅表示固液相变材料。此外，无特殊说明，本书中所有相变均表示固液相变)利用固液相变吸收或释放热量(体积变化小、易控制)，被广泛应用于太阳能热存储、余热回收和电池温度调控等领域。

根据物质组成，固液相变材料可分为有机相变材料和无机相变材料。其中，有机相变材料有醇类、石蜡类、脂肪酸、聚醚类、芳香酮类和多羟基碳酸类等[7]。大部分有机相变材料具有性质稳定、无腐蚀性、无过冷和相分离等优点，但普遍导热系数较低。相反，无机相变材料如结晶水合盐、熔融盐、金属及其合金等的潜热巨大，且导热系数较一般有机相变材料高。但是，部分无机材料存在严重的过冷和相分离特性。无机相变材料中，如无机水合盐等的相变过程与一般的相变材料不同。以无机水合盐为例，其在吸热过程中会脱出结晶水，而在放热过程中则与水结合。由于在相变过程中伴随着化学反应，因此在部分文献和专著中将无机水合盐等视作热化学储能材料[8-10]。

相变材料在相变过程中所吸收或放出的热量为相变潜热，是评价相变材料性能的重要热物性。相变潜热可由物体的液相焓与固相焓求得，即：

$$h_{sl} = H_l - H_s \tag{1-2}$$

式中，h_{sl} 为相变潜热，$J \cdot kg^{-1}$；H_l 为液相焓，$J \cdot kg^{-1}$；H_s 为固相焓，$J \cdot kg^{-1}$。液相焓与固相焓定义为相变完全发生时的焓值。水在常温下的比热约为

4 200 J·kg^{-1}·℃$^{-1}$，而水的相变潜热约为 3.3×10^5 J·kg^{-1}。根据式(1-1)可得，将水从固相完全转化为液相所需的热量可对同样质量的水加热并将其温度提升近 80 ℃。

相变温度为相变材料的另一重要物性。对于纯相变材料，其相变温度为一定值，如纯水的相变温度为 0 ℃，而纯正十八烷($C_{18}H_{38}$)的相变温度为 28 ℃，这种相变材料的固液相变界面明显。相对而言，复合相变材料的相变发生在一温度范围内，且在固相和液相间存在一个两相区域，称为两相区(mushy zone)。以一维熔化问题为例，当相变材料的初始温度低于其相变温度时，其某一时刻的温度分布如图 1-1 所示。T_s 和 T_l 分别为固相温度和液相温度，复合相变材料相变区域为 $T_s<T<T_l$。

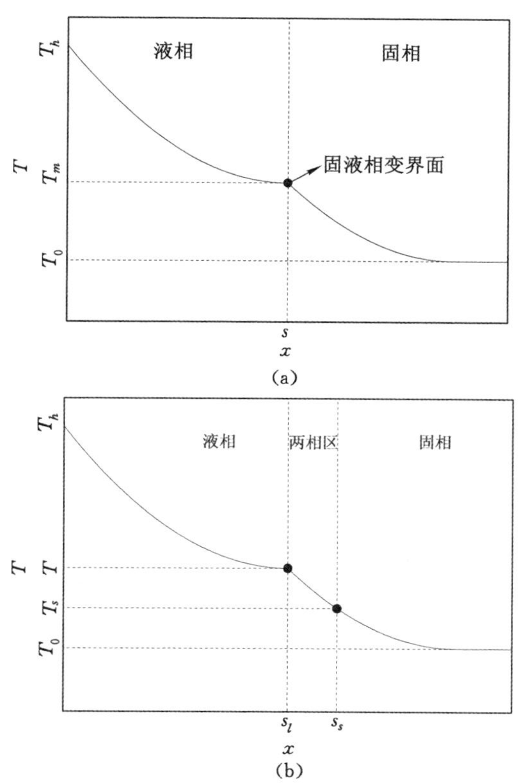

图 1-1　(a)纯相变材料(b)复合相变材料的一维熔化温度分布

大部分材料在受热后分子间间距会增加，宏观上体现为材料的体积膨胀和密度下降。对于流体，由于密度差所导致的流动现象称为自然对流。对于相变材料，熔化后的液相相变材料受热后密度下降，在浮力的作用下上升至容器的上部，使固液相变界面与加热壁面不再平行，并出现上部熔化快于下部的现象，如图 1-2 所示[11]。在熔化自然对流中，由于相变材料在相变过程中温度变化较小，固液相界面上的温度约等于固相温度，导致在固相内热量传递减慢，整体传热速率受限于固液相界面上的传热速率。

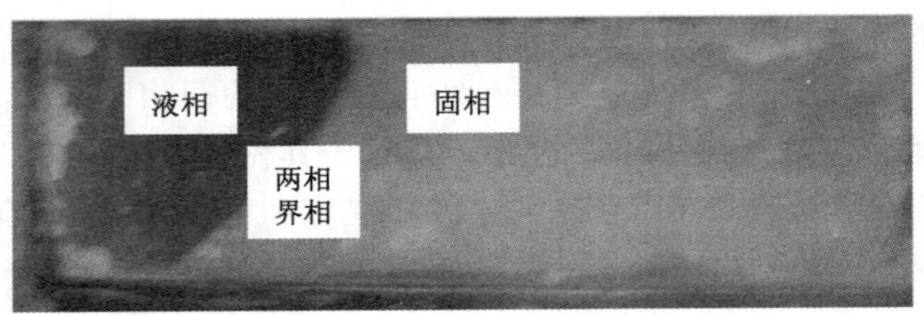

图 1-2　自然对流下石蜡熔化[11]

1.3　固液相变数值模型基础

由于对流和潜热的影响，固液相变界面上的动量、质量和能量传递是十分复杂的过程。通过数学分析方法，仅能针对一维和二维的纯热传导相变问题进行求解[12]。当考虑密度变化的影响后，数学分析法难以精确还原固液相变过程。为获得固液两相界面位置及相变材料温度分布，可采用数值方法对固液相变问题进行求解。常用的相界面追踪方法主要有拉格朗日法和欧拉法两种。前者通过有限的离散点标定两相界面的位置，并通过质量、动量和能量守恒更新离散点的位置。后者是通过液相率等参数追踪固液相变界面，可直接求解焓守恒方程，具有计算简单、物理意义明确等优点，可细分为等效热熔法、焓法和焓转化等。下文将对上述方法进行详细介绍。

1.3.1　宏观流动方程

焓守恒方程中包含速度(对流项)，需要对质量守恒和动量守恒方程求解以获得相变材料的速度场。本书所介绍的相变材料均视为不可压、牛顿流体，其质量和动量守恒方程如下：

$$\frac{\partial \rho}{\partial t} + \nabla \cdot (\rho u) = 0 \tag{1-3}$$

$$\frac{\partial (\rho u)}{\partial t} + \nabla \cdot (\rho u u) = -\nabla p + \nabla \cdot (\mu \nabla u) + F \tag{1-4}$$

式中，ρ、u、t、μ 和 p 分别为密度($kg \cdot m^{-3}$)、速度($m \cdot s^{-1}$)、时间(s)、动力黏度($Pa \cdot s^{-1}$)和压力($N \cdot m^{-2}$)；F 为流体所受体积力，$N \cdot m^{-3}$。本书中，主要考虑

加热后流体所受的浮力。

在自然对流模拟中，密度变化对质量守恒方程和动量守恒方程求解带来大量的计算量。法国著名物理学家和数学家 Boussinesq 提出在低 Mach 数流动中可忽略密度变化对质量守恒方程的影响，而将密度变化所引起的浮力仅体现在动量方程源项中[13]：

$$F = \rho f_m = -\rho g\beta(T - T_{\mathrm{ref}}) \tag{1-5}$$

式中，β 为相变材料的热膨胀系数，$1 \cdot ℃^{-1}$；g 为重力加速度，$\mathrm{m \cdot s^2}$；T 为温度，℃；而下标“ref”则表示参考值。

式(1-4)仅针对液相相变材料，对于两相区及固液相变界面处的相变材料，需要进行额外处理。为引入两相界面对动量方程的影响，可将两相区视为多孔介质，并参考 Carman-Kozeny 方程，于式(1-4)右侧中添加以下源项[14]：

$$F_{\mathrm{mush}} = \frac{(1 - f_l)^2}{f_l^3 + \varepsilon} u A_{\mathrm{mush}} \tag{1-6}$$

式中，A_{mush} 及 ε 均为两相区多孔介质控制参数；f_l 为液相率，是[0,1]间的实数，在相变材料处于固相时为 0，液相时为 1。

式(1-3)及(1-4)为液相的质量和动量守恒方程。对于纯热传导问题(忽略由于热膨胀所带来的自然对流)，仅需求解焓守恒方程，且守恒方程中的对流项设置为 0。

1.3.2　等效热容法固液相变模型

等效热容法是将相变过程中的相变潜热以一定的函数关系等效成比热容。假设相变材料为不可压流体且忽略黏性热耗散与过冷，笛卡儿坐标下焓值的守恒方程如下[15]：

$$\rho C_p \frac{\partial T}{\partial t} + \rho C_p \nabla \cdot (Tu) = \nabla \cdot (\lambda \nabla T) \tag{1-7}$$

式中，λ 为相变材料的导热系数，$\mathrm{W \cdot kg^{-1} \cdot ℃^{-1}}$。考虑到相变潜热的影响，式(1-7)中 C_p 和 λ 仅是温度的函数。对于纯相变材料，假设相变材料的固液相变温度不再是一定值，而是在温度区间($T_m - \delta T, T_m + \delta T$)内，则比热和导热系数可表示如下：

$$C_p = \begin{cases} C_{ps} & T \leqslant T_m - \delta T \\ \dfrac{h_{sl}}{2\delta T} + \dfrac{C_{ps} + C_{pl}}{2} & T_m - \delta T < T \leqslant T_m + \delta T \\ C_{pl} & T > T_m + \delta T \end{cases} \tag{1-8}$$

$$\lambda=\begin{cases}\lambda_s & T\leqslant T_m-\delta T\\ \lambda_s+\dfrac{\lambda_l-\lambda_s}{2\delta T}(T-T_m+\delta T) & T_m-\delta T<T\leqslant T_m+\delta T\\ \lambda_l & T>T_m+\delta T\end{cases} \tag{1-9}$$

式中，下标“l”和“s”分别表示液相和固相。由式(1-8)可知，在两相区，比热分为显热比热(右侧第二项)与由潜热换算的等效比热(右侧第一项)。若相变材料为复合相变材料，即相变发生在温度区间(T_s，T_l)内，则有：

$$T_m=\frac{1}{2}(T_s+T_l) \tag{1-10}$$

利用等效热容法可有效处理固液相变问题。研究表明，为了精确追踪固液相变界面位置，相较于其他方法，等效热容法对网格的质量需求更高。但是，由于等效热容法实施简便，其在工程领域仍然应用广泛。Hashemi 和 Sliepcevich[16]利用式(1-7)求解了一维相变热传导问题。Lamberg 等[17]利用有限元法(FEM，finite element method)对式(1-7)进行离散求解，并模拟了含翅片的储能元件内相变材料的温度分布规律。Chen 等[18]利用等效热容法模拟了墙体用相变材料的固液相变过程，发现在加了相变材料层后，墙体的保温效果增加明显。Mosaffa 等[19]采用等效热容法获得了多层相变材料储能元件的性能，并提出了最优的相变材料选用方案。

等效热容法除了应用在相变材料的固液相变模拟外，由于其简单、易实施的特点，在 20 世纪后叶被推广至潜热功能流体(LFTF，latent functional thermal fluid)的数值模拟中[20]。Sabbah 等[21]和 Inaba 等[22,23]分别推导出了潜热功能流体的自然对流模型。在模型中，潜热功能流体被视为单相流体，其潜热作用源项借鉴等效热容法。Song 等[24,25]亦将潜热功能流体的单相流模型应用在管道强制对流中，并建立了潜热功能流体柱坐标系流动与传热模型。式(1-8)中仅列出了等效热容的线性表达式，除此之外，Zeng 等[26]根据差示扫描量热仪(DSC，differential scanning calorimeter)所得结果拟合出等效热容的正弦曲线表达式，并将其应用在潜热功能流体模拟中。Ma 和 Zhang[27]对比并分析了线性左三角、线性右三角、线性中三角、线性、正弦曲线 5 种不同的等效热容表达式，结果表明正弦曲线表达式较为精确。

1.3.3 焓法固液相变模型

焓法模型是求解焓守恒方程的一种方法。假设固液两相密度一致，且无黏性热耗散与过冷，则笛卡儿坐标下的焓守恒方程为[15]：

$$\rho\frac{\partial H}{\partial t}+\rho\nabla\cdot(Hu)=\nabla\cdot(\lambda\nabla T) \tag{1-11}$$

其中，H 为焓，$\mathrm{J \cdot kg^{-1}}$，其与温度的关系如下：

$$H = C_p(T)(T - T_m) + f_l h_{sl} = \begin{cases} C_{ps}(T - T_m) & T < T_s \\ C_p(T)(T - T_m) + f_l h_{sl} & T_s < T < T_l \\ C_{pl}(T - T_m) + h_{sl} & T < T_l \end{cases} \tag{1-12}$$

由上式可知，式(1-11)中的焓包含显热和潜热，而固液两相由液相率区分。通过对式(1-11)离散(非稳态项可采用全显式离散)，由上一时间步温度场和流场数值可直接获得下一时间步的焓值，再根据式(1-12)可直接获得对应温度值，具体方程如下：

$$T = \begin{cases} T_s - \dfrac{H_s - H}{C_{ps}} & H \leqslant H_s \\ T_s + \dfrac{H - H_s}{H_l - H_s}(T_l - T_s) & H_s < H < H_l \\ T_l + \dfrac{H - H_l}{C_{pl}} & H \geqslant H_l \end{cases} \tag{1-13}$$

式(1-11)至(1-13)即为总焓法。

将式(1-12)代入式(1-11)中，将液相率引起的能量变化项作为热源项移动至方程右侧，可得：

$$\rho \frac{\partial (C_p T)}{\partial t} + \rho \nabla \cdot (C_p T u) = \nabla \cdot (\lambda \nabla T) - \left(\rho h_{sl} \frac{\partial f_l}{\partial t} + \rho \nabla \cdot (u h_{sl} f_l) \right) \tag{1-14}$$

上式即为热源法。对于纯相变材料，热源中的第二项(对流项)可忽略不计。在实际数值计算中，热源中的对流项常会引起非物理热传递，在大部分模拟中皆忽略这一项的影响。对式(1-14)的离散可知，源项计算中需代入下一时间步的液相率值，不能直接采用与式(1-11)相同的离散求解方法。为了简化计算流程，Pham[28,29]基于等效热容法的概念，提出了伪焓法(Quasi enthalpy)。在伪焓法中，焓值的计算被划分为两部分："预测"和"修正"。通过对式(1-14)分析可得(忽略热源中的对流项)，相变材料节点的对流项和扩散项不受潜热的影响。伪焓法的基本思路是先考虑对流项和扩散项的影响，通过上一时间步的已知温度场和流场，直接求解温度方程，获得下一时间步的预测温度值。通过温度和焓值的关系，将温度变化值全部等效为显热以计算下一时间步的焓值，再换算出当前时间步的真实温度值和液相率。Voller 和 Swaminathan[30]指出这一过程可能存在能量不守恒的现象，并提出了新的"修正"步骤，使其严格满足能量守恒。

焓法凭借其精度高、简单易实施等优点，被广泛应用于科学和工程计算中。Shatikian 等[31]利用焓法模型模拟了具有翅片强化传热的相变材料热沉传热过程。Ye 等[32]将焓法模型和 VOF(volume of fluid)模型结合,研究了相变材料与空气在相变储能元件中的相互作用。Younsi 等[33]将焓法模型推广至胶囊类相变材料的传热模拟中,并分别研究了腔体的加热和放热过程中热流密度与温度间的关系。Sefidan 等[34]提出了一种双层相变材料的储能元件,由内部流体对储能元件进行加热。Seddegh 等[14]分别研究了储能元件在水平放置和竖直放置两种情况下的性能。由于自然对流的影响,竖直放置的储能速率较水平放置高。Qu 等[35]建立了基于泡沫金属相变材料的被动式电池温度调控焓法模型,并考虑泡沫金属中的局部非热平衡,通过添加源项的方式求解金属与相变材料间的换热量。Al-Jethelah 等[36]将纳米颗粒强化相变材料添加至多孔介质之中,建立了表征体元尺度多孔介质—纳米颗粒强化相变材料的固液相变模型,并研究了其在方腔中的传热与传质特性。

1.3.4 焓转化法固液相变模型

结合等效热容法和焓法的优点,1990 年,Cao 和 Faghri[37]提出了焓转化法(Enthalpy transforming)模型,其焓守恒方程与式(1-11)一致。与焓法不同,对于纯相变材料,相变温度并非为一定值。假设相变材料相变温度为 T_m,参考等效热容法,固液相变发生在温度区间($T_m-\delta T$, $T_m+\delta T$)内,并假设温度与焓值间为多段线性函数,则焓值可表达为:

$$H=\begin{cases} C_{ps}(T-T_m)+C_{ps}\delta T & T\leqslant T_m-\delta T \\ \left(\dfrac{C_{ps}+C_{pl}}{2}+\dfrac{h_{sl}}{2\delta T}\right)(T-T_m)+\dfrac{C_{ps}+C_{pl}}{2}\delta T+\dfrac{h_{sl}}{2} & T_m-\delta T<T\leqslant T_m+\delta T \\ C_{pl}(T-T_m)+C_{ps}\delta T+h_{sl} & T>T_m+\delta T \end{cases} \tag{1-15}$$

对式(1-11)进行离散,根据上一时间步的流场和温度场信息,可直接获得下一时间步的焓值。由式(1-15)可知,焓随温度的增加单调递增,由焓值可确定其对应的唯一温度值。对于复合相变材料,焓法和焓转化法间的焓值关系式一致,如图 1-3(a)所示。如图 1-3(b)所示,对于纯相变材料,以熔化为例,在焓法中,材料升温至 C 点后开始相变,且期间温度保持 T_m 不变。在材料继续吸热后,焓上升至 D 点,且相变材料完全从固相转化为液相。对于焓转化法,由于固液相变发生在温度区间($T_m-\delta T$, $T_m+\delta T$)内,材料温度上升至 A 点后即开始发生相变,并最终在 B 点处相变完全。为保证精度,需要 δT 相对系统整体温升较小。

式(1-15)可简写为:

$$H(T)=C_p(T)(T-T_m)+b(T) \tag{1-16}$$

其中,$C_p(T)$的表达式如等效热容法中(1-8)所示。而 $b(T)$则表示为:

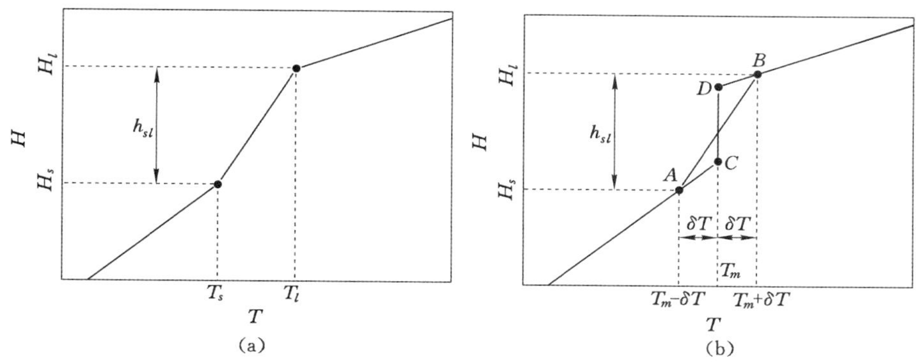

图 1-3 焓值与温度函数关系

$$b(T)=\begin{cases} C_{ps}\delta T & T\leqslant T_m-\delta T_s \\ C_{pm}\delta T+\dfrac{h_{sl}}{2} & T_m-\delta T<T\leqslant T_m+\delta T \\ C_{pl}\delta T+h_{sl} & T>T_m+\delta T \end{cases} \tag{1-17}$$

$$C_{pm}=\frac{C_{ps}+C_{pl}}{2} \tag{1-18}$$

将式(1-16)代入(1-11),并将 $b(T)$ 相关非稳态项和对流项作为源项处理,可得:

$$\rho\frac{\partial(C_pT)}{\partial t}+\rho\nabla\cdot(uC_pT)=\nabla\cdot(\lambda\nabla T)-\rho\left[\frac{\partial b}{\partial t}-\nabla\cdot(ub)\right] \tag{1-19}$$

与焓法一致,上式源项中的对流项会引起数值振荡,在一般数值模拟中会忽略其影响[38]。由于式(1-19)直接对温度进行求解,因此在部分文献中将其称为温度转化法(Temperature Transforming)。

将式(1-7)和(1-19)对比分析可知,焓转化法相对于等效热容法多了右侧源项。等效热容法是当右侧源项为 0 时的一种特殊情况。由于 $b(T)$ 大于 0,为保证其偏微分近似为 0,在离散的过程中,需保证时间步长和空间步长足够小,因此等效热容法对网格质量要求较高。

部分文献中[39]将基于式(1-11)的焓转化法归类为焓法,而将式(1-19)归类为等效热容法。从上述分析中,可看出等效热容法、焓法和焓转化法存在本质上的不同,本书中将其视为不同方法。

Yang 等[40]和 Liang 等[41]将焓转化法应用于气体辅助注射中的相变材料固液相变过程模拟。Wang 等[42]将焓转化法应用于方腔内自然对流熔化中,并给出了守恒方程的无量纲形式。结果表明,焓转化法能有效追踪固液相变界面位置和还原方腔内的温度分布。Danaila 等[38]提出了一种焓和温度的双曲正切函数关系，并将自适应网格技术应用于焓转化法中，模拟了方腔内的自然对流熔化问题。

对于本小节中所介绍的所有模型，皆可采用有限差分法（FDM，finite difference method）、有限体积法（FVM，finite volume method）和有限元法进行求解。格子 Boltzmann（LB，lattice Boltzmann）方法针对 Boltzmann 进行特殊离散化处理，可作为求解器求解宏观输运方程组，具有边界条件简单、编程容易、并行适应性高的优点。下文将对格子 Boltzmann 方法进行介绍。

1.4 格子 Boltzmann 方法基础

1.4.1 格子 Boltzmann 方法概述

与传统计算流体动力学（CFD，computational fluid dynamics）对宏观输运方程进行离散求解不同，格子 Boltzmann 方法是针对 Boltzmann 输运方程，对其在空间、时间和速度上进行离散和求解的一种数值方法[43-47]。由于格子 Boltzmann 方法具有编程简单、易并行、对复杂边界处理方便等优点，被广泛运用于多孔介质渗流[48]、气泡运动[49]、燃料电池[50]、微流动[51]和声子输运[52]等问题求解中。目前，格子 Boltzmann 方法的使用主要依靠自主编程，相关的商业软件有 PlowerFLOW，开源软件有 Openlb 和 Palabos。

格子 Boltzmann 的流场演化方程为[53-59]：

$$f_i(x+e_i\Delta t, t+\Delta t)-f_i(x,t)\equiv \Omega(x,t)+\Delta t F_i \tag{1-20}$$

式中，e_i 为离散速度，$\mathrm{m\cdot s^{-1}}$，f_i 为密度分布函数，$\mathrm{kg\cdot m^{-3}}$；F_i 为外力在速度空间的离散项，$\mathrm{kg\cdot m^{-3}\cdot s^{-1}}$；$\Omega$ 为碰撞项，有单松弛因子模型（SRT，single-relaxation-time）、双松弛因子模型（TRT，two-relaxation-times）和多松弛因子模型（MRT，multiple-relaxation-times）等。本节以 SRT 模型为例（后续章节模拟中所用 MRT 模型将再行介绍），碰撞项可简化为[60]：

$$\Omega(x,t)=-\frac{1}{\tau_f}\left[f_i(x,t)-f_i^{eq}(x,t)\right] \tag{1-21}$$

式中，τ_f 为密度无量纲弛豫时间；f_i^{eq} 为对应平衡态分布函数，$\mathrm{kg\cdot m^{-3}}$。假设平衡态分布函数满足 Maxwell 分布，对其进行 Taylor 展开，可得[61-63]：

$$f_i^{eq}=\omega_i\rho\left[1+\frac{e_i\cdot u}{c_s^2}+\frac{(e_i\cdot u)^2}{2c_s^4}-\frac{u^2}{2c_s^2}\right] \tag{1-22}$$

其中，ω_i 为第 i 项离散速度上对应权系数；c_s 为格子声速。格子 Boltzmann 方法中对粒子速度进行离散。为方便计算，一般采用邻近格子节点数量来离散粒子速度。对于一维问题，有 D1Q3 模型，对于二维问题有 D2Q5、D2Q7 和 D2Q9 模型，三维问题有 D3Q15 和 D3Q19 模型等。本课题中对于二维数值问题，均采用 D2Q9 的速度离散模型，其离散速度和对应权系数如下所示[45,64-66]：

$$\omega_i = \begin{cases} \dfrac{4}{9} & i = 0 \\ \dfrac{1}{9} & i = 1,2,3,4 \\ \dfrac{1}{36} & i = 5,6,7,8 \end{cases} \tag{1-23}$$

$$e_i = \begin{cases} (0,0) & i = 0 \\ c\left(\cos\left[\dfrac{\pi}{2}(i-1)\right],\sin\left[\dfrac{\pi}{2}(i-1)\right]\right) & i = 1,2,3,4 \\ \sqrt{2}c\left(\cos\left[\dfrac{\pi}{4}(2i-1)\right],\sin\left[\dfrac{\pi}{4}(2i-1)\right]\right) & i = 5,6,7,8 \end{cases} \tag{1-24}$$

式中，$c=\Delta x/\Delta t$ 为格子速度，$\mathrm{m \cdot s^{-1}}$，离散速度如图 1-4 所示。

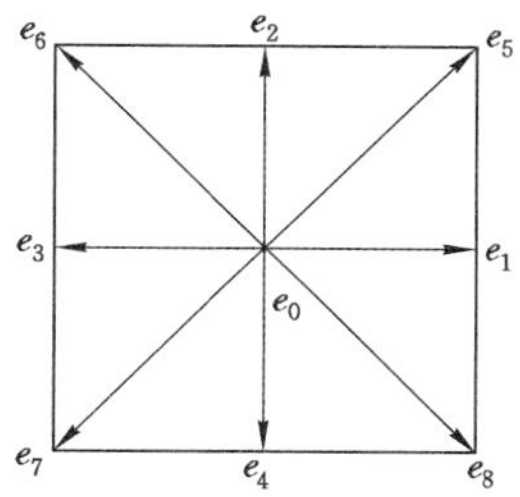

图 1-4　离散速度示意图

式(1-20)中的外力离散项可表示为[60,67,68]：

$$F_i = \omega_i\left(1-\frac{1}{2\tau_f}\right)\left(\frac{e_i-u}{c_s^2}+\frac{e_i\cdot u}{c_s^4}e_i\right)\cdot F \tag{1-25}$$

对密度分布函数进行求和，可获得宏观物理量：

$$\rho = \sum_i f_i \tag{1-26}$$

$$\rho u = \sum_i e_i f_i + \frac{\Delta t}{2}F \tag{1-27}$$

根据 Chapman-Enskog 多尺度分析方法，式(1-20)可还原至宏观输运方程[69](见附录 A)，推导过程中可得到密度无量纲弛豫时间与运动黏度之间的关系式[70,71]：

$$\nu = \frac{\mu}{\rho} = \left(\tau_f - \frac{1}{2}\right)\Delta t c_s^2 \tag{1-28}$$

通过对式(1-20)进行求解,可获得速度场数据。在实际编程过程中,可将演化过程分为“碰撞步”和“迁移步”。在碰撞步中,流体信息由本地节点直接获得,此步骤计算程序可高度并行化;在迁移步中,根据离散速度将节点信息赋值给迁移后节点。在 D2Q9 模型中,数据更新仅依靠邻近节点。并行程序中仅需对分割面进行特殊处理或者采用中间参数的方法直接并行。因此,格子 Boltzmann 方法具有高度的并行计算特性。除此之外,格子 Boltzmann 方法的压力场求解隐含在演化方程中,相较于宏观输运方程的 SIMPLE 等解法更方便,因此计算效率较高。

式(1-20)仅针对低速、不可压流体的流场求解,对于温度场,假设忽略黏性热耗散,可将温度视为跟随流场中流体运动的被动标量,得到热格子 Boltzmann 模型(TLB,thermal lattice Boltzmann)[72,73]。在这此基础上,引入 1.3 中的固液相变理论,可利用格子 Boltzmann 方法追踪固液相变界面位置并还原相变材料温度分布。目前,已有的固液相变格子 Boltzmann 模型有相场模型[74-76]、焓法模型[77-79]和浸入式边界模型[80-82]。其中,在相场模型中,根据相场理论,通过追踪序参数来获得固液相变界面位置,所需网格较细[83]。浸入式边界模型是利用有限的拉格朗日点来追踪并确定两相界面位置,其编程复杂,对于复杂问题计算量较大。

1.4.2 焓法格子 Boltzmann 模型

2001 年,Jiaung 等[77]在传统热格子 Boltzmann 模型的基础上,引入相变潜热源项,首次利用格子 Boltzmann 方法求解了一维固液相变问题。在此基础上,Huber 等[78]将 Jiaung 的模型推广至方腔内自然对流熔化问题的求解中,所建立的固液相变格子 Boltzmann 演化方程如下:

$$n_i(x+e_i\Delta t, t+\Delta t) = n_i(x,t) - \frac{1}{\tau_n}[n_i(x,t) - n_i^{eq}(x,t)] + \Delta t Q_i \tag{1-29}$$

式中,n_i 和 n_i^{eq} 分别为温度分布函数及平衡态分布函数,℃;τ_n 为对应无量纲弛豫时间;Q_i 为离散热源项,℃ · s^{-1}。参考密度平衡态分布函数,温度平衡态分布函数可表示为:

$$n_i^{eq} = \omega_i T\left[1 + \frac{e_i \cdot u}{c_s^2} + \frac{(e_i \cdot u)^2}{2c_s^4} - \frac{u^2}{2c_s^2}\right] \tag{1-30}$$

温度可通过温度分布函数统计求得:

$$T = \sum_i n_i \tag{1-31}$$

$$uT = \sum_i e_i n_i \tag{1-32}$$

式(1-29)中的离散热源项即为由相变所带来的温度变化,Jiaung 等[77]给出了其表达式：

$$Q_i = -\omega_i \frac{h_{sl}}{\rho C_p} \frac{\partial f_l}{\partial t} \tag{1-33}$$

式中，存在液相率对时间的偏微分，在数值计算中可采用有限差分法进行离散。但是，如式(1-14)，为不破坏格子 Boltzmann 方程的并行计算特性，Jiaung 等提出了根据焓和温度的函数关系，通过迭代获得新时间步的温度和液相率[77]，具体迭代步骤如下：

a. 根据式(1-29)和(1-33)由上一时间步的节点温度分布函数求得 k 迭代步的分布函数，其中，式(1-33)离散为：

$$Q_i = -\omega_i \frac{h_{sl}}{\rho C_p} \frac{f_l^{k-1,t+\Delta t} - f_l^t}{\Delta t} \tag{1-34}$$

b. 根据式(1-31)获得 k 迭代步的温度值；

c. 根据式(1-12)中总焓和温度的关系计算获得 k 迭代步的总焓值；

d. 根据 k 迭代步的总焓计算获得当前迭代步的液相率值，如下式：

$$f_l^{k,t+\Delta t} = \begin{cases} 0 & H^{k,t+\Delta t} \leqslant H_s \\ \dfrac{H^{k,t+\Delta t} - H_s}{H_l - H_s} & H_s < H^{k,t+\Delta t} \leqslant H_l \\ 1 & H^{k,t+\Delta t} > H_l \end{cases} \tag{1-35}$$

e. 将 k 迭代步和上一迭代步的液相率和温度值对比，若不满足下式，则将本次迭代获得的液相率用作下次迭代：

$$\min\left(\left| \frac{f_l^{k,t+\Delta t} - f_l^{k-1,t+\Delta t}}{f_l^{k-1,t+\Delta t}} \right|, \left| \frac{T^{k,t+\Delta t} - T^{k-1,t+\Delta t}}{T^{k-1,t+\Delta t}} \right| \right) < 10^{-8} \tag{1-36}$$

通过 Chapman-Enskog 多尺度分析方法，式(1-14)可由式(1-29)推导而得，其温度无量纲弛豫时间为：

$$\alpha = \frac{\lambda}{\rho C_p} = \left(\tau_n - \frac{1}{2}\right) \Delta t c_s^2 \tag{1-37}$$

式中，α 为热扩散系数。但是，Jiaung 所采用的源项在 Chapman-Enskog 分析中会引入由流场导致的误差项。在此基础上，Gao 和 Chen 对式(1-33)进行修正[84]：

$$Q_i = -\omega_i \left[1 + \left(1 - \frac{1}{2\tau_g}\right) \frac{e_i \cdot u}{c_s^2} \right] \frac{h_{sl}}{\rho C_p} \frac{\partial f_l}{\partial t} \tag{1-38}$$

对比分析式(1-33)和(1-38)可得，Jiaung 的模型为 Gao 模型在温度无量纲弛豫时间趋近于 0.5 时的特殊情形。此外，Wang 等[85]亦提出了另一种离散源项：

$$Q_i = -\omega_i \left(1 - \frac{1}{2\tau_g}\right) \frac{h_{sl}}{\rho C_p} \frac{\partial f_l}{\partial t} \tag{1-39}$$

同时，温度统计方程(1-31)修改为：

$$T=\sum_i n_i-\frac{\Delta t}{2}\frac{h_{sl}}{\rho C_p}\frac{\partial f_l}{\partial t} \tag{1-40}$$

式(1-29)可通过 Chapman-Enskog 多尺度展开方法推导出式(1-14)。

在 Jiaung 模型的基础上，Huber 等[78]耦合了流场，研究了不同 Stefan 数下的相变材料对流换热特性。Mishra 等[86]将有限体积法与格子 Boltzmann 模型结合，对二维凝固问题进行了求解。Semma 等[87]采用等效热容法对相变时的温度和液相率进行更新。Chatterjee 和 Chakraborty[88-92]通过 Brent 等[93]提出的伪焓法，对 Jiaung 模型中的温度和液相率迭代进行改进，缩减了迭代耗费的时间。Jourabian 等[94-96]将固液相变格子 Boltzmann 模型应用于圆形腔体内的纳米颗粒强化相变材料(NEPCM，nanoparticle-enhance PCM)传热模拟。Liu 等[97]建立了 MRT 的双分布函数固液相变格子 Boltzmann 模型，并利用一维导热相变、二维导热相变和腔体相变自然对流问题的求解对模型精度进行了验证。Song 等[98]和 Chen 等[11]将固液相变格子 Boltzmann 模型应用于孔隙尺度下多孔介质内的相变传热问题求解。Su 和 Davidson[99]提出了一种新的无量纲化方法，并研究了不同 Stefan 数下的固液相变过程。Yao 等[100]在式(1-29)中添加了热辐射源项，并模拟了方腔内受自然对流和辐射作用下的相变材料固液相变过程。Tao 等[101]和张岩琛等[102]将多孔介质视为连续相，并以源项作为多孔介质和相变材料间的换热，建立了多孔介质固液相变模型。

Eshraghi 和 Felicelli[103]对相变过程进一步的简化，获得了隐式相变格子 Boltzmann 模型。假设相变材料的相变发生在温度区间$[T_s,T_l]$(复合相变材料)，则根据式(1-12)中总焓和温度的函数关系，可获得温度和液相率间的关系：

$$f_l=\frac{T-T_s}{T_l-T_s} \tag{1-41}$$

则式(1-33)中液相率的变化值 Δf_l 可表示为：

$$\Delta f_l=f_l^{t+\Delta t}-f_l^t=\frac{T^{t+\Delta t}-T_s}{T_l-T_s}-\frac{T^t-T_s}{T_l-T_s}=\frac{T^{t+\Delta t}-T^t}{T_l-T_s} \tag{1-42}$$

根据式(1-31)，可得：

$$\Delta f_l=\frac{\sum_i n_i(x,t+\Delta t)-T^t}{T_l-T_s} \tag{1-43}$$

将式(1-43)代入式(1-29)并整理可得修正后的碰撞步方程：

$$\begin{aligned}&n_i(x,t+\Delta t)+\omega_i\frac{h_{sl}}{\rho C_p}\frac{\sum_j n_j(x,t+\Delta t)}{T_l-T_s}=\\&n_i(x,t)-\frac{1}{\tau_n}\left[n_i(x,t)-n_i^{eq}(x,t)\right]+\omega_i\frac{h_{sl}}{\rho C_p}\frac{T^t}{T_l-T_s}\end{aligned} \tag{1-44}$$

对式(1-44)进行局部联立求解即可获得当前节点上的分布函数和对应液相率值。但是,如前所述,由于在模型建立过程中,必须限定固相和液相温度的差异,即仅针对复合相变材料,隐式模型不能直接用于纯相变材料的求解。Talati 和 Taghilou[104] 利用隐式固液相变格子 Boltzmann 模型研究了具有翅片的腔体内的 PCM 凝固过程。在此基础上,Feng 等[105,106] 将模型延伸至 NEPCM,结合速度场格子 Boltzmann 模型,模拟了 NEPCM 的自然对流过程。Zhao 等[107] 结合 Shan 和 Chen[108] 提出的多相伪势模型,模拟了在液滴下降过程中的凝固过程。

1.4.3　总焓格子 Boltzmann 模型

虽然基于焓法的固液相变格子 Boltzmann 模型可以准确还原温度场分布和追踪固液相变界面位置,但是,如上文所说,由于需要在同一时间步同时求解温度和液相率,即需要通过(1-29)进行迭代计算,大大增加了计算量。2013 年,上海交通大学 Huang 等[83] 基于相变理论,提出总焓固液相变格子 Boltzmann 模型,其演化方程如下[109,]:

$$g_i(x+e_i\Delta t,t+\Delta t)=g_i(x,t)-\frac{1}{\tau_g}\left[g_i(x,t)-g_i^{eq}(x,t)\right] \tag{1-45}$$

式中,g_i 为总焓分布函数,$J\cdot kg^{-1}$;g_i^{eq} 为对应平衡态分布函数,$J\cdot kg^{-1}$。如下式所示:

$$g_i^{eq}=\begin{cases}H-C_pT+\omega_iC_pT\left(1-\dfrac{u^2}{2c_s^2}\right) & i=0\\ \omega_iC_pT\left[1+\dfrac{e_i\cdot u}{c_s^2}+\dfrac{(e_i\cdot u)^2}{2c_s^4}-\dfrac{u^2}{2c_s^2}\right] & i\neq 0\end{cases} \tag{1-46}$$

分布函数与宏观物理量的关系如下:

$$H=\sum_i g_i \tag{1-47}$$

$$uC_pT=\sum_i e_ig_i \tag{1-48}$$

根据 Chapman-Enskog 多尺度分析方法,式(1-45)可还原至式(1-11),且其无量纲弛豫时间与式(1-37)一致,为:

$$\alpha=\left(\tau_g-\frac{1}{2}\right)\Delta tc_s^2 \tag{1-49}$$

与 Jiaung 的焓法模型相比,总焓模型在每个时间步通过更新后的总焓值获得温度和液相率,省去了迭代计算,大大缩减了计算时间。Luo 等[111] 对比了总焓模型和 Jiaung 的模型,结果表明总焓模型的计算结果更精确。在计算变物性(固相物性不等于液相)问题时,采用单弛豫时间的 SRT-LB 模型在固液界面附近会出现界面效应。为此，Huang 和 Wu[112]在总焓模型的基础上提出了 MRT-LB 模型，并发现其计算结果相较于 SRT-LB 模型温度较小。在此基础上 Ren 等[113]通过 GPU 对计算过程进行加速。除此之外，Huang 和 Wu[114]采用自适应网格技术对固液界面附近的网格进行加密，更精确地追踪固液相变界面位置。Wu 等[115]将总焓模型延伸至多孔介质求解中，提出了表征体元尺度固液相变 MRT-LB 模型。进一步，Liu 等[116]和 Gao 等[117,118]改进了表征体元尺度的总焓固液相变格子 Boltzmann 模型。Zhao 和 Cheng[119]将总焓模型延伸至激光加热熔化中，实现了高热流密度的快速熔化问题求解。

1.4.4 格子 Boltzmann 边界条件

格子 Boltzmann 的边界处理简单，其边界条件类型分为启发式格式、动力学格式、外推格式及其他复杂边界处理格式[70,71]。其中，启发式格式是根据边界上的宏观物理特性（对称性和周期性等），通过微观粒子的碰撞和迁移规则直接获得边界上的未知分布函数。例如，周期性边界流入侧分布函数可由对应边界位置流出侧分布函数赋值。反弹格式则是利用粒子在壁面位置会发生弹回的特性对分布函数进行处理[120]。

动力学格式是直接利用边界上的宏观物理量如质量、速度和温度等的定义，通过建立边界上的未知分布函数方程组，获得未知分布函数的一种边界条件处理方法[121]。

外推格式是借鉴计算流体力学的方法构造的边界条件处理格式。1996 年，Chen 等[122]建立了一种外推格式，假设物理边界节点外尚存在虚拟节点，则虚拟节点上的未知分布函数均可通过物理边界节点和其邻近节点获得。在此基础上，物理边界节点上的下一时间步的分布函数可直接由虚拟节点和邻近节点迁移获得。

Guo 等[123]于 2002 年改进了 Chen 等的外推格式，将边界节点上的分布函数拆分为平衡态和非平衡态两部分，如下：

$$\Gamma = \Gamma^{eq} + \Gamma^{neq} \tag{1-50}$$

式中，Γ 包括密度、温度和总焓等平衡态分布函数，此边界条件格式即为非平衡态外推格式。其中，平衡态部分由边界上定义的宏观物理量根据式(1-22)、(1-30)和(1-46)等的平衡态分布函数计算而得。非平衡态部分可由邻近节点求得：

$$\Gamma_{x_b}^{neq} = \Gamma_{x_c} - \Gamma_{x_c}^{eq} \tag{1-51}$$

式中，x_b 为边界节点；x_c 为对应的邻近节点。由于边界上的物理量可由边界类型通过直接赋值、差分等方式获得，这种格式较其他边界条件实施更方便。若考虑碰撞，则式(1-50)可修改为：

$$\Gamma = \Gamma^{eq} + \frac{1}{\tau}\Gamma^{neq} \tag{1-52}$$

与 1.3.1 中所述一致，式(1-20)仅针对液相相变材料的流动。但是，在固液相变界面上，流体节点会受到固液相变界面的影响。为此，Huang 等将 Noble 和 Torczynski[124] 提出的浸入式边界条件推广至固液相变中，将式(1-20)修正为[83]：

$$f_i(x + e_i\Delta t, t + \Delta t) = f_i(x,t) - \frac{1-B}{\tau_f}[f_i(x,t) - f_i^{eq}(x,t)] + B\Omega_i^s + \Delta t F_i \tag{1-53}$$

式中，B 为加权函数，其数值由节点液相率求得：

$$B = \frac{(1-f_l)(\tau_f - 0.5)}{f_l + \tau_f - 0.5} \tag{1-54}$$

Ω_i^s 为基于“反弹”概念的附加碰撞项，Holdych 于其博士论文中提出了改进附加碰撞项，如下[125,126]：

$$\Omega_i^s = f_{\bar{i}}(x,t) - f_i(x,t) + f_{\bar{i}}^{eq}(\rho, u_s) - f_i^{eq}(\rho, u_s) \tag{1-55}$$

式中，$\bar{i}$ 为 i 方向的反方向(如图 1-4 中 e_1 和 e_3)；u_s 为固相的速度，$\mathrm{m \cdot s^{-1}}$。

第2章　伪焓法固液相变数值计算模型

2.1　引言

第一章中对格子 Boltzmann 固液相变求解器进行了介绍。但是，Huang 和 Wu[112] 的研究表明，在采用 SRT 碰撞模型时，在相变界面附近会出现违背物理现象的数据迁移，甚至使相变材料温度低于其初始温度。Huang 和 Wu 将该现象命名为相界面效应。MRT 模型可削弱相界面效应，但 MRT 模型计算时需求解矩阵运算，运算量较 SRT 大。

Pham[28,29] 基于等效热容法的思想，提出了新的计算方法，可直接通过焓和温度的关系构建能量守恒方程，从而直接获得新时间步的温度和液相率。Chatterjee 和 Chakraborty[88-92] 将伪焓法应用于焓法格子 Boltzmann 的迭代中，修改了迭代方程。Chatterjee 和 Chakraborty 模型中计算过程虽然有所缩短，但迭代过程仍使修正后模型的计算时间较总焓模型高。

本章根据伪焓法思想，通过构建旧时间步和新时间步的能量守恒方程，将相变过程划分为两部分，并通过求解守恒方程获得新时间步的液相率和温度。

2.2　伪焓法固液相变数值计算模型构建

本节中基于 Pham[28,29] 所提出的伪焓法，建立基于伪焓法的固液相变格子 Boltzmann 模型。伪焓法格子 Boltzmann 模型基于 1.4.2 中的焓法模型，其温度分布函数演化方程为去除源项后的式(1-29)，对应的宏观温度求和方程为式(1-31)。与第一章中所述的各类焓法模型不同，伪焓模型中将相变过程划分为“预测”和“修正”两部分。在预测步中，通过温度演化方程(1-29)，发生相变的节点吸收(释放)热量获得预测温度，$T_0^{n+\Delta t}$。基于预测温度，在修正步，利用能量守恒方程将增加(减小)的热量等效换算为液相率的变化，具体过程如图 2-1 所示。根据能量守恒，有：

$$C_{pm}(T_0^{n+\Delta t}-T^n)+f_l^n h_{sl}=C_{ps}(T^n-T_m)+C_{pl}(T^{n+\Delta t}-T_m)+f_l^{n+\Delta t}h_{sl} \tag{2-1}$$

其中，方程左侧为预测步计算后的焓值表达式，右侧为修正后的焓值表达式，C_{pm} 为预测步时的等效比热。式(2-1)可修改为：

$$T^{n+\Delta t}=\frac{C_{pm}(T_0^{n+\Delta t}-T^n)+(f_l^n-f_l^{n+\Delta t})h_{sl}-C_{ps}(T^n-T_m)+C_{pl}T_m}{C_{pl}} \tag{2-2}$$

上式中未知项为 $f_l^{n+\Delta t}$。根据图 2-1，可得新时间步的焓值为：

$$H^{n+\Delta t}=H^n+\Delta H \tag{2-3}$$

其中，ΔH 即为当前节点的焓值变化量，可由下式计算：

$$\Delta H=C_{pm}(T_0^{n+\Delta t}-T^n) \tag{2-4}$$

引入式(1-13)，即可获得新时间步的液相率。

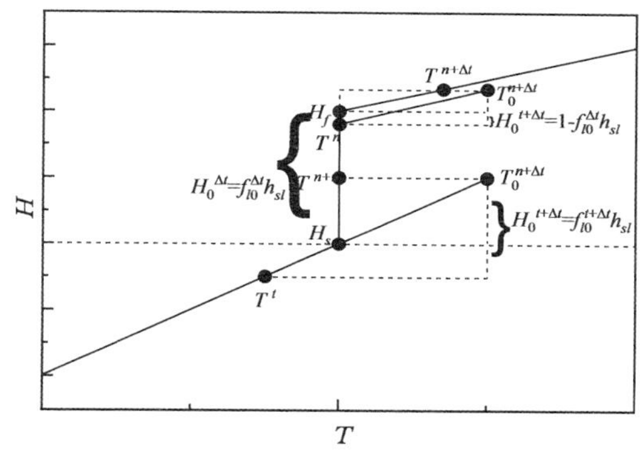

图 2-1　伪焓法示意图

伪焓模型可通过式(2-2)直接获得新时间步的温度值和液相率，不需通过 1.4.2 中的迭代过程。除此之外，对 Chatterjee 和 Chakraborty[88-92] 中的伪焓迭代法分析可知，其工作是利用伪焓法修改 1.4.2 中的迭代过程，从而减少迭代次数，但仍未脱离迭代过程。本章模型与总焓模型一样，可避免迭代带来的额外计算量。

2.3　伪焓法固液相变数值计算模型结果分析

2.3.1　伪焓法求解一维单区域相变问题

本小节中利用伪焓固液相变格子 Boltzmann 模型求解一维单区域相变问题，数值模型如图 2-2 所示。在一维半无限大空间上充满固液相变材料，相变材料的初始温度为其固液相变温度，忽视相变前后的材料物性变化。在模拟开始时，左侧壁面温度上升至高温 T_h。此后，相变材料吸收左侧壁面的热量并逐渐转化为液相。本小节中忽略液相的热膨胀过程，即本小节中仅考虑相变材料的导热过程。根据以上边界条件及假设，可得相变材料的温度分布解析解为[15]：

$$T^* = 1 - erf(x^*/2\sqrt{t^*})/erf(k) \tag{2-5}$$

其中，无量纲量时间和温度定义为：

$$t^* = \frac{\alpha t}{L^2} \tag{2-6}$$

$$T^* = \frac{(T - T_m)}{(T_h - T_m)} \tag{2-7}$$

上式中的参数 k 可由下式求得：

$$ke^{k^2} erf(k) = \frac{Ste}{\sqrt{\pi}} \tag{2-8}$$

其中 Stefan 数定义为显热和潜热的比值：

$$Ste = \frac{C_p(T_h - T_m)}{h_{sl}} \tag{2-9}$$

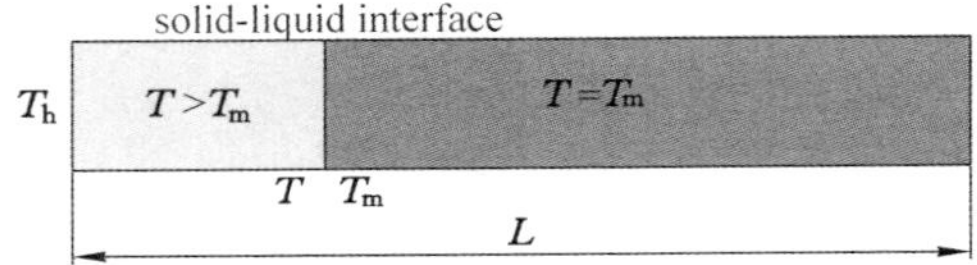

图 2-2　一维单区域相变示意图

相对误差的计算公式如下：

$$error = \sqrt{\frac{\sum (T_{LB} - T_{exact})^2}{n}} \tag{2-10}$$

本小节中选取的模型 Stefan 数为 0.1，模拟中选取的节点数目为 200。本节模型与解析解结果对比如图 2-3 所示。结果表明，本节伪焓模型能准确还原相变材料的温度分布，且在无量纲时间为 0.1、0.5、1.0 和 3.0 时，由式(2-10)计算相对误差分别为 1.38%、1.18%、1.95%和 1.44%，均在 2%以下。除此之外，本小节还研究了固液相变界面随时间的移动过程，结果如图 2-3(b)所示。结果表明，本节伪焓模型能准确追踪固液相变界面。

2.3.2　伪焓法求解一维双区域相变问题

在 2.3.1 的基础上，本小节利用伪焓固液相变格子 Boltzmann 模型求解一维双区域相变问题，其示意图如图 2-4 所示。

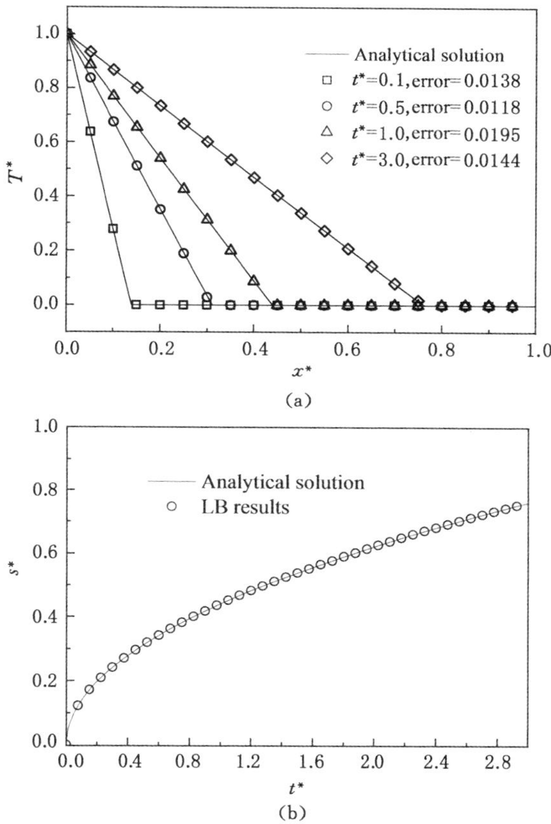

图 2-3　利用伪焓法求解得到的一维单区域相变的(a)温度分布和(b)界面位置

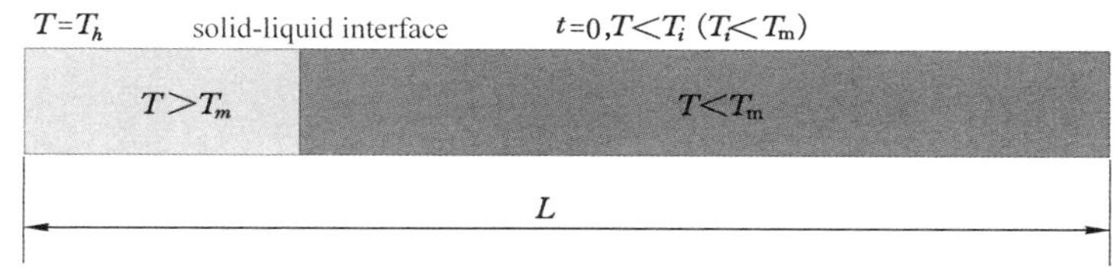

图 2-4　一维双区域相变示意图

在半无限大空间内充满固液相变材料，相变材料的相变温度为 T_m。初始时刻，相变材料初始温度为 T_i，并有 $T_i < T_m$，此时相变材料为固相。根据以上初始和边界条件，可得相变材料的温度分布解析解为[127]：

$$T=\begin{cases}T_h-\dfrac{T_h-T_m}{erf(k)}erf\left(\dfrac{x}{2\sqrt{\alpha_l t}}\right) & 0\leqslant x\leqslant s\\ T_i+\dfrac{T_m-T_i}{erfc(k\sqrt{\alpha_s/\alpha_l})}erfc\left(\dfrac{x}{2\sqrt{\alpha_s t}}\right) & x>s\end{cases}\tag{2-11}$$

上式中，参数 k 可由下式求得：

$$\frac{C_{pl}(T_h-T_m)}{e^{k^2}erf(k)h_{sl}}-\frac{C_{ps}(T_m-T_i)\sqrt{\alpha_s/\alpha_l}}{e^{k^2\alpha_l/\alpha_s}erfc(k/\sqrt{\alpha_s/\alpha_l})h_{sl}}=k\sqrt{\pi}\tag{2-12}$$

固液相变界面位置可由下式确定：

$$k=\frac{s}{2\sqrt{\alpha_f t}}\tag{2-13}$$

以上各式均可写作无量纲形式，其无量纲参数与 2.3.1 中一致。

本小节利用伪焓模型对一维双区域相变问题进行求解，其中 Stefan 数为 0.05，模型采用 200 个离散节点。固相和液相间热扩散系数的比例分别设置为 0.2、0.5 和 1.0。温度分布如图 2-5(a)所示。与单区域相变不同，由于相变材料初始温度较低，需先吸收热量并将温度上升至相变温度后，再发生固液相变。本小节中将 Huang 等的模型[83,112]作为对比。三种热扩散系数比例下，本节伪焓模型与解析解的相对误差分别为 0.004 0、0.002 0 和 0.053 1。在采用总焓模型后，对应的误差分别为 0.007 8、0.002 9 和 0.061 6。图 2-5(b)为固液相变界面位置随时间的变化曲线。本小节中研究了不同无量纲弛豫时间下的界面移动过程。结果表明，本节伪焓模型相较总焓模型对弛豫时间的敏感度更低。

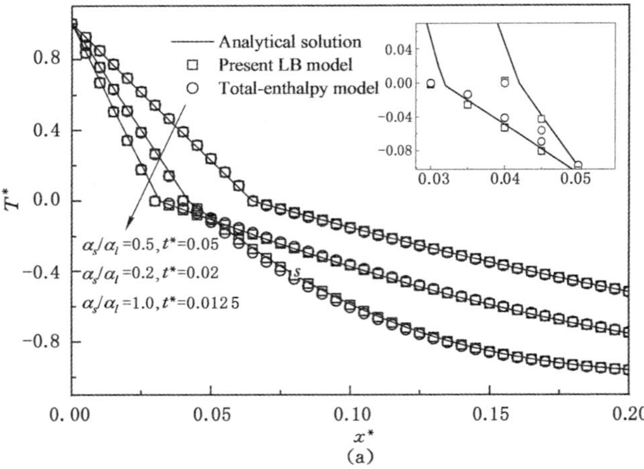

图 2-5 利用伪焓法求解得到的一维双区域相变的(a)温度分布和(b)界面位置

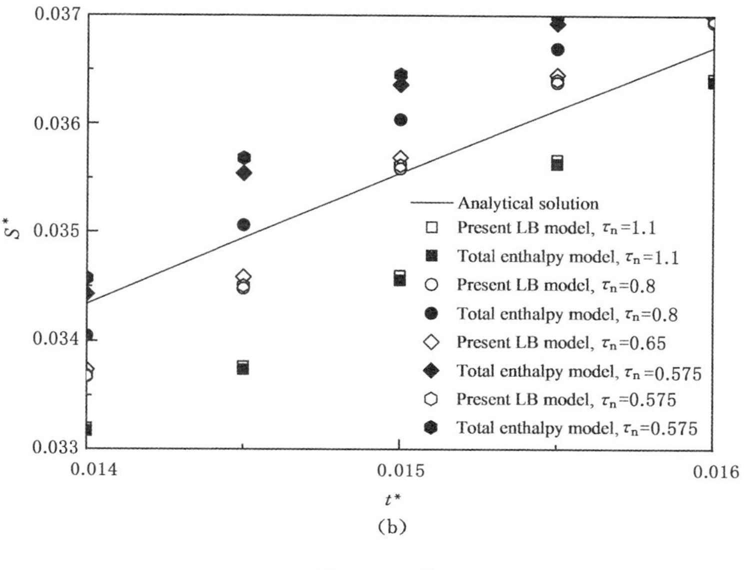

(b)

图 2-5　(续)

2.3.3　伪焓法求解一维恒热流加热问题

本小节研究了一维恒热流下的固液相变问题,其数值模型如图 2-6 所示。在半无限大一维空间中填满固液相变材料,并忽略固液相变材料密度随温度的变化。模型左侧有大小为 q 的热流密度对相变材料进行加热。在初始阶段,相变材料处于固相,且初始温度为其固液相变温度 T_m(固相温度和液相温度假设为一致)。本小节中的 Stefan 数为 0.1,模型离散节点数为 200。假设固液相变界面位置为 s,无量纲固液相变界面位置为:

$$s^* = \frac{s}{L} \tag{2-14}$$

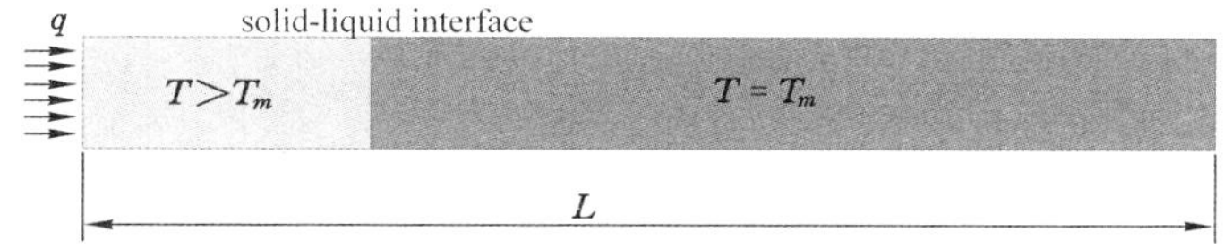

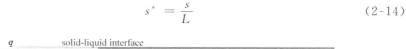

图 2-6　恒定热流下一维热传导固液相变示意图

根据上文的边界条件和初始条件,可通过积分近似解的方法得到固液相变界面的位置[15]:

$$s^*\left[s^* Ste + 5 + \sqrt{1 + 4s^* Ste}\right] = 6t^* Ste \tag{2-15}$$

而温度分布可由下式求得：

$$T^* = \frac{1}{2}\frac{\left[1-(1+4s^* Ste)^{\frac{1}{2}}\right]}{Ste}\left(\frac{x^* - s^*}{s^*}\right) + \frac{1}{8}\frac{\left[1-(1+4s^* Ste)^{\frac{1}{2}}\right]^2}{Ste}\left(\frac{x^* - s^*}{s^*}\right)^2 \tag{2-16}$$

与式(2-7)不同，在恒定热流边界的数值问题中，无量纲温度计算及 Stefan 数公式如下：

$$T^* = \frac{\lambda(T - T_m)}{qL} \tag{2-17}$$

$$Ste = \frac{C_p qL}{h_{sl}\lambda} \tag{2-18}$$

为本节伪焓模型与积分近似解的温度分布和相变界面位置结果对比如图 2-7所示。结果表明，本节模型能应用于第二类边界条件加热中，其能准确还原温度分布和追踪固液相变界面位置。在无量纲时间为 0.12、0.50、1.00 和 1.50时，格子 Boltzmann 模型和积分近似解的相对误差分别为 4.46%、2.84%、1.39%和 2.74%。但是，由图 2-7(b)可知，本节模型的固液相变界面位置与积分近似解结果存在误差。本节模型相变界面的移动速度较积分近似解更快。

2.3.4 伪焓法求解熔化自然对流问题

为进一步验证本节模型的正确性，本小节利用伪焓模型对图 2-8 中的熔化自然对流问题进行求解。在方腔内充满固液相变材料，方腔的长宽比为 1。方腔的左侧壁面维持在高温 T_h，右侧壁面维持在低温 T_c，其余壁面为绝热。相变材料的初始温度为其固液相变温度 T_m。忽略固相和液相间的物性差异，且设定 $T_c = T_m$。在时刻大于 0 时，左侧壁面对相变材料进行加热，使相变材料从固相转化为液相。

为方便无量纲分析，定义熔化自然对流问题中的 Rayleigh 数和 Prandtl 数计算公式为：

$$Pr = \frac{\nu}{\alpha} \tag{2-19}$$

$$Ra = \frac{g\beta(T_h - T_c)L^3}{\nu\alpha} \tag{2-20}$$

本小节与 Mencinger[128]模拟一致，研究两种工况下误差项对固液相变过程的影响。两种工况中的数值设置如表 2-1 所示。

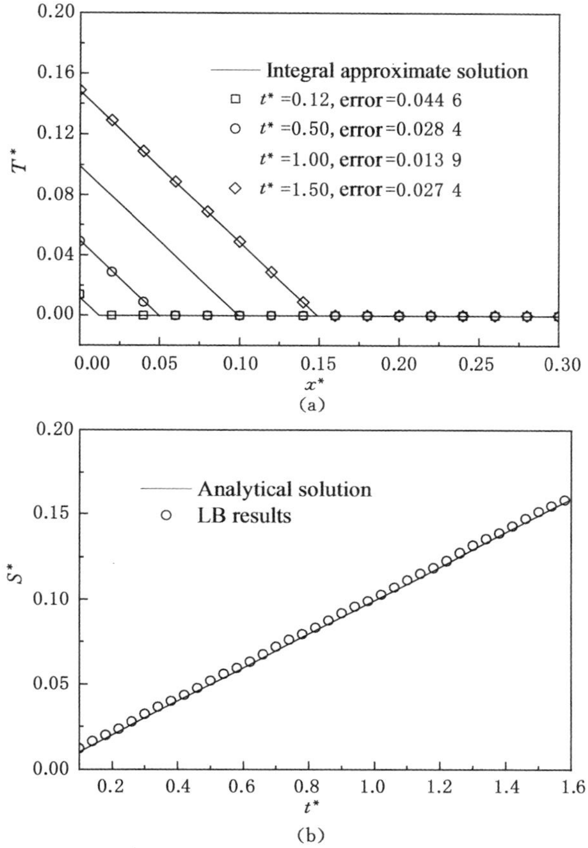

图 2-7　利用伪焓法求解得到的一维恒流加热的(a)温度分布和(b)界面位置

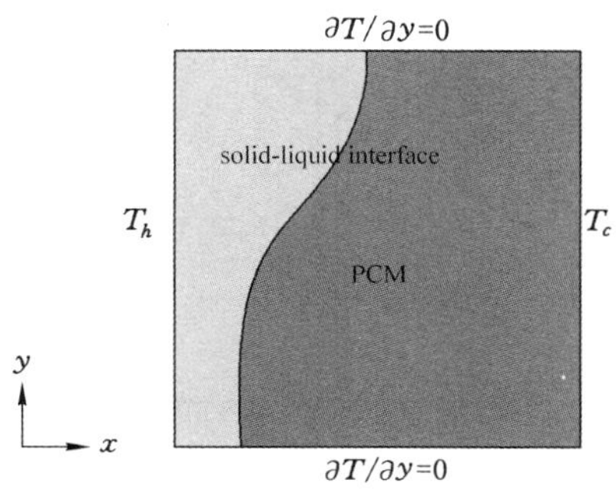

图 2-8　熔化自然对流示意图

表 2-1 无量纲参数设置

case	Ra	Ste	Pr
1	2.5×10^4	0.01	0.02
2	2.5×10^5	0.01	0.02

当 Rayleigh 数为 2.5×10^4 时，方腔左壁面的平均 Nusselt 数和液相率如图 2-9所示。如前所述，在初始阶段，相变材料的自然对流强度较弱，壁面的传热主要为热传导，壁面 Nusselt 数减小。本节模型的壁面平均 Nusselt 数与 Mencinger 的结果差别较小。在无量纲时间为 15 后伪焓模型的平均 Nusselt 数较基准解小，即壁面的传热速率降低，导致两者液相率间存在微小差异。此结果与 Huang 等[83,112]的总焓模型结果一致。

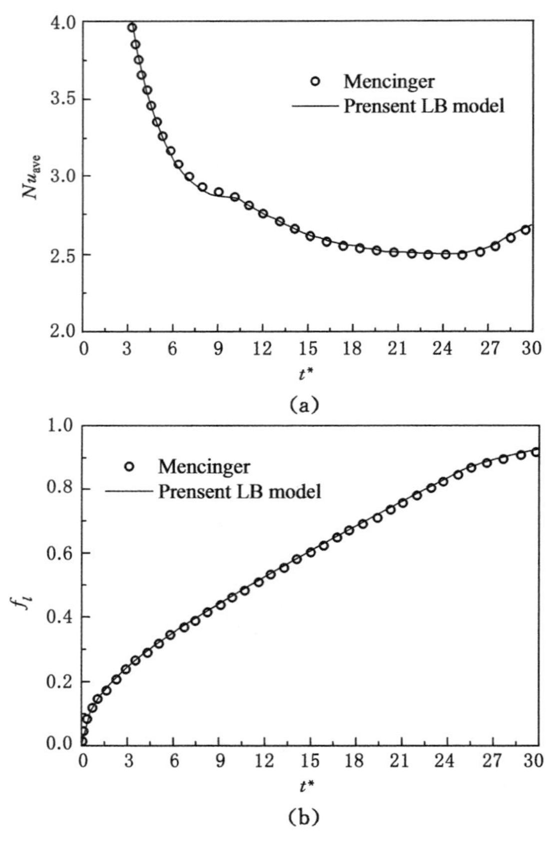

图 2-9 利用伪焓法求解得到的(a)平均 Nusselt 数和(b)液相率($Ra=2.5\times10^4$)

图 2-10 为 Rayleigh 数上升至 2.5×10^5 后的方腔壁面平均 Nusselt 数和相变材料液相率随时间的变化曲线。在 Rayleigh 数增加后，壁面的传热速率加快，方腔的对流强度增强，壁面平均 Nusselt 数出现振荡。在相变最后阶段，本节模型的相变材料熔化速率较 Mencinger 的结果稍慢，即同一时刻下本节模型的液相率较低。但是，本节模型结果和 Mencinger 间结果的误差较小，证明本节模型能准确还原相变过程。

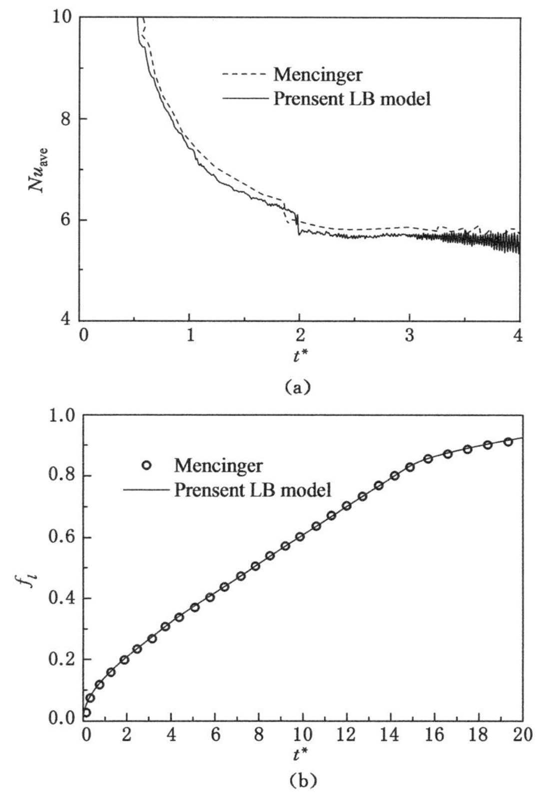

图 2-10　利用伪焓法求解得到的(a)平均 Nusselt 数和(b)液相率($Ra=2.5\times10^5$)

图 2-11 和图 2-12 分别为 Rayleigh 数为 2.5×10^4 和 2.5×10^5 时的温度分布云图和固液相变界面的位置。在 Rayleigh 数为前者时，本节模型的预测相变界面位置和 Mencinger 结果吻合较好。当 Rayleigh 数增大后，在无量纲时间为 20 时，相变材料的上部固液相变界面位置与 Mencinger 结果差异较大。这是由于本节模型的对流传热强度较 Mencinger 模型略小，使上部相变材料熔化速率较慢。总体而言，本节模型能精确获得相变材料的温度分布并追踪固液相变界面的位置。

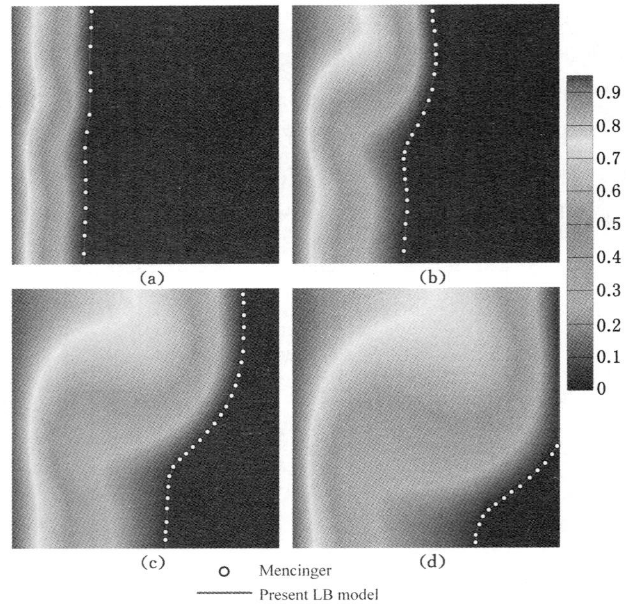

图 2-11　利用伪焓法求解得到的温度分布云图($Ra=2.5\times10^4$)

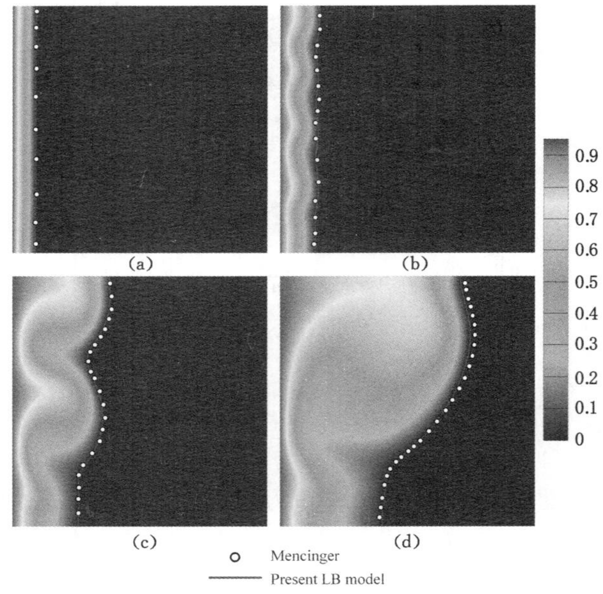

图 2-12　利用伪焓法求解得到的温度分布云图($Ra=2.5\times10^5$)

2.4　本章小结

本章提出了不需迭代的伪焓格子 Boltzmann 模型。在伪焓模型中，处于相变的节点信息更新过程被划分为“预测”和“修正”两部分。在“预测”步中，本章通过演化方程获得材料的预测温度。通过构建能量守恒方程，在“修正”步中更新材料的温度和液相率。本章利用一维相变(包括恒温和恒热流)和熔化自然对流问题的求解来验证伪焓模型的准确性。结果表明，本章模型可准确追踪相变材料的固液相变界面，并在纯导热问题下将相对误差维持在 5%以下。

第3章　焓转化法固液相变数值计算模型

3.1　引言

如第1章中所述，结合等效热容法和焓法的特点，可构建焓转化法。Cao 和 Faghri[37]所提出的焓转化法采用分段函数的方式处理焓和温度间的函数关系。在相变段，焓和温度为线性关系。Danaila 等[38]在固液相变段将函数修改为双曲正切函数。除此之外，在等效热容法的基础上，可将焓和温度相变段函数修改为正弦函数、线性左三角函数和线性右三角函数等[27]。但是，在 Danaila 等的模型中，焓和温度函数在分段点处不连续。定压比热可定义为(单组分)：

$$\left(\frac{\mathrm{d}H}{\mathrm{d}T}\right)_p = C_p \tag{3-1}$$

对于现有的焓转化法模型，焓和温度间的函数在分段点附近均不可微，即：

$$\left.\frac{\mathrm{d}H}{\mathrm{d}T}\right|_{T_s^- \mathrm{or} T_l^-} \neq \left.\frac{\mathrm{d}H}{\mathrm{d}T}\right|_{T_s^+ \mathrm{or} T_l^+} \tag{3-2}$$

本章在 Cao 和 Faghri 焓转化法的基础上，提出焓转化法固液相变格子 Boltzmann模型，并利用一维双区域相变、自然对流和熔化自然对流问题求解证明建立模型的正确性。在此基础上，为克服焓在分段点处不可微的弱点，本章提出采用三次多项式函数处理相变段，并分别建立了 SRT 模型和 MRT 模型，比较了不同工况下的模型差别。

3.2　焓转化法固液相变数值计算模型与结果分析

3.2.1　焓转化法数值计算模型

与总焓模型相同，本节中，焓转化法固液相变格子 Boltzmann 模型演化方程为式(1-45)，对应的平衡态分布函数为式(1-46)，其余格子 Boltzmann 模型构造可参考 1.4.3。

在总焓分布函数通过碰撞和迁移并统计获得相变材料的总焓值后，焓转化法中可通过式(1-15)获得相变材料对应节点的温度值，其液相率可根据下式计算：

$$f_l = \begin{cases} 1 & H > H_l \\ \dfrac{H - H_s}{H_l - H_s} & H_s < H \leqslant H_l \\ 0 & H \leqslant H_s \end{cases} \tag{3-3}$$

现对焓转化法模型与焓法和总焓模型进行对比分析。相较于焓法模型，焓转化法模型省去了 1.4.2 中的迭代步骤，在获得新时间步的总焓后，可通过式(1-15)和(3-3)直接获得新时间步的温度和液相率，即仅在传统热格子 Boltzmann 上引入了两个方程，计算量大大减少。

与总焓模型不同，对于纯相变材料，焓转化法假定相变发生在极小的温度区间内。因此，在温度区间选取较大时，相变材料的相变不能保证维持在恒定温度不变。但是，观察式(1-12)可得，在相变温度恒定时，总焓模型的全微分在相变点处不存在(式(3-2))，即其对应的等效热容不连续，无法获得差示扫描量热仪的等效结果。除此之外，对比式(1-14)和(1-19)，将焓守恒方程改写为温度守恒方程后，方程右侧均出现相变作用源项。由于焓转化法中的源项形式较焓法更简单，若将其发展为格子 Boltzmann 模型后，源项可直接获得，无需额外加入迭代。而对于复合相变材料，焓转化法和总焓模型对于相变材料的温度还原一致，即此时焓转化法和焓法无差异。

3.2.2　焓转化法求解一维双区域问题

下面针对焓转化法格子 Boltzmann 模型，在一维双区域相变问题及自然对流问题上进行验证。一维双区域相变示意图及相关初边条件如 2.3.1 中所述。

本小节选取 Stefan 数为 0.02，模型离散节点数为 200。相变材料为纯相变材料，其相变发生在 T_m。在焓转化法中，假定相变发生在温度区间($T_m - \delta T$，$T_m + \delta T$)内，并定义以下参数规定温度区间大小：

$$\delta T^* = \frac{\delta T}{T_h - T_c} \tag{3-4}$$

本小节中定义 δT^* 为 0.001。本小节中选取固相热扩散系数和液相热扩散系数的比例分别为 1.0、0.5、0.25 和 0.1，离散时间步长为 0.5，网格长度为0.7，所得温度分布曲线如图 3-1 所示。格子 Boltzmann 模型与解析解的相对误差由式(2-10)计算。在热扩散系数比例为 1.0、0.5、0.25 和 0.1 时，图中所示的无量纲时间为 0.05、0.125、0.2 和 0.25，对应的相对误差为 0.0118、0.0065、0.0045 和 0.0018。结果表明，本节模型能准确地还原相变材料的温度分布。

3.2.3　焓转化法求解熔化自然对流问题

本小节测试了本节模型在熔化自然对流问题求解中的精确性。本小节中所

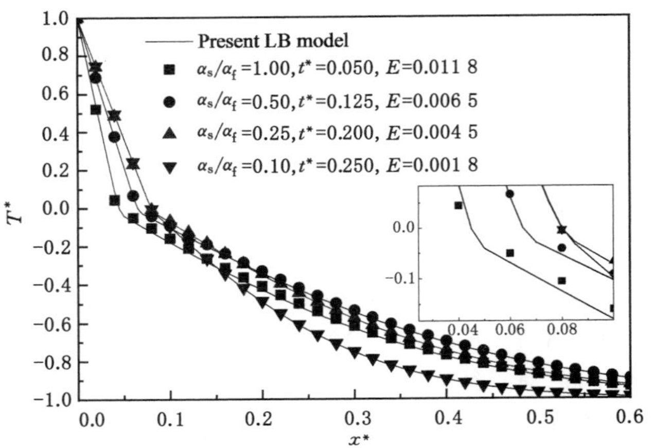

图 3-1　利用焓转化法求解得到的一维双区域相变的温度分布

求解的数值问题如图 2-8 所示。在方腔中充满相变材料，材料受左侧壁面加热和右侧壁面冷却。本小节中所考虑工况与 2.3.4 中一致，δT^* 为 0.001。同时，本小节中亦将 Mencinger[128] 作为基准解，衡量本节模型。

图 3-2 为工况 1 下左侧壁面的平均 Nusselt 数和相变材料总液相率随时间的变化曲线。如上文所述，在熔化起始阶段，由于壁面附近对流较弱，相变材料的热量主要通过热传导由壁面传递。在相变材料的温度逐渐上升后，壁面平均 Nusselt 数逐渐下降。在大部分相变材料转化为液相后，方腔内的自然对流强度增加，壁面的平均 Nusselt 数再度上升。

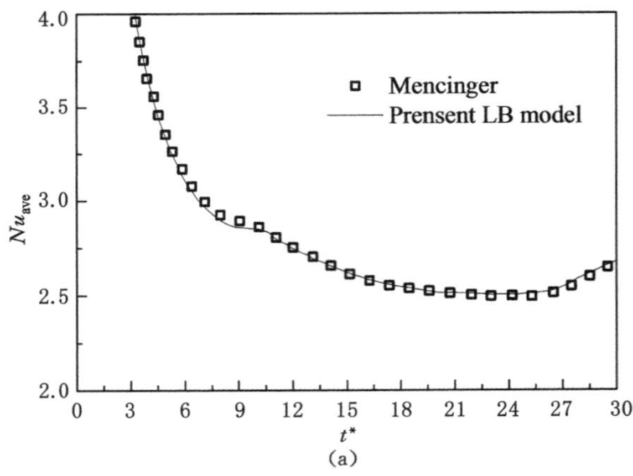

图 3-2　利用焓转化法求解得到的(a)平均 Nusselt 数和(b)液相率(Ra=2.5×10^4)

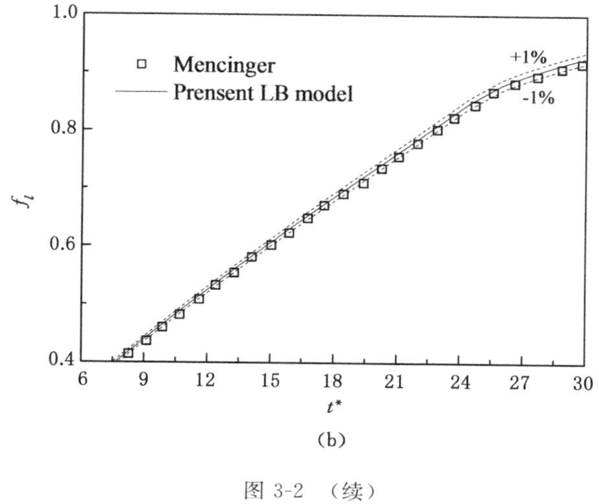

图 3-2 （续）

图 3-2 中结果显示，焓转化法模型所得结果与 Mencinger 的结果吻合较好，相对误差在 1%以内。格子 Boltzmann 方法所得结果相对基准解的结果，壁面的传热速率相对较小，相变材料的熔化速率亦有所减小，导致在同一时刻下相变材料的液相率减小。

图 3-3 为方腔 Rayleigh 数上升至 2.5×10^5 后所得的壁面平均 Nusselt 数和液相率随时间的变化规律。与 Rayleigh 数为 2.5×10^4 时一样，此时的相变材料熔化速率较基准解慢，同一时刻的液相率较基准解小。由于自然对流强度较高，壁面处的平均 Nusselt 数发生振荡。结果表明，本节模型可准确还原固液相变的传热过程，且相对误差维持在 1%以内。

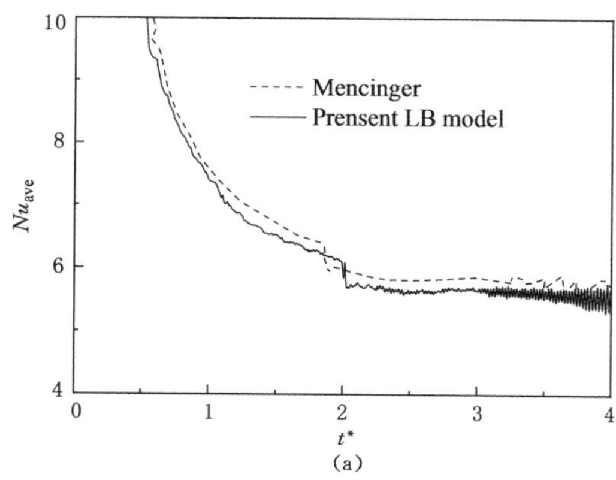

图 3-3 利用焓转化法求解得到的(a)平均 Nusselt 数和(b)液相率($Ra=2.5\times10^5$)

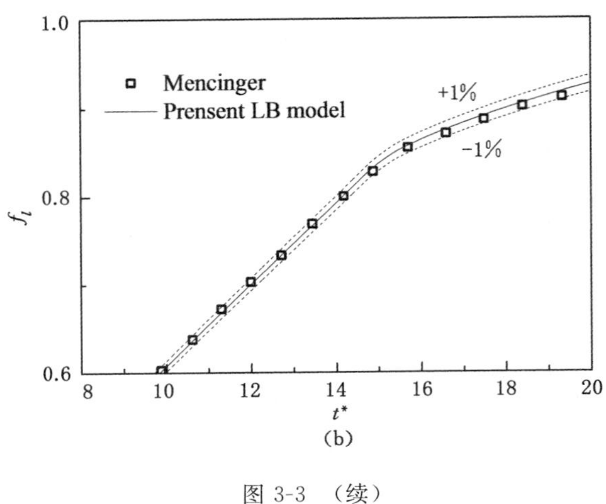

(b)

图 3-3 （续）

图 3-4 和图 3-5 分别为工况 1 下和工况 2 下不同时刻的温度分布云图及固液相变界面位置。

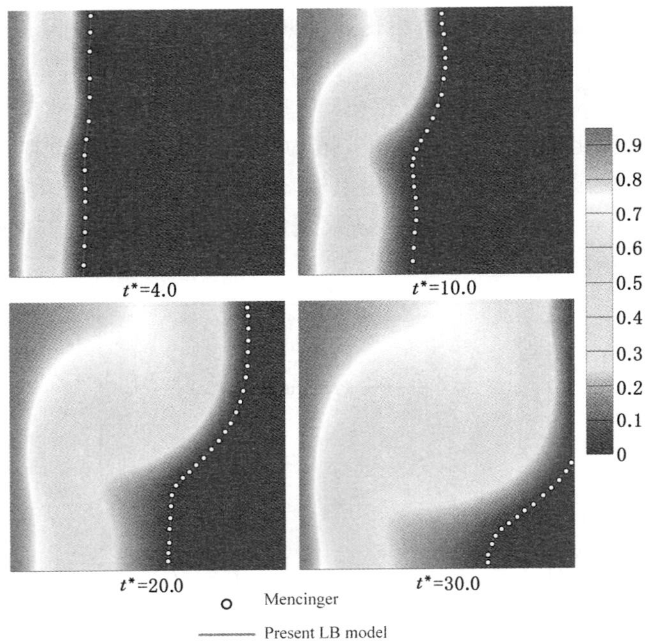

图 3-4　利用焓转化法求解得到的温度分布云图($Ra=2.5\times10^4$)

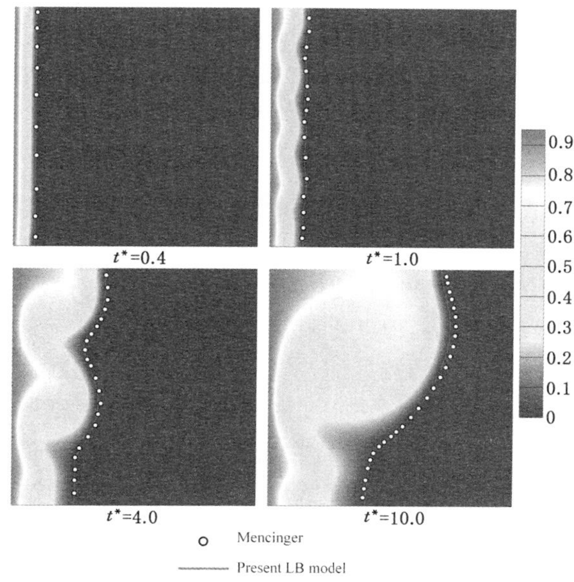

图 3-5　利用焓转化法求解得到的温度分布云图($Ra=2.5\times10^5$)

由于相变材料初始温度为相变温度，在吸收热量后，相变材料即从固相转化为液相。在液体热膨胀的作用下，受热流体会受到浮力的作用，并往上流动。如图 3-4 所示，在无量纲时间为 4.0 时，相变材料的固液相变界面与竖直壁面近似平行。随着时间的推移，方腔上部相变材料的温度逐渐上升，并在方腔内形成自然对流。在无量纲时间为 20 时，在自然对流的驱动作用下，方腔内上部的相变界面的移动速率远大于下部相变材料。在与 Mencinger 的对比中，在 Rayleigh 数为 2.5×10^4 时，焓转化法固液相变格子 Boltzmann 模型可准确追踪相变界面位置。当方腔的 Rayleigh 数上升至 2.5×10^5，无量纲时间小于 4 时，本节模型与基准模型的差别较小。在无量纲时间为 10 时，如上文所述，由于本节模型中的壁面传热速率相对较慢，致使相变材料的熔化速率有所下降，其上部相变材料的界面较 Mencinger 结果中移动较慢。

3.3　改进焓转化法固液相变数值计算模型与结果分析

3.3.1　改进焓转化法数值模型

如上文所述，在焓转化模型中，在相变区焓和温度的函数关系简化为线性，导致了在液相温度和固相温度上的等效热容不连续，即焓在液相和固相温度上不可微，如图 3-6 所示。Danaila 等[38]提出了一种新的焓和温度关系，其相变段的方程如下：

$$H = H_s + \frac{H_l - H_s}{2}\left(1 + \tanh\left(k\,\frac{T - T_m}{\delta T}\right)\right) \quad T_m - \delta T < T \leqslant T_m + \delta T \tag{3-5}$$

其中，k 为控制系数。Danaila 模型中的函数主体为双曲正切函数，其形状受到控制系数 k 的影响。对于双曲正切函数，在控制参数 k 较小时，其函数变化相对平滑。综合式(1-15)分析可知，为使焓连续，需保证不同分段函数间在分割点处相等。双曲正切函数虽有界，但其上限及下限均仅在正负无穷处获得，即在控制系数越小时，分段函数在分割点处的差异越大。在增加控制系数后，虽能渐近满足分割函数的连续性。但同时，在相变区间内的焓变化更剧烈，模型等效热容的连续性难以满足，如图 3-6(b)所示。为克服线性函数及双曲正切函数的缺点，本节提出多项式函数，以满足焓的连续可微条件，具体的函数如下：

$$H = aT^3 + bT^2 + cT + d \quad T_m - \delta T < T \leqslant T_m + \delta T \tag{3-6}$$

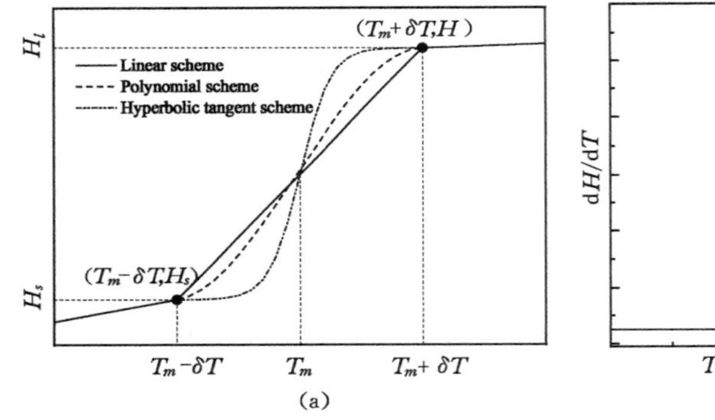

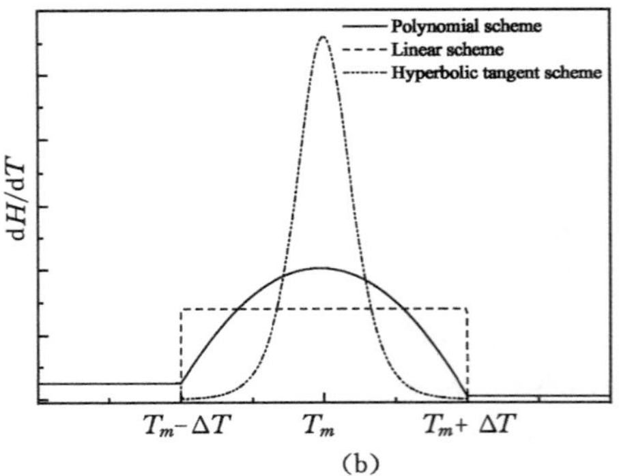

图 3-6　焓和温度的函数关系

其中，系数 a、b、c 和 d 可由图 3-6 中关系获得：

$$H_s = a\,(T_m - \delta T)^3 + b\,(T_m - \delta T)^2 + c(T_m - \delta T) + d \tag{3-7}$$

$$H_l = a\,(T_m + \delta T)^3 + b\,(T_m + \delta T)^2 + c(T_m + \delta T) + d \tag{3-8}$$

$$C_{ps} = 2a\,(T_m - \delta T)^2 + 2b(T_m - \delta T) + c \tag{3-9}$$

$$C_{pl} = 2a\,(T_m + \delta T)^2 + 2b(T_m + \delta T) + c \tag{3-10}$$

以上方程组封闭，可得出四个参数。图 3-6 中给出了线性函数、双曲正切函数和多项式函数三者的焓与温度曲线及等效比热曲线。与线性函数和双曲正切函数不同，多项式函数引入了固相和液相比热的影响，等效比热不再为均匀变化，使焓函数连续可微。除此之外，对图 3-6(b)分析可知，其纵坐标单位为

$J \cdot ℃^{-1}$。在差示扫描量热仪（DSC，differential scanning calorimetry）测试所得的 DSC 曲线中纵坐标单位为 W。将图 3-6(b)中的纵坐标乘以升温速率（单位为$℃ \cdot s^{-1}$）即可得等效 DSC 曲线。分析可知，与线性函数和双曲正切函数相比，本章中多项式函数更接近 DSC 测试曲线。

本节将三种函数应用于焓转化格子 Botlzmann 中。除上文中的 SRT 模型外，本节进一步提出焓转化法的 MRT 模型。MRT-LB 是将式(1-20)中的碰撞项 Ω 于矩空间中执行，提高了模型的精度和稳定性。密度和总焓分布函数的演化方程可表示为[112,114]：

$$f(x+e\Delta t,t+\Delta t)=f(x,t)-M^{-1}S[m(x,t)-m^{eq}(x,t)]+\Delta tM^{-1}\left(I-\frac{S}{2}\right)F_m(x,t) \tag{3-11}$$

$$g(x+e\Delta t,t+\Delta t)=g(x,t)-M^{-1}R[n(x,t)-n^{eq}(x,t)] \tag{3-12}$$

式中，$f(x+e\Delta t,t+\Delta t)$和$g(x+e\Delta t,t+\Delta t)$为由分布函数构成的矩阵，在本节的 D2Q9 模型中，其具体表达式如下：

$$f(x+e\Delta t,t+\Delta t)=[f_0(x+e_0\Delta t,t+\Delta t),\cdots,f_8(x+e_8\Delta t,t+\Delta t)]^{T} \tag{3-13}$$

$$g(x+e\Delta t,t+\Delta t)=[g_0(x+e_0\Delta t,t+\Delta t),\cdots,g_8(x+e_8\Delta t,t+\Delta t)]^{T} \tag{3-14}$$

式(3-11)和(3-12)中的 M 为转换矩阵，如下所示：

$$M=\begin{pmatrix} 1 & 1 & 1 & 1 & 1 & 1 & 1 & 1 & 1 \\ -4 & -1 & -1 & -1 & -1 & 2 & 2 & 2 & 2 \\ 4 & -2 & -2 & -2 & -2 & 1 & 1 & 1 & 1 \\ 0 & 1 & 0 & -1 & 0 & 1 & -1 & -1 & 1 \\ 0 & -2 & 0 & 2 & 0 & 1 & -1 & -1 & 1 \\ 0 & 0 & 1 & 0 & -1 & 1 & 1 & -1 & -1 \\ 0 & 0 & -2 & 0 & 2 & 1 & 1 & -1 & -1 \\ 0 & 1 & -1 & 1 & -1 & 0 & 0 & 0 & 0 \\ 0 & 0 & 0 & 0 & 0 & 1 & -1 & 1 & -1 \end{pmatrix} \tag{3-15}$$

$m(x,t)=Mf(x,t)$和$n(x,t)=Mg(x,t)$为矩空间的分布函数。矩空间的平衡态分布函数定义为：

$$m^{eq}(x,t)=\left(\rho,-2\rho+3\rho_0\frac{u^2}{c^2},\rho-3\rho_0\frac{u^2}{c^2},\rho_0\frac{u_x}{c},-\rho_0\frac{u_x}{c},\rho_0\frac{u_y}{c},-\rho_0\frac{u_y}{c},\rho_0\frac{u_x^2-u_y^2}{c},\rho_0\frac{u_xu_y}{c^2}\right)^{T} \tag{3-16}$$

$$n^{eq}(x,t)=\Big(H,-4H+2C_pT+3C_pT\frac{u^2}{c^2},4H-3C_pT-3C_pT\frac{u^2}{c^2},$$
$$C_pT\frac{u_x}{c},-C_pT\frac{u_x}{c},C_pT\frac{u_y}{c},-C_pT\frac{u_y}{c},C_pT\frac{u_x^2-u_y^2}{c^2},C_pT\frac{u_xu_y}{c^2}\Big)^{\mathrm{T}} \tag{3-17}$$

其中，ρ_0 为平均密度；I 为单位矩阵。式(3-11)中的 F_m 为矩空间下的离散力项：

$$F_m(x,t)=\Big(0,6\rho_0\frac{f_m\cdot u}{c^2}-6\rho_0\frac{f_m\cdot u}{c^2},\rho_0\frac{f_{mx}}{c},-\rho_0\frac{f_{mx}}{c},$$
$$\rho_0\frac{f_{my}}{c},-\rho_0\frac{f_{my}}{c},2\rho_0\frac{f_{mx}u_x-f_{my}u_y}{c^2},\rho_0\frac{f_{mx}u_y+f_{my}u_x}{c^2}\Big)^{\mathrm{T}} \tag{3-18}$$

密度和总焓分别由(1-26)和(1-47)求得。(1-27)修改为：

$$\rho_0u=\sum_i e_if_i+\frac{\Delta t}{2}\rho_0f_m \tag{3-19}$$

式(3-11)和(3-12)中 S 和 R 为松弛对角矩阵，定义如下：

$$S=\mathrm{diag}(s_0,s_e,s_\varepsilon,s_j,s_q,s_j,s_q,s_\nu,s_\nu) \tag{3-20}$$

$$R=\mathrm{diag}(r_0,r_e,r_\varepsilon,r_j,r_q,r_j,r_q,r_e,r_e) \tag{3-21}$$

$$s_0=s_j=r_0=1,s_\nu=1/\tau_f,r_j=1/\tau_g,0<s_{e,\varepsilon,q},r_{e,\varepsilon,q}<2$$

为满足稳定性，Huang 等提出 MRT 模型需满足以下等式[112]：

$$\left(\frac{1}{r_e}-\frac{1}{2}\right)\left(\frac{1}{r_j}-\frac{1}{2}\right)\equiv\frac{1}{4} \tag{3-22}$$

与第一章不同，密度平衡态分布函数修改为

$$f_i^{eq}=\omega_i\rho+\omega_i\rho_0\left[\frac{e_i\cdot u}{c_s^2}+\frac{(e_i\cdot u)^2}{2c_s^4}-\frac{u^2}{2c_s^2}\right] \tag{3-23}$$

3.3.2 改进焓转化法求解一维双区域相变问题

本小节将线性函数、双曲正切函数及多项式函数作为相变区焓和温度间关系，对一维双区域相变问题进行求解，其初边条件及示意图如 2.3.2 所述。Stefan 数设置为 0.02，δT^* 为 0.01，固相和液相热扩散系数的比例为 0.2。为获得正确结果，本小节采用 200 个离散节点，离散网格长度为 0.7，离散时间步长为 0.4。

本小节中仅采用 SRT 模型对问题进行求解，其结果如图 3-7 所示。在左侧壁面的加热下，相变材料温度在吸收热量后上升至相变温度，材料转化为液相。由于多项式函数采用了连续的等效热容，其在固液相变中更符合相变材料的真实相变过程，在相界面附近与解析解的差异更小。多项式函数、线性函数和双曲正切函数与解析解之间的相对误差分别为 0.002 870、0.003 53 和 0.003 848。结果表明，多项式函数可精确还原相变材料的温度分布。

3.3.3 改进焓转化法求解熔化自然对流问题

本小节利用熔化自然对流问题的求解以研究三种焓和温度函数模型在固液

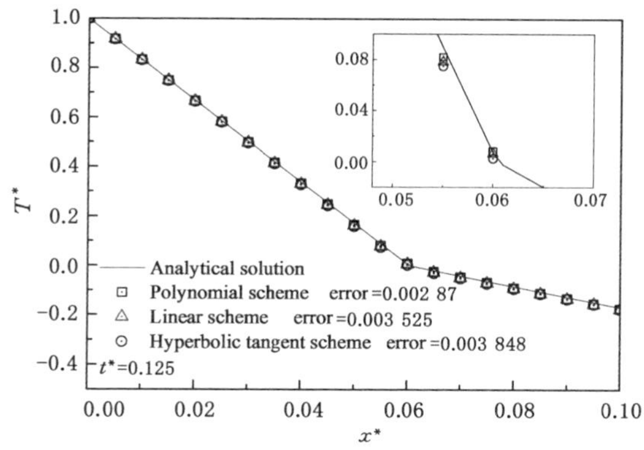

图 3-7　改进焓转化法求得的一维双区域的相变温度分布

相变中的差异，其数值模型见图 2-8。与 2.3.4 中所述一致，方腔中充满固液相变材料，且相变材料的初始温度为 T_c，且有 $T_c < T_m$。方腔左侧壁面维持在高温 T_h，其余壁面设置为绝热。本小节中以相变材料的相变温度 T_m 作为计算 Stefan 数和 Rayleigh 数的参考温度。本小节中相变温度、壁面温度及初始温度间有如下函数关系：

$$T_m = \frac{1}{2}(T_h + T_c) \tag{3-24}$$

本小节中选取的 Rayleigh 数分别为 2.5×10^4 和 2.5×10^5，Stefan 数和 Prandtl 数分别为 0.01 和 0.1，Mach 数设置为 0.15。本小节研究了不同等效温度区间对固液相变的影响，δT^* 选取 0.1、0.01、0.001 和 0.0001 四种。网格系统选取为 128×128。

图 3-8 为 Rayleigh 数为 2.5×10^4 时的液相率随时间的变化曲线。图中结果表明，对于同一函数关系，MRT 模型和 SRT 模型间的相对误差较小。在 δT^* 取值为 0.000 1 时，相变温度区间较小，相变材料状态停留在相变区间的时间较短，使多项式函数、线性函数和双曲正切函数对相变过程的影响较小，如图 3-8(d)和图 3-9(d)所示。相比于线性函数和多项式函数，双曲正切函数的液相率变化速率波动较大。如图 3-6 所示，双曲正切函数的等效热容在液相温度和固相温度附近时较小，而在相变温度附近的等效热容相对大幅增加。基于此，相变材料在液相温度和固相温度附近的熔化较快，而在相变温度附近的熔化减慢，因此其液相率变化波动较大。多项式函数液相率变化介于两者之间，但由于多项式函数更符合 DSC 曲线，其液相率变化更符合真实相变过程。

图 3-9 为 Rayleigh 数为 2.5×10^4 时的壁面平均 Nusselt 数随时间的变化曲线。在自然对流的驱使下，壁面平均 Nusselt 数随时间整体呈下降趋势。与

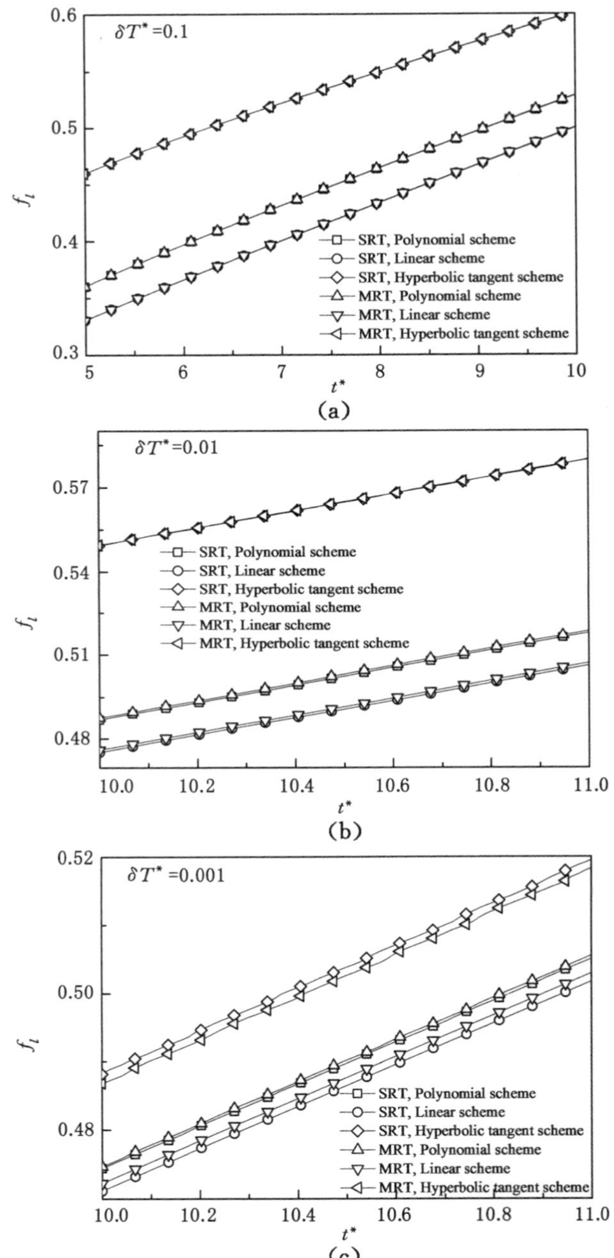

图 3-8　改进焓转化法求得的液相率($Ra=2.5\times10^4$)

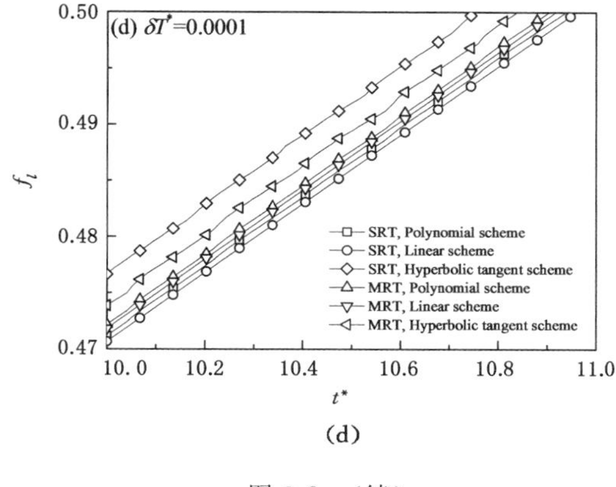

(d)

图 3-8 （续）

液相率一致，在相变区间较小时，三者间的差异不大，且 SRT 模型和 MRT 模型间结果差异较小。如第 1 章中所示，焓转化法可看作特殊形式的焓法，即纯相变材料近似为复合相变材料，相变过程发生在额定温度区间中。在温度区间取值较大时，复合相变材料的特征更明显。在相变材料的相变区间较小时，由于相变材料停留在相变区间的时间较小，不同焓和温度间的关系对相变材料的影响较小，如图 3-9(d)所示。在相变区间较大时，三者的差异增加。如图 3-9(a)所示，在无量纲时间为 15 时，线性函数的壁面平均 Nusselt 数较双曲正切函数增加了 0.15 左右。除此之外，对于同一焓和温度函数，MRT 模型的壁面平均 Nusselt 数均略微高于 SRT 模型。壁面平均 Nusselt 数增加后，对于双曲正切函数，用于相变材料相变的份额减小，使 MRT 模型的液相率较 SRT 模型的液相率相对减小。

图 3-10 和图 3-11 为在无量纲时间为 20 时，在 $y^*=0.5$ 和 $x^*=0.5$ 位置上的温度分布。在自然对流的作用下，相变材料温度在水平中心上的变化并不是递减，而是出现减增减的变化趋势。δT^* 取值为 0.000 1 时，在 $x^*>0.82$ 区域内的相变材料并未发生相变，其温度仍然维持在相变温度。与上文一致，δT^* 取值减小，即相变区间较窄时，不同焓和温度间的函数对温度分布的影响较小。但是，对于同一种函数关系，采用 MRT 模型所得到的温度均较 SRT 模型温度略高。对比图 3-10(a)和(d)可知，在相变区间增加时，相变材料的熔化速率增加。除此之外，由于相变材料在相变区间停留时间变长，(a)在水平中心线上 $x^*>0.82$ 位置的相变材料温度为连续变化，而(d)中维持在固定温度。与图 3-10中水平中心线上温度分布不同，图 3-11 中的竖直中心线上的温度为沿着纵坐标逐渐增加。这是因为在自然对流的驱动下，加热后高温相变材料往容器

上方运动，使相变材料上部温度较下部温度更高。在相变温度区间较小时，三个函数所得温度分布差异较小。在温度区间增加后，三个函数间温度分布差异增加，尤其是在接近上下壁面处。如图 3-9 所示，线性函数的壁面平均 Nusselt 数在三者中最高，而双曲正切函数在三者中最小。如上文所述，壁面平均 Nusselt 数即为容器内的自然对流强度。在采用线性函数后，容器内的相变材料自然对流强度最强烈，且水平中心线上的温度分布波动更强烈，如图 3-10(a)所示。

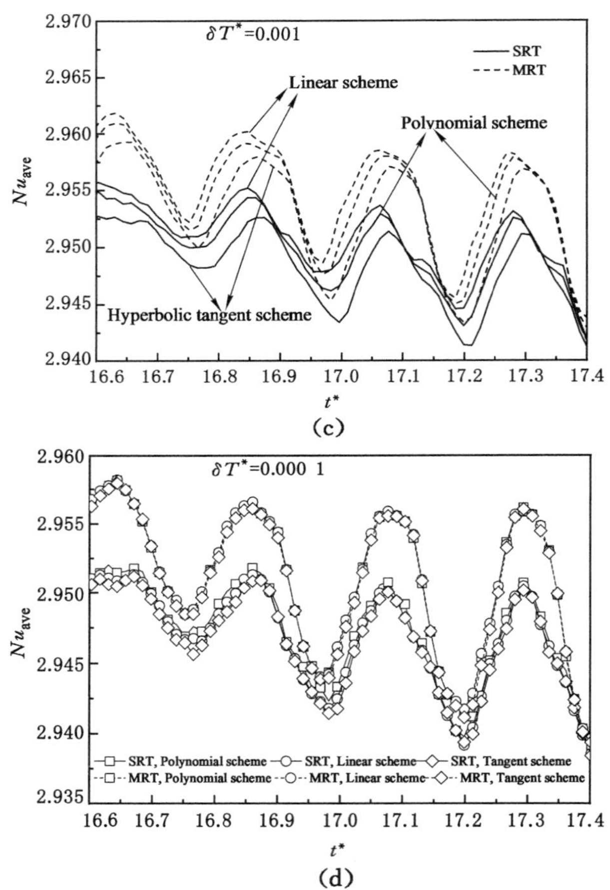

图 3-9 改进焓转化法求得的平均 Nusselt 数($Ra=2.5\times10^4$)

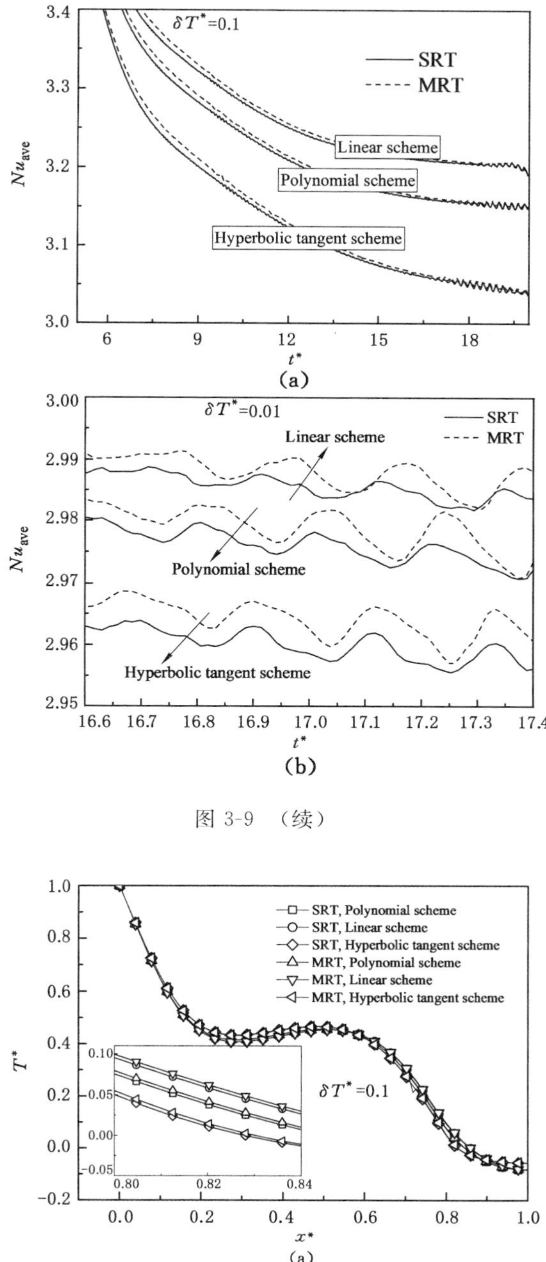

图 3-9 （续）

图 3-10　改进焓转化法求得的 $y^*=0.5$ 温度分布（$Ra=2.5\times10^4$，$t^*=20$）

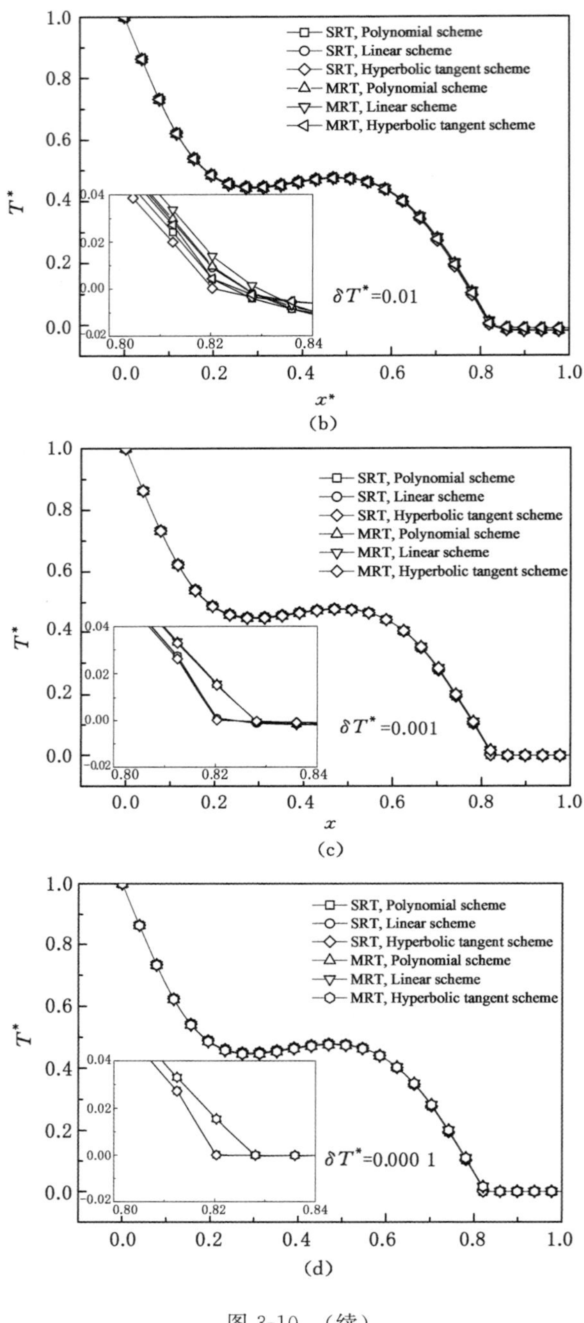

SRT, Polynomial scheme
SRT, Linear scheme
SRT, Hyperbolic tangent scheme
MRT, Polynomial scheme
MRT, Linear scheme
MRT, Hyperbolic tangent scheme
δT^*=0.01
T^*
x^*
(b)
SRT, Polynomial scheme
SRT, Linear scheme
SRT, Hyperbolic tangent scheme
MRT, Polynomial scheme
MRT, Linear scheme
MRT, Hyperbolic tangent scheme
δT^*=0.001
T^*
x
(c)
SRT, Polynomial scheme
SRT, Linear scheme
SRT, Hyperbolic tangent scheme
MRT, Polynomial scheme
MRT, Linear scheme
MRT, Hyperbolic tangent scheme
δT^*=0.000 1
T^*
(d)

图 3-10 （续）

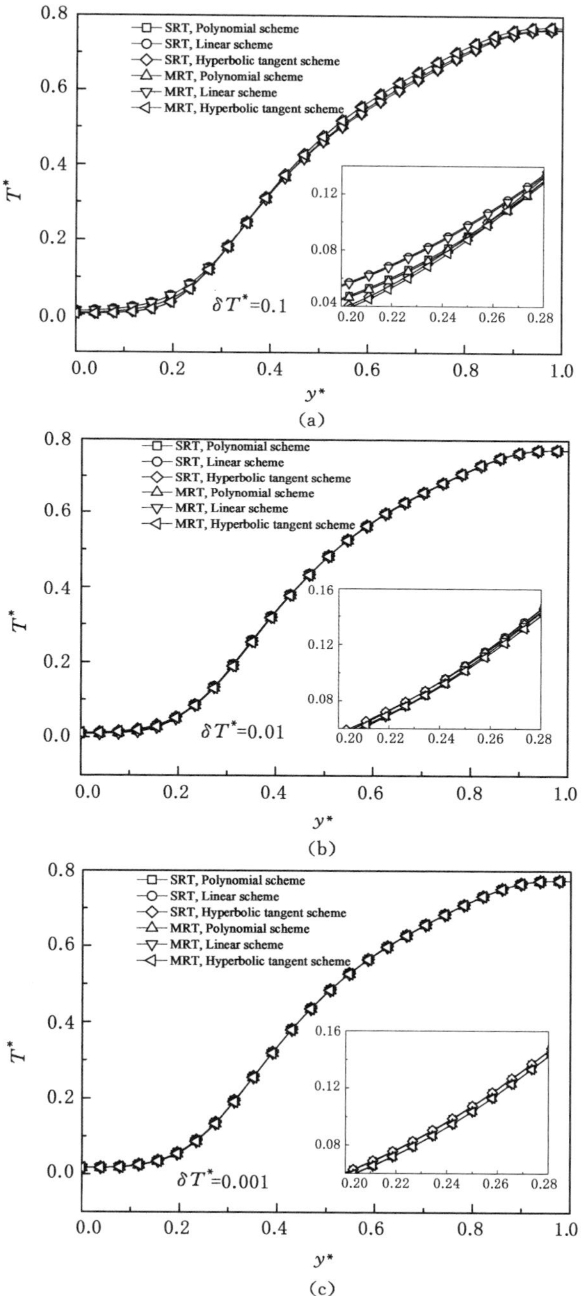

图 3-11　改进焓转化法求得的 $x^*=0.5$ 温度分布($Ra=2.5\times10^4$,$t^*=20$)

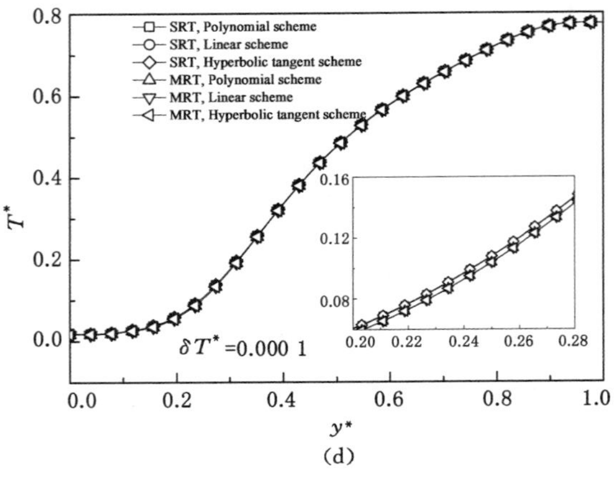

(d)

图 3-11 （续）

图 3-12 为 Rayleigh 数上升至 2.5×10^5 后相变材料的液相率随时间的变化曲线。增加 Rayleigh 数会增强方腔内的自然对流强度，使壁面与相变材料间的换热速率加快，相变材料的熔化加快。与上文一致，在采用线性函数后，液相率的变化近似为线性，而采用其余两者后，液相率在变化过程中出现波动。

图 3-13 为方腔左侧壁面平均 Nusselt 数随时间的变化规律。与 Rayleigh 数为 2.5×10^4 时不同，壁面平均 Nusselt 数随着时间下降，在无量纲时间为 3 左右时，平均 Nusselt 数上升，并在无量纲时间为 4.5 左右再次下降。这是由于在起始阶段，相变材料的传热主要为导热，而在相变材料的温度上升后，壁面与附近的材料温度差逐渐下降，使平均 Nusselt 数下降。随着转化为液相的相变材

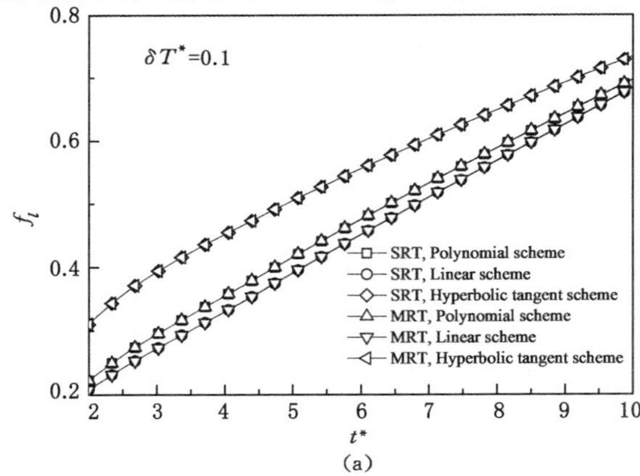

(a)

图 3-12 改进焓转化法求得的液相率($Ra=2.5\times10^5$)

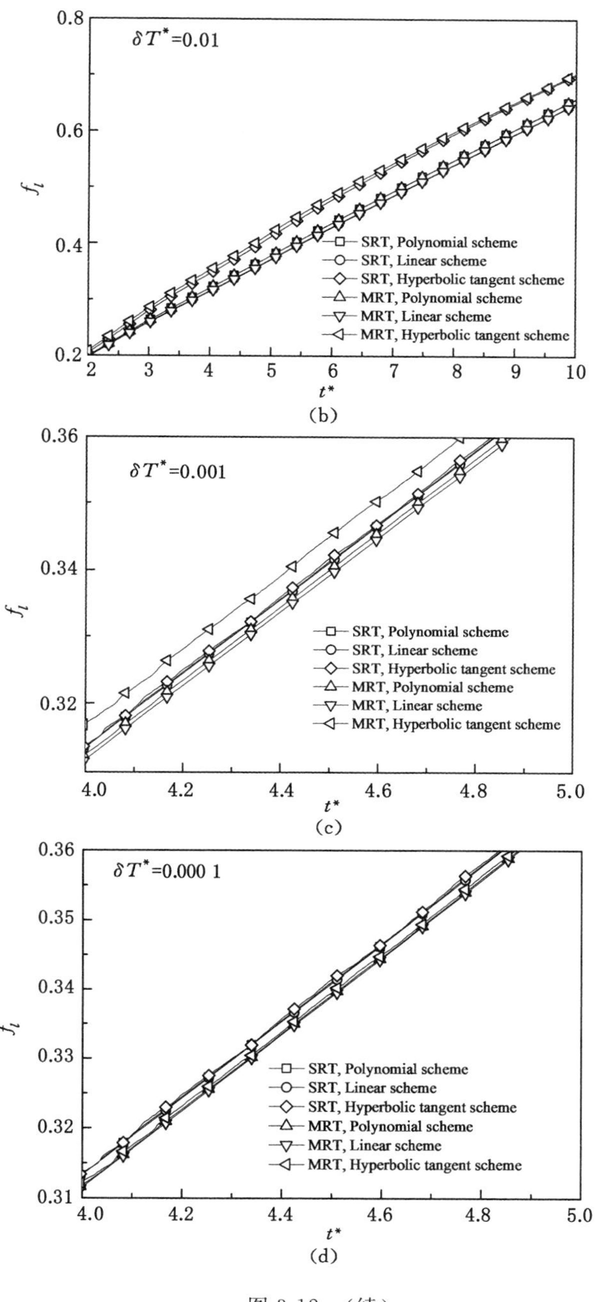
δT*=0.01
0.8
0.6
0.4
0.2
f_l
2 3 4 5 6 7 8 9 10
t*
SRT, Polynomial scheme
SRT, Linear scheme
SRT, Hyperbolic tangent scheme
MRT, Polynomial scheme
MRT, Linear scheme
MRT, Hyperbolic tangent scheme
(b)
δT*=0.001
0.36
0.34
0.32
f_l
4.0 4.2 4.4 4.6 4.8 5.0
t*
SRT, Polynomial scheme
SRT, Linear scheme
SRT, Hyperbolic tangent scheme
MRT, Polynomial scheme
MRT, Linear scheme
MRT, Hyperbolic tangent scheme
(c)
δT*=0.000 1
0.36
0.35
0.34
0.33
0.32
0.31
f_l
4.0 4.2 4.4 4.6 4.8 5.0
t*
SRT, Polynomial scheme
SRT, Linear scheme
SRT, Hyperbolic tangent scheme
MRT, Polynomial scheme
MRT, Linear scheme
MRT, Hyperbolic tangent scheme
(d)

图 3-12 （续）

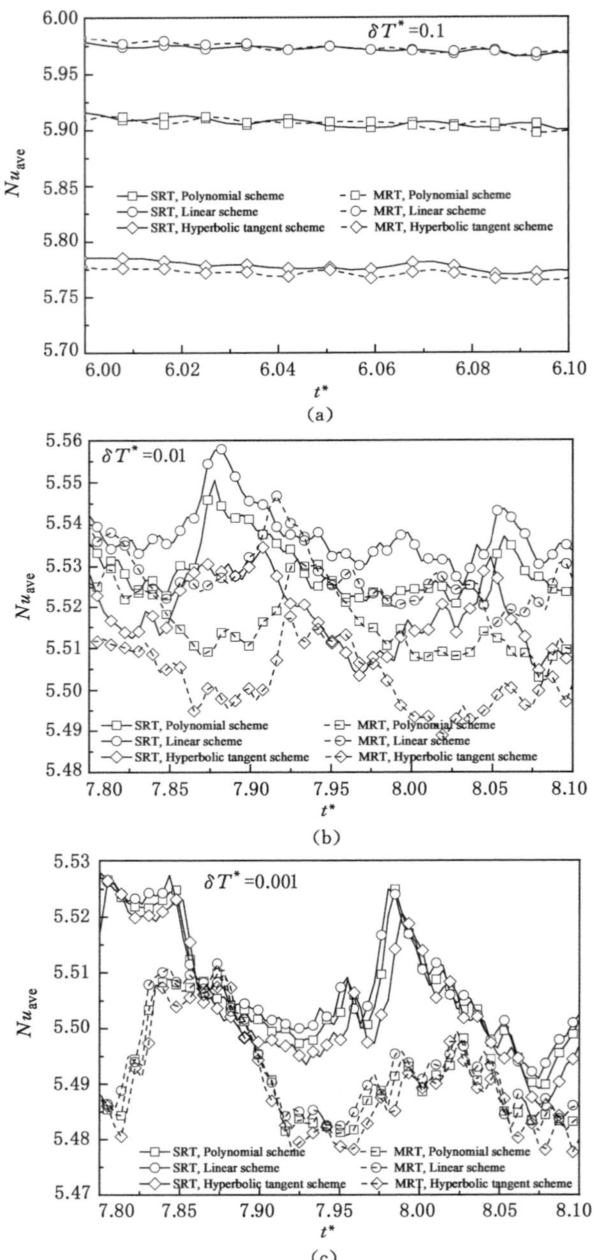

图 3-13　改进焓转化法求得的平均 Nusselt 数($Ra=2.5\times10^5$)

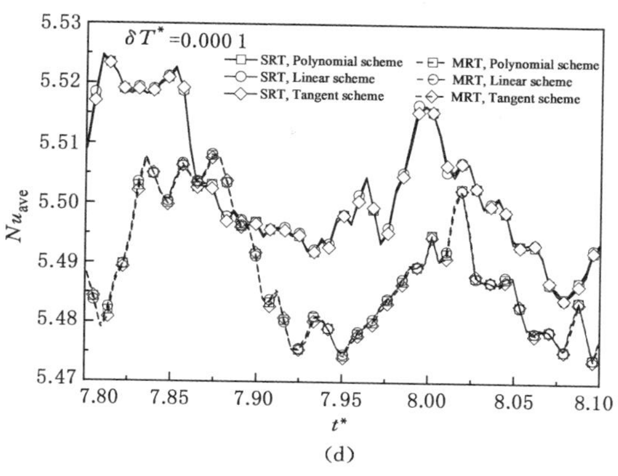

(d)

图 3-13　(续)

料增多,相变材料的自然对流强度增加,壁面的传热速率上升(壁面的平均 Nusselt 数上升),此时壁面的传热主要为对流传热。随着时间的推移,相变材料的温度上升,壁面传热速率再度下降,同时壁面平均 Nusselt 数下降。与上文相同,在 Rayleigh 数为 2.5×10^5 时,多项式函数、线性函数和双曲正切函数中线性函数的平均 Nusselt 数最大,而双曲正切函数的 Nusselt 数最小。除此之外,对于同一种函数,采用 MRT 模型所得结果略微大于 SRT 模型的对应结果。

图 3-14 为不同函数关系下无量纲时间为 15 时的方腔水平中心线上的温度分布。对比图 3-10 可知,在增加了 Rayleigh 数后,液相相变材料的自然对流强度增加,其在水平中心线上的温度分布波动更明显。在浮力的作用下,容器内形成顺时针方向的自然对流,将壁面附近的高温流体输送至靠近右侧壁面的位置,导致右侧壁面附近的相变材料温度较水平中心的温度高。在 Rayleigh 数增加后,三种关系函数间的差异在相变温度区间较小时仍然保持较小。如图 3-13 中所示,采用线性函数的壁面平均 Nusselt 数较其余两者高,壁面传热速率更高,水平中心线上的温度较其余两者高,如图 3-14 所示。

图 3-15 为无量纲时间为 15 时方腔竖直中心线上的温度分布。在相变温度区间比较小时,相变材料吸收热量并将温度上升至相变温度后发生相变。在相变完全前,相变材料温度会维持在相变温度附近。在自然对流的作用下,容器内上部相变材料的温度较下部材料的温度高。当 Rayleigh 数增加至 2.5×10^5 后,大部分热量聚集在方腔上部,使下部相变材料的熔化速率减慢,因此在图 3-15 中 $y^*<0.122$ 处的相变材料仍然保持在相变温度。除此之外,如图 3-15(d)所示,与 SRT 模型相比,MRT 模型下方的相界面移动更慢。如图 3-13 所示,MRT 模型的平均 Nusselt 数较 SRT 更高,即容器内的自然对流强度更剧烈,使

上部的相变界面移动更快。同时，由于 MRT 模型中大部分热量用于上部相变材料相变，下部的相变界面移动较 SRT 模型更慢。

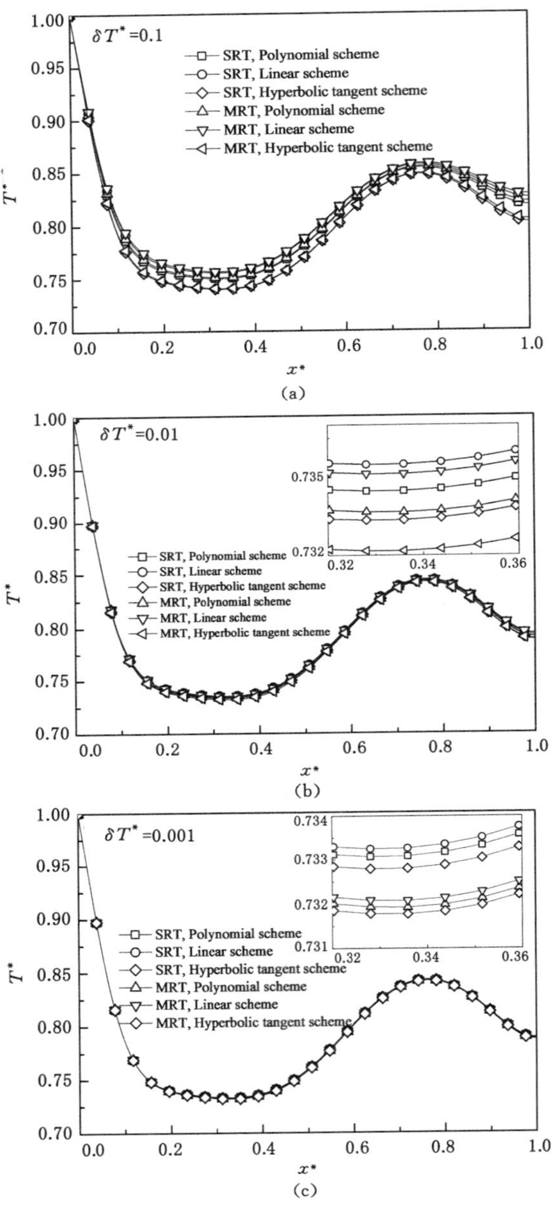

图 3-14　改进焓转化法求得的 $y^*=0.5$ 温度分布($Ra=2.5\times10^5$, $t^*=15$)

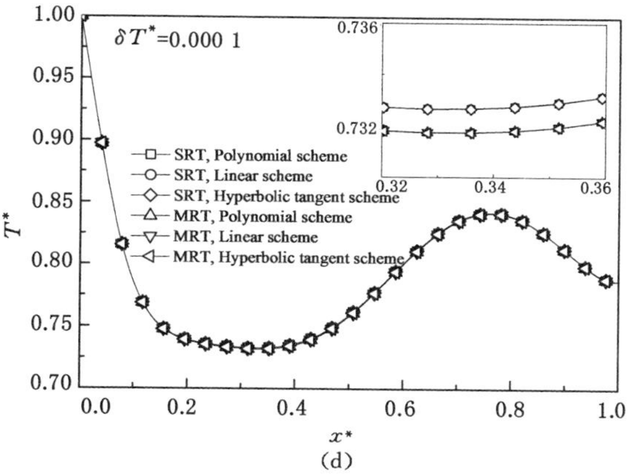

图 3-14　（续）

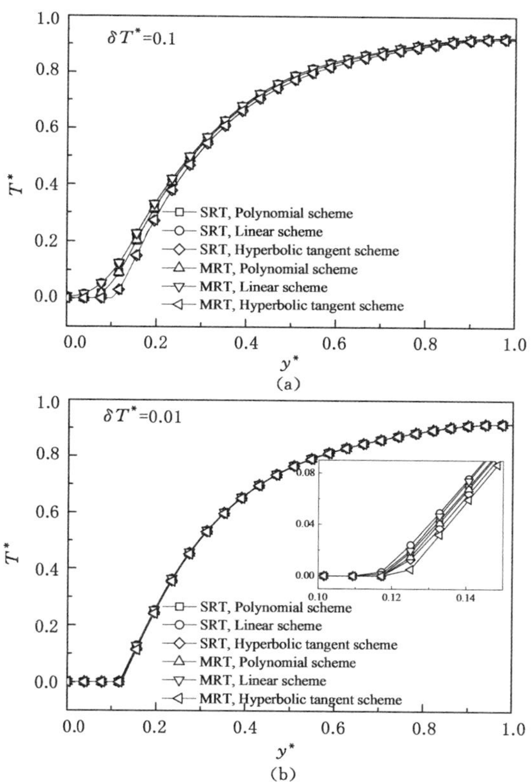

图 3-15　改进焓转化法求得的 $x^*=0.5$ 温度分布（$Ra=2.5\times10^5$，$t^*=15$）

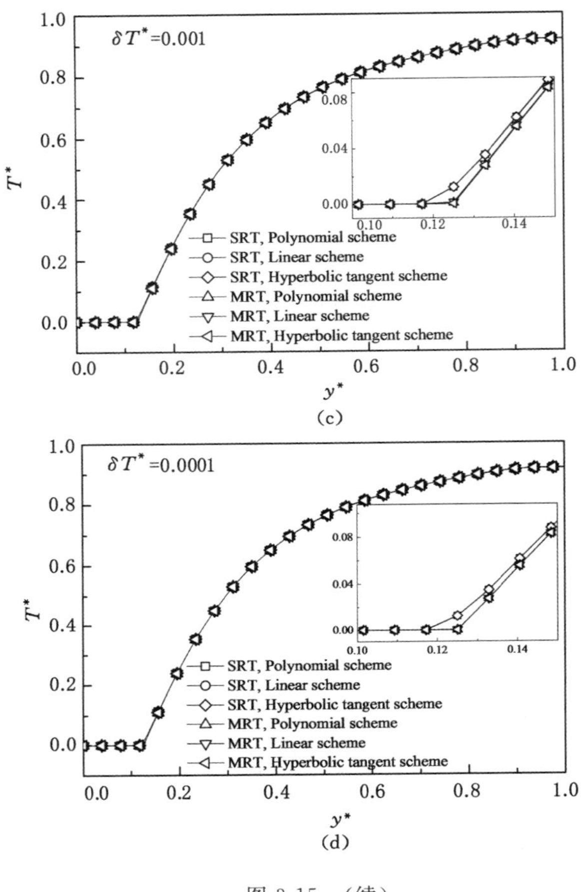

(c)

(d)

图 3-15 （续）

3.4 本章小结

本章中基于 Cao 和 Faghri[37] 所提出的焓转化模型，建立了焓转化法格子 Boltzmann 模型。与总焓模型不同，在焓转化中，对于纯相变材料，相变不再发生在恒定温度，而是参考复合相变材料，假设相变发生在一相变温度区间中。本章利用焓转化法格子 Boltzmann 模型分别对一维双区域相变问题、无相变自然对流问题和熔化自然对流问题进行求解，以验证本章模型的正确性。结果表明，本章焓转化法格子 Boltzmann 模型可有效追踪相变材料的固液相变界面和还原相变材料的温度分布。在此基础上，本章进一步改进焓转化法模型，克服了焓和温度函数在相变区间的不连续、不可微的缺点，提出了焓和温度间的多项式函数关系式，并对比分析了其与线性函数、双曲正切函数间的差异。对相变区间上的等效热容分析可知，多项式函数更接近真实情况下的固液相变过程。一维双区域相变问题的求解结果显示，多项式函数所得的温度分布与解析解之间的相对误差较线性函数和双曲正切函数更小。在熔化自然对流问题的求解中，在相变区间较窄时，由于相变材料在相变区间停留的时间较小，三者之间的差异较小。在相变区间增加后，双曲正切函数所得的壁面传热速率为三者之中最小，而线性函数为三者之中最大。除此之外，采用 MRT 模型所得相变材料的自然对流强度较同一函数关系下的 SRT 模型更剧烈，使容器下部相变材料的相变界面移动更慢。

第4章　统一动力学固液相变数值计算模型

4.1　引　　言

在第2章和第3章的研究中，本书均采用格子 Boltzmann 方法对 Boltzmann 输运方程进行求解，从而获得流动与传热规律。但是，传统格子 Boltzmann 方法是一种 Boltzmann 方程在空间、时间和速度上的特殊离散格式。由于受到离散速度的限制，传统格子 Boltzmann 模型网格系统为均匀正方形（二维）或立方体（三维）网格，导致格子 Boltzmann 模型在复杂曲线边界上的适应性较差。为适应复杂流道，可通过插值方法获得固体边界上的分布函数[73]。

除此之外，对于物理量梯度较大的区域，需通过加密网格系统以获得更准确的流场和温度场信息。但是，在传统格子 Boltzmann 方法中，分布函数的迁移需限制在离散节点上，以满足物理量守恒。为解决这一问题，部分学者提出了插值补充格子 Boltzmann 方法[129,130]、局部网格加密[131,132]和区域分解方法[133-135]等。除此之外，利用有限元法[136-139]或有限体积法[140-142]，可构造非标准的格子 Boltzmann 模型[143]，以适应非均匀网格或非结构化网格系统。针对 Boltzmann 输运方程，还可直接利用有限差分法对其在非均匀网格上进行离散，得到有限差分格子 Boltzmann 模型[144-146]。

Guo 等在2013年综合统一动力学（UGKS，unified gas kinetic scheme）和格子 Boltzmann 方法的优点，提出了离散统一动力学格式（DUGKS，discrete unified gas kinetic scheme）[147]。DUGKS 为基于格子 Boltzmann 输运方程的有限体积法，与传统的有限体积格子 Boltzmann 模型相比，其时间步长不再受限于无量纲弛豫时间。除此之外，DUGKS 中通过引入新的分布函数形式，可直接通过上一时间步获得下一时间步的控制体分布函数通量。与 UGKS 相比，DUGKS 采用的是离散速度，且由于引入了新的分布函数，分布函数更新上更简捷。与传统格子 Boltzmann 相比，DUGKS 为有限体积法，可直接应用于非均匀网格和非结构化网格。Guo 等在2014年将 DUGKS 扩展至可压非等温流动中[148]。Wang 等[149,150]和 Zhu 等[151,152]对比了 DUGKS 和传统格子 Boltzmann 方法，发现 DUGKS 能更精确地捕捉流场信息。Feng 等[153]将 DUGKS 应用于超声速流动中。Guo 和 Xu[154]、Luo 和 Yi[155]发展了 DUGKS,将其应用于声子输运 Boltzmann 方程的求解。Wang 等[156]和 Wu 等[157]在 DUGKS 中引入外力项,并将其应用于自然对流中。

本章将 DUGKS 应用于固液相变模拟中,发展了固液相变 DUGKS,并利用一维双区域相变、一维恒流加热相变和熔化自然对流温度验证了本章模型的正确性。

4.2 统一动力学固液相变数值计算模型构建

4.2.1 统一动力学固液相变数值模型

为获得固液相变规律,对应的气体动力学方程组构造如下:

$$\frac{\partial f}{\partial t}+e\cdot\nabla_x f=\Omega+S\equiv\frac{f^{eq}-f}{\tau_f}+S \tag{4-1}$$

$$\frac{\partial g}{\partial t}+e\cdot\nabla_x g=\kappa\equiv\frac{g^{eq}-g}{\tau_g} \tag{4-2}$$

式中,f 和 g 分别为密度和总焓分布函数。κ 为总焓分布函数碰撞项,本章采用 BGK 假设,将碰撞项简化为式(4-2)右侧形式。密度和总焓均符合 Maxwell 分布,其平衡态分布函数为:

$$f^{eq}(e)=\frac{\rho}{(2\pi RT_0)^{D/2}}\exp\left(-\frac{(e-u)^2}{2RT_0}\right) \tag{4-3}$$

$$g^{eq}(e)=\begin{cases}H-C_pT+\dfrac{C_pT}{(2\pi RT_0)^{D/2}}\exp\left(-\dfrac{(e-u)^2}{2RT_0}\right) & |e|=0\\[2ex] \dfrac{C_pT}{(2\pi RT_0)^{D/2}}\exp\left(-\dfrac{(e-u)^2}{2RT_0}\right) & |e|\neq 0\end{cases} \tag{4-4}$$

式中,D 为模型维数,R 为气体常数,通过 RT_0 可构造格子(人造)声速:

$$RT_0=c_s^2 \tag{4-5}$$

与格子 Boltzmann 模型一致,可对粒子速度 e 进行离散:

$$e\in\bigcup_{i=-N}^{N}[e_{i-1},e_i] \tag{4-6}$$

和上文中的格子 Bolzmann 模型不一致,由于 DUGKS 为有限体积法,其物理量守恒不需通过离散速度形式得以保证,式(4-6)中的速度离散更自由。本章中,一维模型的离散速度定义如下[147]:

$$e_{-1}=-\sqrt{3RT_0} \tag{4-7}$$

$$e_0=0 \tag{4-8}$$

$$e_1=\sqrt{3RT_0} \tag{4-9}$$

$$\omega_0 = \frac{2}{3} \tag{4-10}$$

$$\omega_1 = \frac{1}{6} \tag{4-11}$$

通过上述方程,可通过张量运算获得高维的离散速度定义。本章中通过上述办法构造的二维离散速度即为第一章所介绍的 D2Q9 模型。

在对速度空间进行离散后,可获得对应的平衡态分布函数,其具体形式可参考式(1-22)和(1-46)。式(4-1)右侧 S 为外力源项,其具体形式为:

$$S = -a \cdot \nabla_e f \approx \frac{a \cdot (e_i - u)}{RT_0} f^{eq} \tag{4-12}$$

式中,a 为加速度。通过 Chapman-Enskog 分析可知,式(4-1)和(4-2)可还原至式(1-3)、(1-4)和(1-11)。与格子 Boltzmann 不同,DUGKS 中的无量纲弛豫时间构造为:

$$\nu = \tau_f RT_0 = \tau_f c_s^2 \tag{4-13}$$

$$\alpha_e = \tau_g RT_0 = \tau_g c_s^2 \tag{4-14}$$

式中,α_e 为考虑固相和液相物性差异后的等效热扩散系数。通过对上式分析可知,无量纲弛豫时间计算中未涉及离散时间步长,这是 DUGKS 和格子 Boltzmann 模型的主要差异之一。

下面针对式(4-1)和(4-2),构造其 DUGKS 离散形式。对式(4-1)和(4-2)在位于 x_m 处的控制体 V_m 在时刻 t_n 和 t_{n+1}($t_{n+1} = t_n + \Delta t$)积分可得:

$$f_m^{n+1} - f_m^n + \frac{\Delta t}{|V_m|} F^{n+1/2} = \frac{\Delta t}{2}(\Omega_m^{n+1} + \Omega_m^n) + \frac{\Delta t}{2}(S_m^{n+1} + S_m^n) \tag{4-15}$$

$$g_m^{n+1} - g_m^n + \frac{\Delta t}{|V_m|} \psi^{n+1/2} = \frac{\Delta t}{2}(\kappa_m^{n+1} + \kappa_m^n) \tag{4-16}$$

在积分过程中,对流项采用积分中点法则,而碰撞项采用梯形法则。f_m^n、g_m^n、Ω_m^n、κ_m^n 和 S_m^n 为体积平均量,定义如下:

$$f_m^n = \frac{1}{|V_m|} \int_{V_m} f(x, e_i, t_n) \mathrm{d}x \tag{4-17}$$

$$g_m^n = \frac{1}{|V_m|} \int_{V_m} g(x, e_i, t_n) \mathrm{d}x \tag{4-18}$$

$$\Omega_m^n = \frac{1}{|V_m|} \int_{V_m} \Omega(x, e_i, t_n) \mathrm{d}x \tag{4-19}$$

$$\kappa_m^n = \frac{1}{|V_m|} \int_{V_m} \kappa(x, e_i, t_n) \mathrm{d}x \tag{4-20}$$

$$S_m^n = \frac{1}{|V_m|} \int_{V_m} S(x, e_i, t_n) \mathrm{d}x \tag{4-21}$$

式中，$|V_m|$ 为控制体 V_m 的体积。上述各式中分布函数均为在速度空间内的离散变量，为简便表示，离散方向下标已省略。

式(4-15)和(4-16)中 $F^{n+1/2}$ 和 $\psi^{n+1/2}$ 为控制体表面通量：

$$F^{n+1/2} = \int_{\partial V_m} (e_i \cdot n) f(x, e_i, t_{n+1/2}) \mathrm{d}x \tag{4-22}$$

$$\psi^{n+1/2} = \int_{\partial V_m} (e_i \cdot n) g(x, e_i, t_{n+1/2}) \mathrm{d}x \tag{4-23}$$

其中∂V_m 为控制体表面，n 为表面的外法线方向。

为求解式(4-15)和(4-16)，构造新的分布函数如下：

$$\tilde{f} = f - \frac{\Delta t}{2}\Omega - \frac{\Delta t}{2}S = \frac{2\tau_f + \Delta t}{2\tau_f}f - \frac{\Delta t}{2\tau_f}f^{eq} - \frac{\Delta t}{2}S \tag{4-24}$$

$$\tilde{g} = g - \frac{\Delta t}{2}\kappa = \frac{2\tau_g + \Delta t}{2\tau_g}g - \frac{\Delta t}{2\tau_g}g^{eq} \tag{4-25}$$

根据对新分布函数分析可知，宏观物理量可通过新分布函数求得：

$$\rho = \sum_i \tilde{f}_i \tag{4-26}$$

$$\rho u = \sum_i e_i \tilde{f}_i + \frac{\Delta t}{2}a \tag{4-27}$$

$$H = \sum_i \tilde{g}_i \tag{4-28}$$

将式(4-24)和(4-25)代入式(4-15)和(4-16)，可得：

$$\tilde{f}_m^{n+1} = \tilde{f}_m^{+,n} - \frac{\Delta t}{|V_m|}F^{n+1/2} \tag{4-29}$$

$$\tilde{g}_m^{n+1} = \tilde{g}_m^{+,n} - \frac{\Delta t}{|V_m|}\psi^{n+1/2} \tag{4-30}$$

上式中，$\tilde{f}^+$ 和 $\tilde{g}^+$ 定义为：

$$\tilde{f}^+ = \frac{2\tau_f - \Delta t}{2\tau_f + \Delta t}\tilde{f} + \frac{2\Delta t}{2\tau_f + \Delta t}f^{eq} + \frac{2\tau_f \Delta t}{2\tau_f + \Delta t}S \tag{4-31}$$

$$\tilde{g}^+ = \frac{2\tau_g - \Delta t}{2\tau_g + \Delta t}\tilde{g} + \frac{2\Delta t}{2\tau_g + \Delta t}g^{eq} \tag{4-32}$$

如此一来，物理量的更新不再依靠原分布函数 f 和 g，而变更为 $\tilde{f}$ 和 $\tilde{g}$。现需对式(4-15)和(4-16)中的表面通量 $F^{n+1/2}$ 和 $\psi^{n+1/2}$ 进行计算。对式(4-1)与(4-2)在位置 x_b(位于控制体表面)处的半时间步长 $h=\Delta t/2$ 内积分可得：

$$\begin{aligned} f(x_b, e_i, t_n + h) - f(x_b - e_i h, e_i, t_n) = \frac{h}{2}[\Omega(x_b, e_i, t_n + h) + \\ \Omega(x_b - e_i h, e_i, t_n)] + \frac{h}{2}[S(x_b, e_i, t_n + h) + S(x_b - e_i h, e_i, t_n)] \end{aligned} \tag{4-33}$$

$$g(x_b,e_i,t_n+h)-g(x_b-e_ih,e_i,t_n)=\frac{h}{2}[\kappa(x_b,e_i,t_n+h)+\kappa(x_b-e_ih,e_i,t_n)] \tag{4-34}$$

进一步,可定义额外分布函数为:

$$\bar{f}=f-\frac{h}{2}\Omega=\frac{2\tau_f+h}{2\tau_f}f-\frac{h}{2\tau_f}f^{eq}-\frac{h}{2}S \tag{4-35}$$

$$\bar{g}=g-\frac{h}{2}\kappa=\frac{2\tau_g+h}{2\tau_g}g-\frac{h}{2\tau_g}g^{eq} \tag{4-36}$$

则式(4-33)和(4-34)转化为:

$$\bar{f}(x_b,e_i,t_n+h)=\bar{f}^+(x_b-e_ih,e_i,t_n) \tag{4-37}$$

$$\bar{g}(x_b,e_i,t_n+h)=\bar{g}^+(x_b-e_ih,e_i,t_n) \tag{4-38}$$

其中:

$$\bar{f}^+=\frac{2\tau_f-h}{2\tau_f+h}\bar{f}+\frac{2h}{2\tau_f+h}f^{eq}+\frac{2\tau_fh}{2\tau_f+h}S \tag{4-39}$$

$$\bar{g}^+=\frac{2\tau_g-h}{2\tau_g+h}\bar{g}+\frac{2h}{2\tau_g+h}g^{eq} \tag{4-40}$$

现需定义 $\bar{f}^+(x_b-e_ih,e_i,t_n)$和 $\bar{g}^+(x_b-e_ih,e_i,t_n)$。假设 $\bar{f}^+$ 和 $\bar{g}^+$ 连续可微,则可通过 Taylor 展开获得以下方程:

$$\bar{f}^+(x_b-e_ih,e_i,t_n)=\bar{f}^+(x_b,e_i,t_n)-e_ih\cdot\sigma_{fb} \tag{4-41}$$

$$\bar{g}^+(x_b-e_ih,e_i,t_n)=\bar{g}^+(x_b,e_i,t_n)-e_ih\cdot\sigma_{gb} \tag{4-42}$$

其中,$\sigma_{fb}=\nabla\bar{f}^+(x_b,e_i,t_n)$和$\sigma_{gb}=\nabla\bar{g}^+(x_b,e_i,t_n)$为分布函数梯度,本章中采用中心差分获得其梯度。此时控制体表面的宏观物理量为:

$$\rho=\sum_i\bar{f}_i(x_b,t_n+h) \tag{4-43}$$

$$\rho u=\sum_i e_i\bar{f}_i(x_b,t_n+h)+\frac{h}{2}a \tag{4-44}$$

$$H=\sum_i\bar{g}_i(x_b,t_n+h) \tag{4-45}$$

在已知控制体表面的宏观物理量后,可通过下式还原原分布函数:

$$f=\frac{2\tau_f}{2\tau_f+h}\bar{f}+\frac{h}{2\tau_f+h}f^{eq}+\frac{h\tau_f}{2\tau_f+h}S \tag{4-46}$$

$$g=\frac{2\tau_g}{2\tau_g+h}\bar{g}+\frac{h}{2\tau_g+h}g^{eq} \tag{4-47}$$

如此,即可通过式(4-22)和(4-23)计算控制体表面通量。在 DUGKS 的计算中，需用到以下分布函数间的关系：

$$\tilde{f}^{+}=\frac{2\tau_f-h}{2\tau_f+\Delta t}\tilde{f}+\frac{3h}{2\tau_f+\Delta t}f^{eq}+\frac{3\tau_f h}{2\tau_f+\Delta t}S \tag{4-48}$$

$$\tilde{f}^{+}=\frac{4}{3}\bar{f}^{+}-\frac{1}{3}\tilde{f} \tag{4-49}$$

$$\bar{g}^{+}=\frac{2\tau_g-h}{2\tau_g+\Delta t}\tilde{g}+\frac{3h}{2\tau_g+\Delta t}g^{eq} \tag{4-50}$$

$$\tilde{g}^{+}=\frac{4}{3}\bar{g}^{+}-\frac{1}{3}\tilde{g} \tag{4-51}$$

由于 DUGKS 为全显式离散格式，为满足其稳定性，本章通过 Courant-Friedrichs-Lewy(CFL)条件获得离散时间步长：

$$\Delta t=\mathrm{CFL}\,\frac{\Delta x_{\min}}{c_s+U} \tag{4-52}$$

式中，CFL 为 CFL 数；$\Delta x_{\min}$为最小离散网格长度。

4.2.2 边界条件

Guo 等基于反弹和漫反射定义了两种边界条件[147]。本章中，基于 Wu 等[157]和 Zhu 等[152]的工作，本章将 Guo 等[123]的非平衡外推格式推广至 DUGKS 中。如图 4-1 中所示，假设位于 x_m 的 V_m 为边界控制体，可将其外推得到控制体 V_e(位于 x_e)，则控制体 V_e 质心上的分布函数可划分为平衡态和非平衡态两部分，如下式所示：

$$\tilde{\chi}_i(x_e)=\chi_i^{eq}(x_e)+\chi_i^{neq}(x_e) \tag{4-53}$$

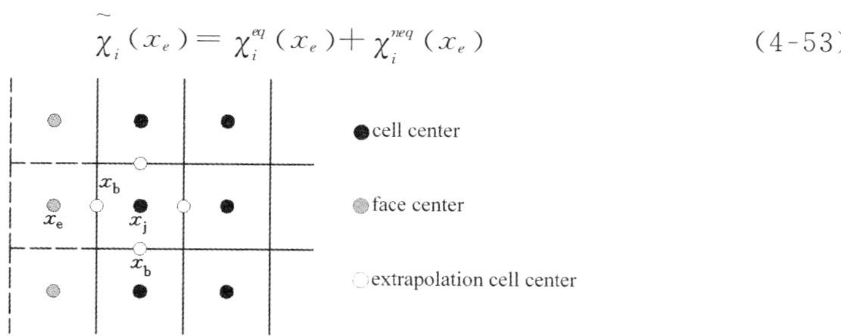

图 4-1 边界条件示意图

其中，非平衡态部分可由控制体 V_m 上的分布函数求得。

$$\chi_i^{neq}(x_e)=[\tilde{\chi}_i(x_m)-\chi_i^{eq}(x_m)] \tag{4-54}$$

平衡态部分由 V_e 上的物理量求得。但是，由于 V_e 为外推控制体，其物理量需通过边界类型确定。对于 Dirichlet 边界条件，其物理量定义为：

$$\Gamma(x_e)=2\Gamma(x_b)-\Gamma(x_j) \tag{4-55}$$

而对于 Neumann 边界条件，物理量定义为：

$$\varphi = \frac{\Gamma(x_j) - \Gamma(x_e)}{x_j - x_e} \tag{4-56}$$

式中，φ 为边界上的物理量梯度。

4.3 统一动力学固液相变数值计算模型结果分析

4.3.1 DUGKS 求解多孔板流动与传热问题

本节中利用 DUGKS 对多孔板流动与传热问题进行求解，以验证 4.2.2 中边界条件的正确性。具体数值模型如图 4-2 中所示，本章所有模拟中，Rayleigh 数为 100，Prandtl 数为 0.71。在两无限大平板间充满流体，流道左右边界施加周期边界。上下平板均为多孔板，允许流体通过，且视为无滑移边界。流体为不可压、牛顿流体，其在平板间的渗透速度为 v_0 。上平板以速度大小为 u_0 水平运动。上下平板分别维持在高温 T_h 和低温 T_c。流体受到方向竖直向下的重力作用。根据以上条件，可得沿竖直方向的速度和温度分布解析解为[158]：

$$u = u_0\left(\frac{e^{\left(\frac{\mathrm{Re}y}{L}\right)} - 1}{e^{\mathrm{Re}} - 1}\right) \tag{4-57}$$

$$T = \frac{T_h + T_c}{2} + (T_h - T_c)\left(\frac{e^{\left(\mathrm{PrRe}\frac{y}{L}\right)} - 1}{e^{(\mathrm{PrRe})}}\right) \tag{4-58}$$

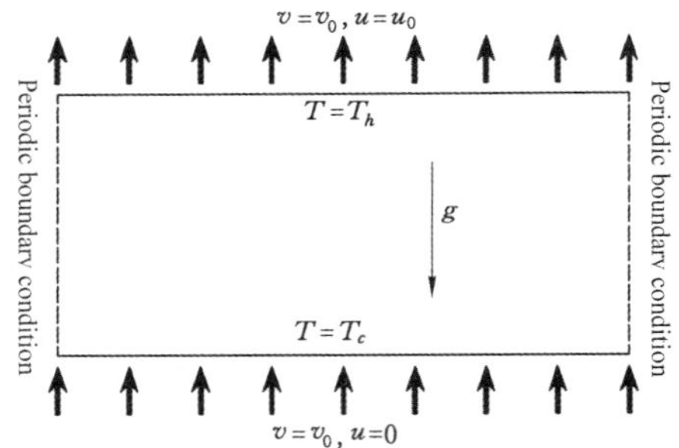

图 4-2 多孔板流动和传热意图

本节中 CFL 数定义为 0.8，网格系统为 80×40 的均匀网格。图 4-3 为不同 Reynolds 数下的竖直方向上的速度和温度分布。上部水平板运动带动附近流体流动，在渗透速度的作用下，流动区域上部的速度和温度变化较下部区域更剧烈，且随着 Reynolds 增加，效果更明显。本章 DUGKS 所得结果与解析解结果吻合良好，证明了本章模型及 4.2.2 中所提出边界条件的正确性。进一步，本小节研究了本节模型的截断误差。不同离散网格下的本章模型与解析解之间的相对误差如图 4-4 所示。离散网格步长为 0.125、0.25、0.5 和 1.0，Reynolds 数为 15。在对数坐标系中，不同离散网格步长下的相对误差所得的拟合斜率接近 2.0，表明本章模型在空间上具有二阶收敛精度。由于 DUGKS 为 Boltzmann 输运方程的离散格式，在离散过程中截断误差为二阶，在采用了本章边界条件后，收敛精度未下降，证明本章边界条件的截断误差为二阶。

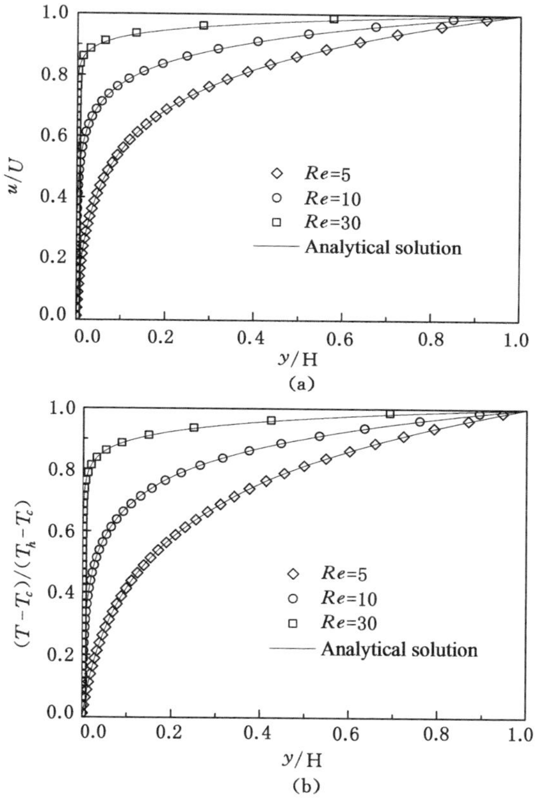

图 4-3　多孔板流动和传热温度速度和温度分布

4.3.2　DUGKS 求解一维双区域相变问题

本小节利用一维双区域相变问题验证固液相变 DUGKS 的正确性，数值模型如 2.3.2 中所示。本节中采用 200 个均匀离散网格，相变材料的 Stefan 数设置为 0.05，固相和液相热扩散系数比例分别为 1.0、0.5、0.25 和 0.1。CFL 数定义为 0.2。相变材料的温度和液相率分布如图 4-5 所示。在固相和液相热扩散

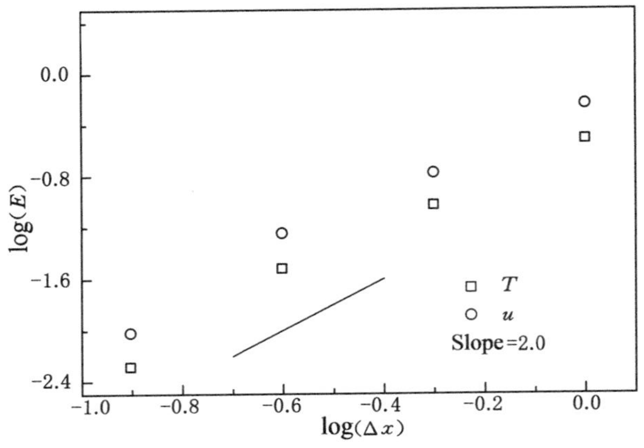

图 4-4　不同离散网格下的相对误差

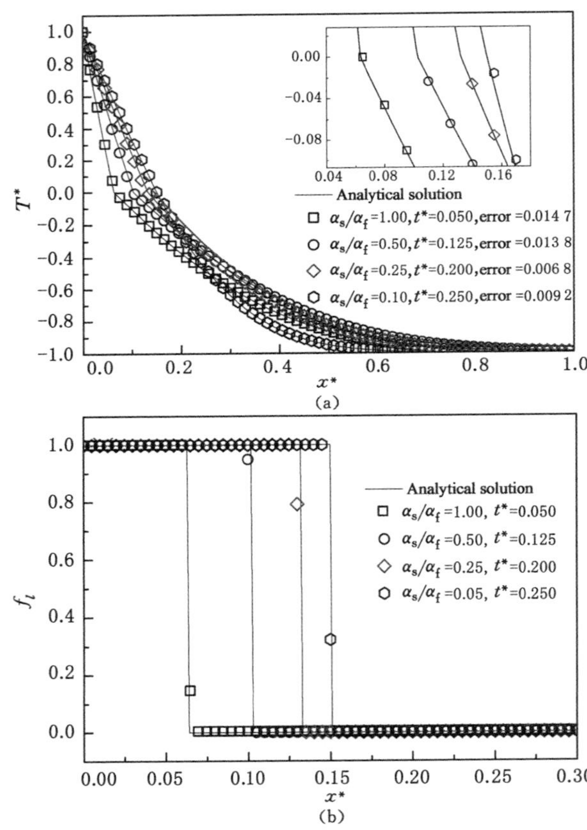

图 4-5　利用 DUGKS 求解得到的一维双区域相变的(a)温度和(b)液相率分布

系数比例为 1.0、0.5、0.25 和 0.1 时(对应无量纲时间为 0.05、0.125、0.2 和 0.25),DUGKS 和解析解间的相对误差分别为 0.014 7、0.013 8、0.006 8 和 0.009 2,均保持在 2%以内,证明本章模型可有效还原相变材料的温度分布。除此之外,本小节还给出了液相率分布,如图 4-5(b)所示。在焓法模型中,相界面以液相率追踪。由于液相率是介于 0 和 1 间的连续分布,而 DUGKS 中不存在阶跃函数,即本章模型不可能将相变界面固定在某一点上。但本章模型与解析解差别较小,证明本节模型可有效追踪固液相变的界面位置。

4.3.3　DUGKS 求解一维恒流加热问题

本小节中,将加热边界修改为第二类边界条件,其数值模型如 2.3.3 所示。边界条件可直接套用式(4-56)。无量纲量计算见 2.2.3,本小节中不再重复。本小节的 Stefan 数分别设置为 0.05、0.2、1.0 和 2.0,CFL 数均定义为 0.4。计算域划分为 200 个均匀控制体。图 4-6 为本章模型与解析解的对比结果。本章模型与解析解差异较小,相对误差均在 2%以下。除此之外,在图 4-6(b)中,本章模型能准确追踪相变材料在恒流加热下的相变界面。

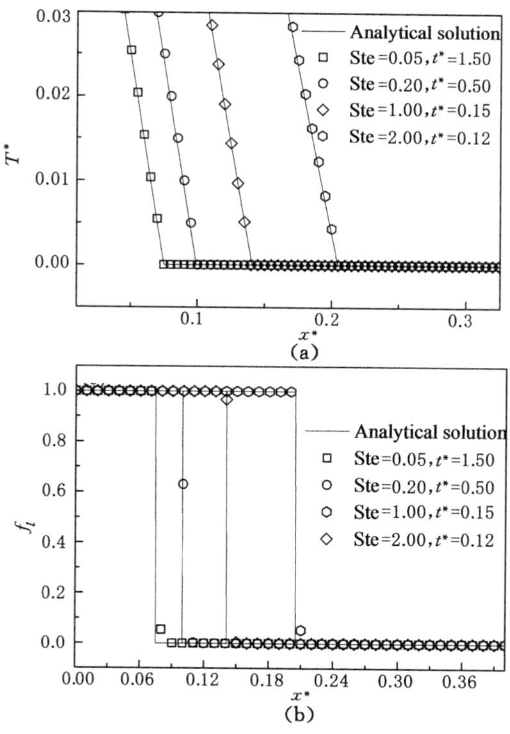

图 4-6　利用 DUGKS 求解得到的一维恒热流加热的(a)温度和(b)液相率分布

4.3.4 DUGKS 求解熔化自然对流问题

本小节利用 DUGKS 对熔化自然对流问题进行求解，数值模型如 2.3.4 所示。本节模型的网格系统分别采用 128×128 均匀网格和非均匀网格。非均匀网格划分如图 4-7 所示，网格在边界处加密。方腔的边长设置为 10，边界网格加密采用 BiGeometric 规则，初始离散网格步长为 0.02，网格增长比为 1.2。CFL 数设置为 0.5，本章计算工况与 2.3.4 中所述一致。

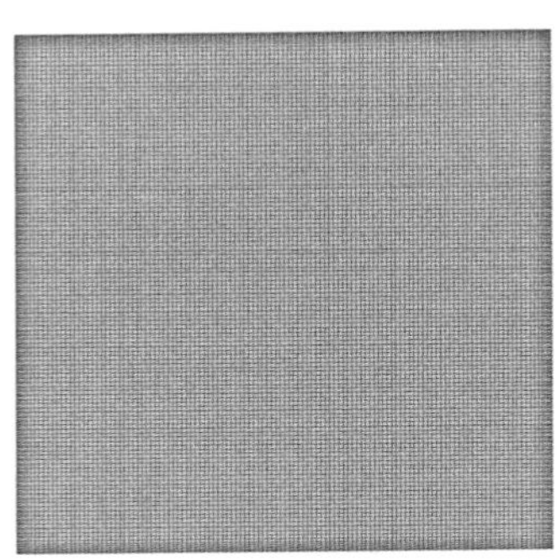

图 4-7 熔化自然对流非均匀网格示意图

图 4-8 为工况 1 下壁面液相率和平均 Nusselt 数随时间的变化曲线。图中给出了均匀网格和非均匀网格下的结果。图中显示，DUGKS 所得相变材料的熔化速率比 Mencinger 更小。非均匀网格和均匀网格间基本无差异，且本章模型所得结果与 Mencinger 结果误差在 1%以内，证明 DUGKS 可准确还原相变材料的固液相变过程。

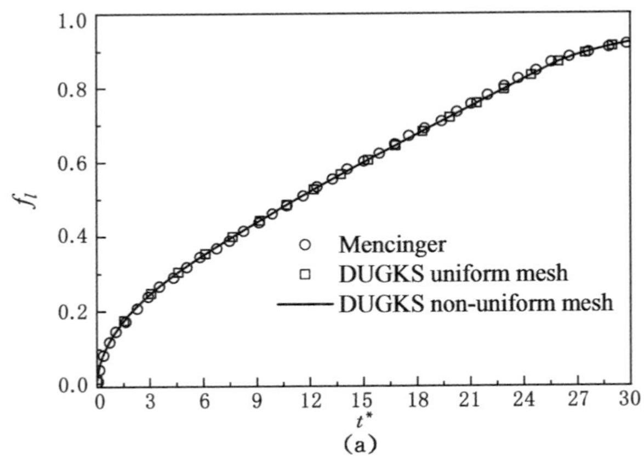

图 4-8 利用 DUGKS 求解得到的(a)平均 Nusselt 数和(b)液相率($Ra=2.5\times10^4$)

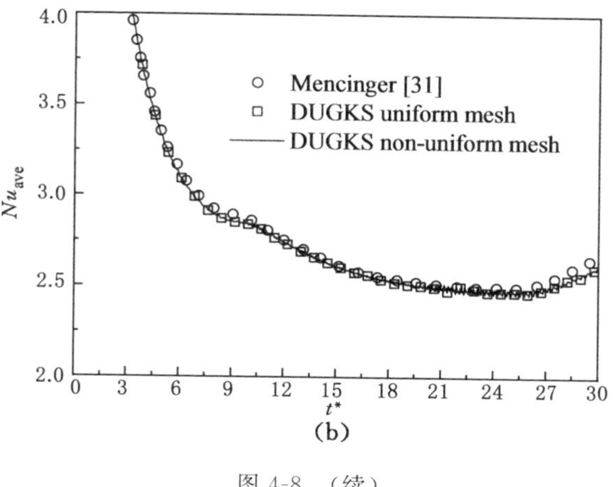

图 4-8 （续）

图 4-9 为工况 2 下的相变材料液相率和壁面平均 Nusselt 数。在 Rayleigh 数增加后，相变材料的熔化速率增加，且其平均 Nusselt 数在无量纲时间为 4 之后发生剧烈振荡。另一方面，与第 2 章结果一致，DUGKS 所得结果较 Mencinger 结果熔化速率较慢，其壁面平均 Nusselt 数略微小于 Mencinger 的结果。该现象亦出现于大部分 Boltzmann 模型中[83,112]。虽然 Boltzmann 方程可通过 Chapman－Enskog 分析还原至宏观输运方程，但是，在 Boltzmann 方程构造和求解中与宏观输运方程仍存在差异，其差异可能是 Boltzmann 方程所得固液相变结果与 Mencinger 结果差异的主要来源。

图 4-10 为不同时刻的固液相变界面位置。均匀网格和非均匀网格所得结果基本无差别，均能在 Rayleigh 数为 2.5×10^4 的有效追踪固液相变界面位置。

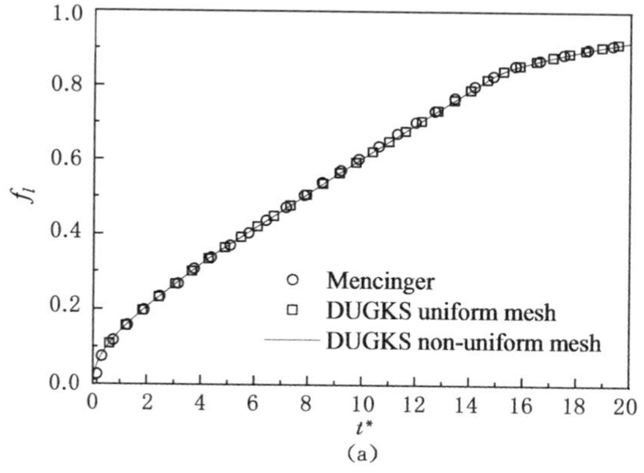

图 4-9　利用 DUGKS 求解得到的(a)平均 Nusselt 数和(b)液相率($Ra=2.5\times10^5$)

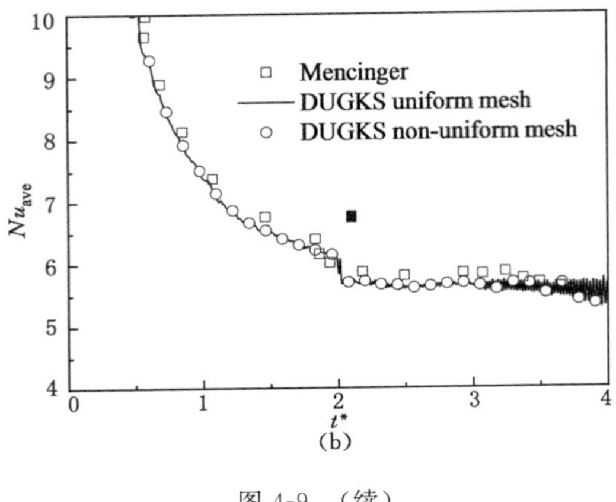

(b)

图 4-9 （续）

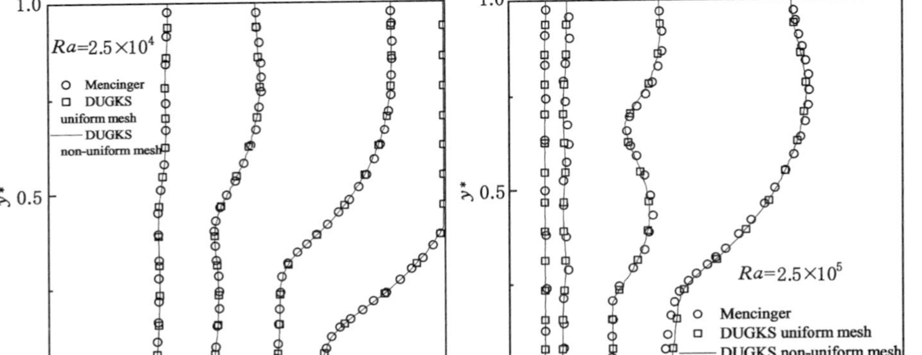

(a) (b)

图 4-10 利用 DUGKS 求解得到的相变界面位置

但是，Rayleigh 数上升至 2.5×10^5 后，在固液相变界面下部，DUGKS 的固液相变界面移动较 Mencinger 结果快。相对而言，DUGKS 相变材料上部界面移动较 Mencinger 快。这是由于本章模型的壁面平均 Nusselt 数较 Mencinger 的小(图 4-8)，其内部自然对流强度弱。

进一步，本小节对 DUGKS 和传统 Boltzmann 模型进行比较。图 4-11 为 Rayleigh 数在 2.5×10^4、无量纲时间为 4 时的温度分布云图和速度矢量图。从局部放大图可知，采用均匀网格和非均匀网格均能反映壁面的温度分布。但是，相对而言，由于非均匀网格在壁面附近进行了加密，通过非均匀网格可更详细地复原壁面

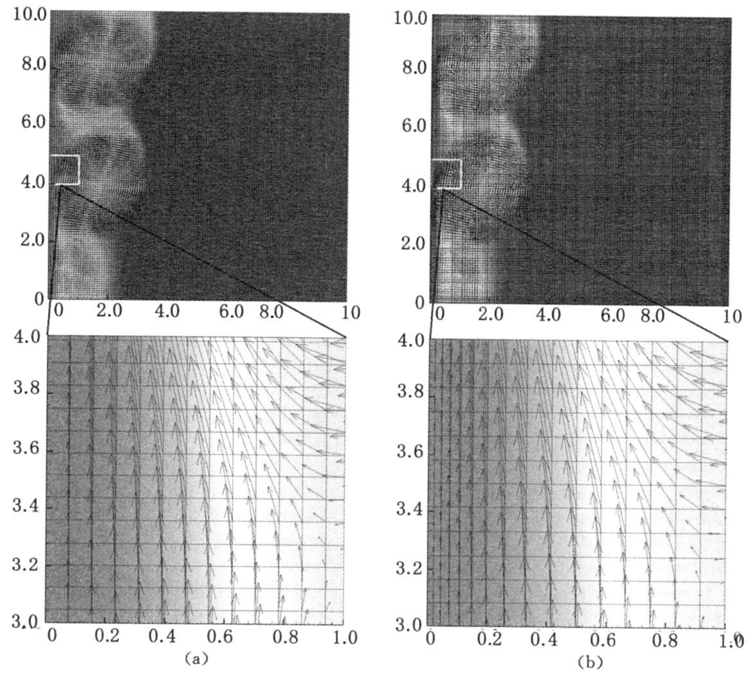

图 4-11　利用 DUGKS 求解得到的(a)均匀网格和(b)非均匀网格的速度矢量($Ra=2.5\times10^4$, $t^*=4.0$)

附近的流场信息。图 4-12 给出了方腔水平中心线上的温度分布。作为比较，本小节中亦利用总焓 Boltzmann 模型(SRT)对工况 1 进行求解。由于此时仅有左侧壁面附近的相变材料从固相转化为液相，远离左侧壁面的相变材料仍维持在初始温度(相变温度)。但是，当采用总焓 Boltzmann 模型后，在固液相变界面附近出现了温度小于相变温度的情况，违反了物理定律。这是由于在传统 Boltzmann 方程中，如果碰撞过程中节点偏离平衡态过远，碰撞后的分布函数可能会出现振荡。该振荡会导致非物理的能量迁移，并将其传递至相变界面前端，使相变材料的温度低于相变温度，Huang 和 Wu 将其命名为相界面效应[112]。相对而言，DUGKS 在更新控制体分布函数信息的过程中，将碰撞项隐含在了新的分布函数计算中，从而避免了上述现象，杜绝了相界面附近的非物理迁移。

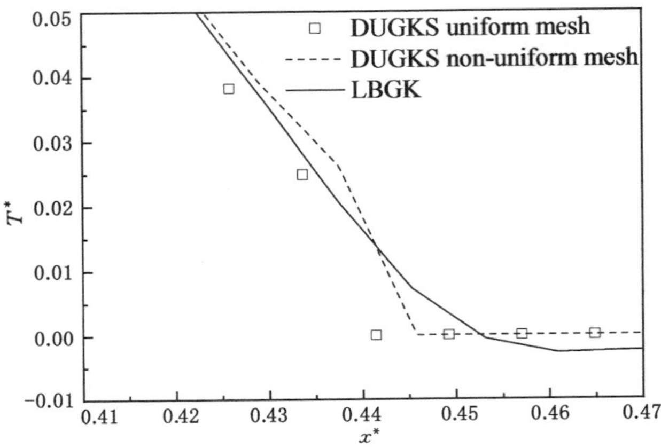

图 4-12　利用 DUGKS 求解得到的 $y^*=0.5$ 上的温度分布（$Ra=2.5\times10^4$，$t^*=4.0$）

4.4　本章小结

本章将 Guo 等[147,148]提出的 DUGKS 推广至固液相变问题求解中。为适应非均匀网格，本章将 Guo 等[123]所提出的非平衡外推边界条件推广至 DUKGS 中。本章通过对多孔板流动与传热、一维双区域相变、一维恒流加热和熔化自然对流问题的求解验证了本章模型的正确性。多孔板流动与传热问题的模拟结果表明，本章模型在空间上具有二阶收敛精度。在纯导热固液相变问题的求解中，本章模型可准确还原温度分布和追踪相变界面位置。由于 DUGKS 是基于 Boltzmann 输运方程的有限体积模型，本章在熔化自然对流求解中采用了非均匀网格。结果表明，非均匀网格和均匀网格均能获得准确的固液相变过程。由于在壁面处网格密度高，非均匀网格更能反映流场和温度场在壁面附近的信息。除此之外，在传统 Boltzamnn 模型中，由于节点偏离平衡态过远，在碰撞后可能会导致相变材料温度比初始温度更低。在 DUGKS 中，碰撞过程被隐含在新分布函数的更新中，因此可避免传统 Boltzmann 模型中的相界面效应，更精确地获得固液相变过程。相较于传统 Boltzmann 模型，DUGKS 更适合于相变材料的传热传质模拟。

第5章　柱坐标系固液相变数值计算模型

5.1　引言

球形容器被广泛用作相变材料的容器，由于外界壁面为曲面，其内部的固液相变传热过程与方腔内的相变不同，边界条件更复杂。Tan[159]对球形玻璃容器内的固液相变过程进行实验研究，并对比了相变材料固定和不固定两种情况下的相变过程。相比于有固定相变，无固定工况下未熔化的相变材料会下沉，与加热壁面直接接触，并发生接触式相变，可将相变时间缩短 50 min。Pau 和 Sonia[160]提出采用球形玻璃作为相变材料的容器，并将其应用于高温热能存储中。结果表明，在模拟强制对流换热工况下，球形储能元件能有效的存储能量。Fan 等[161]建立了球形玻璃容器内的二维固液相变模型，并与实验结果进行对比。为了强化传热，Fan 等在容器壁面上嵌入了高导热肋片，将容器内相变材料的熔化时间缩短了 20%以上。

虽按照 Fan 等[161]的方法可将三维轴对称模型简化为二维模型，但守恒方程需改写为柱坐标系形式，并引入了相关物理量在径向上的梯度。传统的格子 Boltzmann 方程将引入的梯度作为源项处理。Guo 等[162]将径向坐标引入平衡态分布函数中，并修改了密度分布函数演化方程，提出了一种新的柱坐标系格子 Boltzmann 模型。Zheng 等[163]将 Guo 的模型推广至非等温流动中，并推导出了柱坐标系下的对流传热格子 Boltzmann 模型，复现了圆柱体内的自然对流过程。在此基础上，Rong[164]将模型推广至表征体元尺度多孔介质内的流动与传热。进一步，Wang 等[57]基于 Guo 等[162]和 Zheng 等[163]的结果，建立了 MRT 碰撞模型的柱坐标系格子 Boltzmann 模型。

Li 等[165]另辟蹊径，保留了传统格子 Boltzmann 模型的密度平衡态分布函数，提出了另一种柱坐标系格子 Boltzmann 模型。在此基础上，Li 等[166]将模型推广至非等温流动中，给出了 SRT 和 MRT 碰撞模型的对流传热格子 Boltzmann 模型。

本章先基于已有的总焓模型和柱坐标系对流传热格子 Boltzmann 模型，建立了柱坐标系固液相变格子 Boltzmann 模型，并利用一维导热问题和熔化自然对流问题求解来对模型进行验证。在此基础上，将球形胶囊简化为二维模型，将柱坐标系格子 Boltzmann 数值模型应用在胶囊固液相变模拟中，揭示了不同外壁面温度分布情况下胶囊内的固液相变过程。

5.2 柱坐标系固液相变数值计算模型构建和验证

5.2.1 柱坐标总焓模型

假设相变材料为不可压牛顿流体，且仅考虑重力作用，则柱坐标系下纯相变材料的质量、动量和能量守恒方程表示如下[167]：

$$\nabla\cdot u=-\frac{u_r}{r} \tag{5-1}$$

$$\rho\left[\frac{\partial u}{\partial t}+\nabla\cdot(uu)\right]=-\nabla p+\nabla\cdot(\mu\nabla u)+\frac{\mu}{r}\left(\frac{\partial u}{\partial r}+\nabla u_r\right)-\frac{\rho u u_r}{r}-\frac{2\mu u}{r^2}\delta_r+F \tag{5-2}$$

$$\rho\left[\frac{\partial H}{\partial t}+\nabla\cdot(C_pTu)\right]=\nabla\cdot(\lambda\nabla T)+\frac{\lambda}{r}\frac{\partial T}{\partial r}-\frac{u_r}{r}\rho C_pT \tag{5-3}$$

其中，∇为柱坐标系下的运算符，表示如下：

$$\nabla=\left(\frac{\partial}{\partial r},\frac{\partial}{\partial z}\right) \tag{5-4}$$

与直角坐标系一致，速度 u 可在径向和轴向上得到其分量 $u=(u_r,u_z)$。式(5-2)中 δ_r 为 Kronecker 符号，定义如下：

$$\delta_r=\begin{cases}0 & z\ \text{coordinate}\\1 & r\ \text{coordinate}\end{cases} \tag{5-5}$$

式(5-3)中的 H 为总焓，其定义参照式(1-12)。

根据式(5-1)和(5-2)，可采用柱坐标系格子 Boltzmann 模型求解，其具体演化方程为[166]：

$$\begin{aligned}f_i(x+e_i\Delta t,t+\Delta t)=&f_i(x,t)-\chi_f[f_i(x,t)-f_i^{eq}(x,t)]\\&+(1-0.5\chi_f)\Delta tS_i(x,t)\end{aligned} \tag{5-6}$$

式中，离散速度 e_i 亦表示为径向和轴向分量 $e_i=(e_{ir},e_{iz})$。松弛系数定义为：

$$\chi_f=\frac{1}{\tau_f}+\left(1-\frac{1}{2\tau_f}\right)\frac{\Delta te_{ir}}{r} \tag{5-7}$$

式(5-6)中的密度平衡态分布函数与式(1-22)一致，$S_i(x,t)$ 为含体积力的源项，表达如下：

$$S_i(x,t)=\left[\frac{1}{\rho c_s^2}(e_i-u)\cdot\left(-\frac{2\mu u\delta_r}{r^2}+F\right)-\frac{u_r}{r}\right]f_i^{eq} \tag{5-8}$$

密度可由式(1-26)计算而得，速度可由下式求得：

$$\rho u=\sum_i e_i f_i+\frac{\Delta t}{2}\left(F-\frac{\rho u u_r}{r}-\frac{2\mu u}{r^2}\delta_r\right) \tag{5-9}$$

为获得柱坐标系下的固液相变规律，本章基于 Zheng 等[163]和 Huang 等[83]的模型，建立了柱坐标下的固液相变总焓格子 Boltzmann 模型，其总焓分布函数的演化方程如下式所示：

$$g_i(x+e_i\Delta t,t+\Delta t)-g_i(x,t)=-\frac{1}{\tau_g}[g_i(x,t)-g_i^{eq}(x,t)]+\Delta t G_i(x,t) \tag{5-10}$$

对应的平衡态分布函数如下所示：

$$g_i^{eq}=\begin{cases}rH-rC_pT+\omega_i rC_pT\left(1-\dfrac{u^2}{2c_s^2}\right) & i=0\\ \omega_i rC_pT\left[1+\dfrac{e_i\cdot u}{c_s^2}+\dfrac{(e_i\cdot u)^2}{2c_s^4}-\dfrac{u^2}{2c_s^2}\right] & i\neq 0\end{cases} \tag{5-11}$$

式(5-10)中的 G_i 为柱坐标系源项，其表达式可由下式给出：

$$G_i=\omega_i\frac{e_i\cdot b}{c_s^2} \tag{5-12}$$

其中：

$$b=(b_r,b_z)=\left(\left(1-\frac{1}{2\tau_g}\right)c_s^2C_pT,0\right) \tag{5-13}$$

相变材料的总焓可由下式计算：

$$rH=\sum_i g_i \tag{5-14}$$

式(5-10)可通过 Chapman-Enskog 多尺度分析方法推导出式(5-3)，具体过程如附录 C 中所示。

5.2.2　柱坐标系下一维固液相变问题

本小节利用柱坐标固液相变格子 Boltzmann 模型对一维固液相变问题进行求解。球坐标下的一维固液相变示意图如图 5-1 所示(二维剖面图)。在半无限大空间内充满固液相变材料，材料的初始温度为其相变温度 T_m(纯相变材料)。相变材料受半径为 r_0 的球体加热，球体表面温度维持在高温 T_h。在内部球体的加热下，相变材料吸收热量并从固相转化为液相。忽略浮力作用，仅考虑热传导，图 5-1 可简化为一维固液相变问题，其温度变化可由忽视轴向梯度后的柱坐标系固液相变模型描述。根据边界条件，可通过积分近似解获得相变材料的温度分布[15]：

$$T^*(r^*,t^*)=1+\varphi\left[\frac{\ln r^*}{\ln s^*(t^*)}\right]-(1+\varphi)\left[\frac{\ln r^*}{\ln s^*(t^*)}\right]^2 \tag{5-15}$$

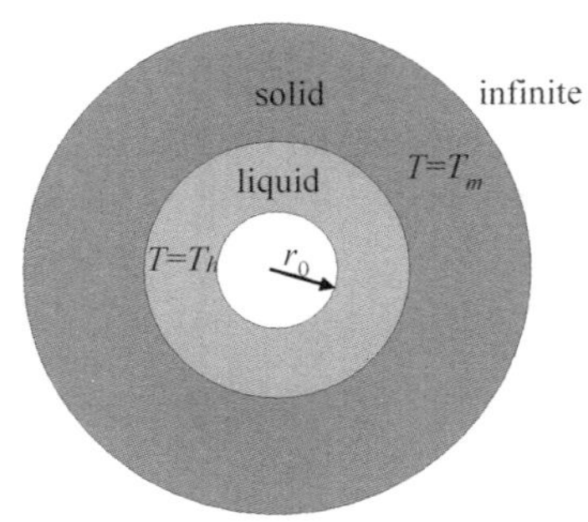

图 5-1　球坐标系一维固液相变问题

式中 φ 为根据 Stefan 数计算的控制参数，表示为：

$$\varphi=\frac{\sqrt{1+2Ste}-1}{Ste}-2 \tag{5-16}$$

无量纲变量定义为：

$$r^*=\frac{r}{r_0} \tag{5-17}$$

$$s^*=\frac{s}{r_0} \tag{5-18}$$

$$t^*=\frac{\alpha t}{r_0^2} \tag{5-19}$$

式(5-15)中的无量纲固液相变界面位置可由下式求得：

$$\frac{1}{2}[s^*(t^*)]^2\ln[s^*(t^*)]-\frac{1}{4}\{[s^*(t^*)]^2-1\}=(\sqrt{1+2Ste}-1)t^* \tag{5-20}$$

通过对式(5-20)求解可得固液相变界面位置，将其代入式(5-15)可得相变材料的温度分布。

本小节中，选取 Stefan 数为 0.01 作为研究工况，并利用 5.2.1 中所述格子 Boltzmann 模型对球坐标一维固液相变问题进行求解。为获得精确解，本小节选取 200 节点的网格系统(一维)，其结果如图 5-2 所示。在球体热源的加热下，相变材料吸收热量。由于本小节中相变材料的初始温度为其相变温度，相变材料在吸热后发生固液相变，转化为液相。完全转化为液相后，在球体热源的作用下，相变材料的温度继续上升。由于能量的传递依靠温差，在相变界面外的固相相变材料未吸收热量，其温度维持在相变温度。随着时间的推移，相变界面持续移动，如图 5-2 所示。为研究本章柱坐标系固液相变格子 Boltzmann 模型的正确性，本小节利用式(5-15)所示的积分近似解获得相变材料的温度分布，并利用下式计算积分近似解和格子 Boltzmann 方法的相对误差：

$$\text{error} = \frac{\sqrt{\sum (T_{LB} - T_{int})^2}}{\sqrt{\sum T_{int}{}^2}} \tag{5-21}$$

如图 5-2 所示，在无量纲时间分别为 4、10 和 20 时，格子 Boltzmann 模型和积分近似解的误差分别为 1.9%、1.3% 和 1.0%。两者间误差均能控制在 2% 以下，证明本章模型能预测固液相变界面位置并且还原温度分布。

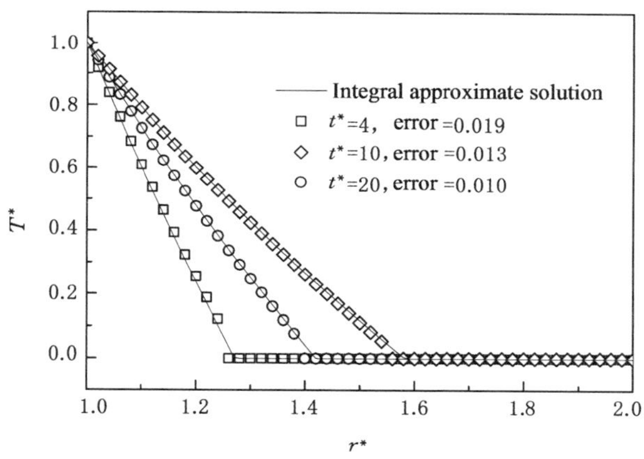

图 5-2　不同时刻的温度分布

5.2.3　柱坐标熔化自然对流问题

本小节考虑浮力作用，以柱坐标系下的自然对流驱动固液相变问题求解验证本章模型。柱坐标下的熔化自然对流示意图如图 5-3 所示。图 5-5 中，空心圆柱体内圆半径为 r_0，外圆半径为 $5r_0$。圆柱的高为 $4r_0$，在空心圆柱内充满固液相变材料。相变材料受内圆恒温加热(温度恒定在高温 T_h)，其初始温度为相变材料的相变温度($T_m = T_l = T_s$)，其余壁面设置为绝热。在内圆的加热下，圆柱内相变材料吸收热量并转化为液相。系统的 Rayleigh 数由式(2-20)计算，特征长度选取圆柱的高。本小节中研究的 Prandtl 数为 10，Rayleigh 数为 4.48×10^6，Stefan 数为 0.1。为研究本章模型在柱坐标下对于固液相变问题的适用性，本小节选取了 128×128、256×256 和 384×384 三个网格系统对图 5-3

中的数值问题进行求解，并获得其壁面平均 Nusselt 数和固液相变界面位置，其结果分别如图 5-4 和图 5-5 所示。

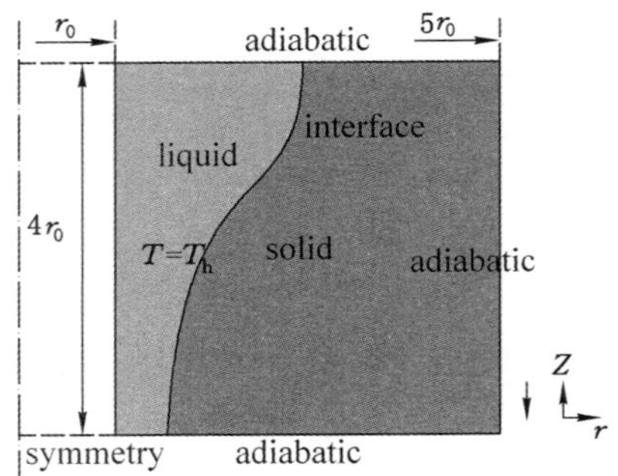

图 5-3　熔化自然对流示意图

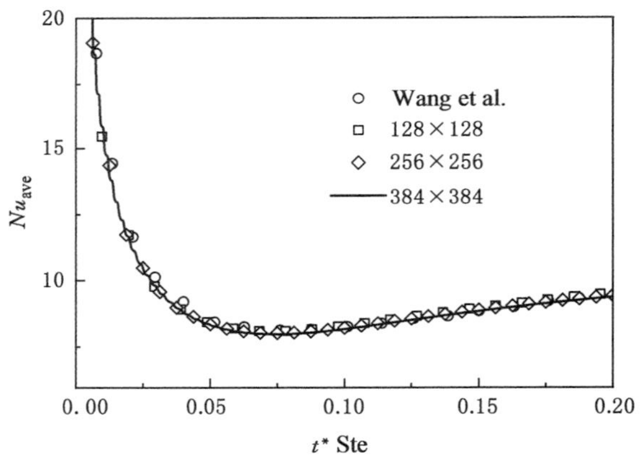

图 5-4　内圆平均 Nusselt 数

与直角坐标的方腔熔化自然对流一致，在浮力的作用下，加热后相变材料往上流动，并在圆柱的上部积聚。在加热起始阶段，内侧边界上的换热较快，其平均 Nusselt 数较高。在相变材料的温度逐渐上升后，壁面与邻近相变材料的温差逐渐减小，其平均 Nusselt 数减小。在液相相变材料的比例逐渐增加后，圆柱内的自然对流强度逐渐增强。同时，内壁与相变材料的换热逐渐增强，其平均 Nusselt 数在下降至最低值后上升。在起始熔化阶段，自然对流较弱，热传导占主导，固液相变界面的形状近似与内壁面平行。随着时间的推移，浮力驱动下的相变材料在容器上部积聚，使容器上部的温度较下部温度高，熔化速率加快。为验证本小节结果，

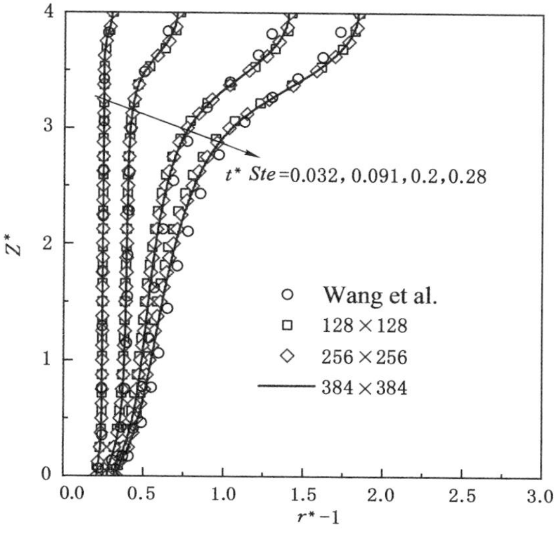

图 5-5　不同时刻的固液相变界面位置

本小节将格子 Boltzmann 模型所得结果与 Wang 等[167]的研究结果进行对比。在网格较疏时，本小节所得结果与 Wang 等的结果差别较大。在网格增加后，两者差异逐渐减小。但是，本节的格子 Boltzmann 模拟中，相变材料的自然对流强度较 Wang 等的结果更强烈。这是因为本章中所用模型为焓法模型，忽略了由于潜热造成的对流项影响。在 Wang 等的工作中，其所用模型为等效热容模型，其潜热对流项会降低自然对流强度。但是，潜热对流项离散后会导致非物理振荡，影响最终结果，且使模拟不稳定，因此本章中忽略潜热对流项。

5.3　柱坐标系固液相变数值计算模型应用和结果分析

5.3.1　胶囊固液相变数值模型

本节基于 5.2 中所提出的柱坐标系固液相变格子 Boltzmann 模型，研究球形胶囊内的固液相变过程。球形胶囊内固液相变的数值模型如图 5-6 所示，球形胶囊内充满固液相变材料。通过对模型分析可知，球形胶囊可由半圆绕一直径旋转一周生成。半圆即为本节中格子 Boltzmann 模型的计算域。球形胶囊外壁面处于恒温条件。基于第 2 章中的非均匀热流加热传热强化，本节中的外壁温度按照球形胶囊对称轴与壁面位置夹角呈线性分布，其分布方程如下式所示：

$$T(\theta)=k\left(\theta-\frac{\pi}{2}\right)+T_h \tag{5-22}$$

式中，θ 为当前位置与球形胶囊对称轴的夹角；k 为控制参数(斜率)。θ 的变化范围为$[0,\pi]$。当 θ 为 0 时，$T(\theta)$位于胶囊底部。对式(5-22)进行积分后可知，对于任意的 k 值，其积分结果一致，且外壁面的平均温度为 T_h。因此，本节选取特征温度为 T_h。

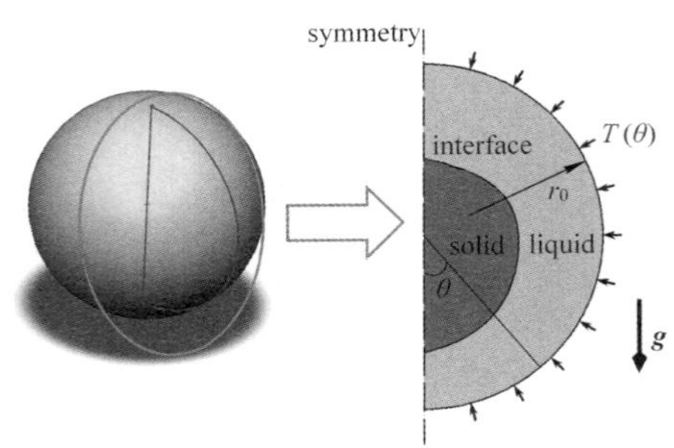

图 5-6　球形胶囊固液相变示意图

为确保结果的准确性，先对模型进行网格无关性检验。本节选取 4 个网格系统，分别为 64×128、128×256、192×384 和 256×512($r\times z$)，对 k=0.382 0 的工况进行模拟。4 个网格系统的所得的外壁面平均 Nusselt 数分别为 2.351 4、2.248 1、2.209 7 和 2.201 9。后两者的相对误差小于 1%，因此，本节中的所有模拟均采用 192×384 的网格系统。

5.3.2　外壁面温度分布对自然对流影响

本小节中研究图 5-6 中不同温度分布控制参数下的球形胶囊内的固液相变过程。Rayleigh 数、Prandtl 数和 Stefan 数分别设置为 10^4、0.2 和 0.01。相变材料的平均温度及其相对变化量如图 5-7 所示。相对变化量的计算基准工况为均匀温度分布(k=0)。如式(5-22)所示，当 k 大于 0 时，外壁面上部的温度较高，大部分热量通过外壁面上部传递至相变材料。当无量纲时间为 10，外壁面温度分布的斜率为 0.127 3、0.063 7、−0.063 7 和 −0.127 3 时，相变材料的平均温度分别为 0.253 5、0.246 8、0.233 2 和 0.226 5，对应的平均温度相对变化量分别为 5.64×10^{-2}、2.86×10^{-2}、-2.83×10^{-2} 和 -5.60×10^{-2}。结果表明，增加壁面上部的热流密度可以强化容器内的自然对流，增加壁面的传热速率。除此之外，如图 5-7(b)所示，相较于均匀分布工况，增加斜率对相变材料平均温度的影响较减小斜率的影响大。在 k=0.318 3 且无量纲时间为 10 时，平均温度的相对变化量为 0.134 2。但是，在控制参数为 −0.318 3 时，对应的平均温度相对变化量为 −0.124 3。

图 5-8 为不同外壁温度分布控制参数下的相变材料温度标准差。随着斜率

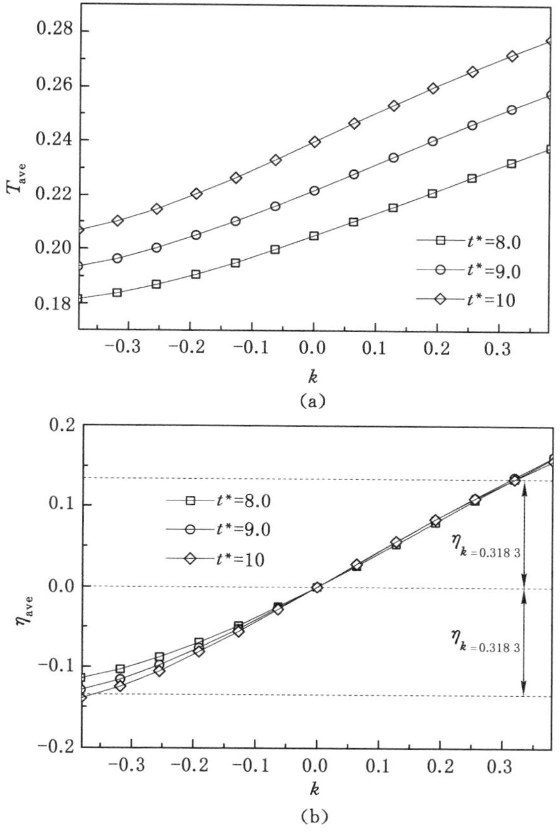

图 5-7　不同控制参数下的平均温度及相对变化量

的增加，相变材料的温度标准差先减后增。当控制参数为−0.254 7 时，相变材料的温度标准差最小，即此时相变材料的温度分布最为均匀。如图 5-8(b)所示，当斜率为 0.382 0，无量纲时间为 10 时的温度标准差相对变化量为 0.23。结果表明，增加外壁面上部的温度可以提高传热速率并使上部相变材料的温度较下部高，导致高温区的出现，使相变材料的温度分布趋于不均匀。图 5-9 为不同控制参数下的外壁平均 Nusselt 数。如上文所述，平均 Nusselt 数正比于壁面的传热速率。在浮力的驱动下，加热后相变材料往上方流动并在容器顶部聚集。增加斜率使容器上部的热量聚集更强烈，导致容器上部的相变材料温度较下部的高，相变界面移动更快，使壁面与附近流体的温差减小，即平均 Nusselt 数减小。相反，当斜率减小时，即外壁面下部的温度逐渐增加后，相变界面与壁面的距离较短，壁面与附近相变材料的温差增加，平均 Nusselt 数增加。

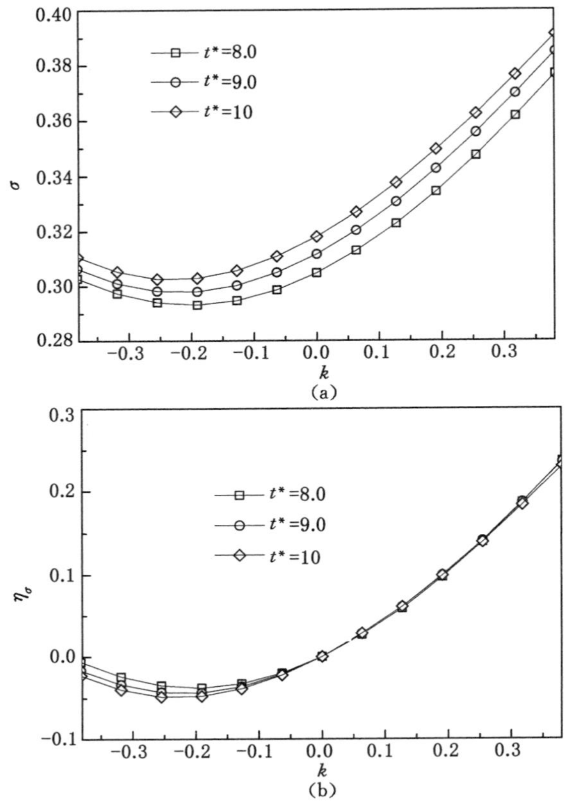

图 5-8　不同控制参数下的温度标准差及相对变化量

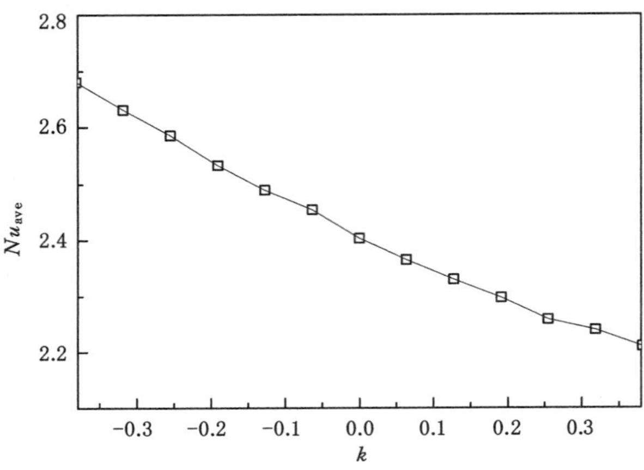

图 5-9　不同控制参数下的平均 Nusselt 数

不同外壁温度分布下的相变材料液相率和相变潜热吸收比例分别如图 5-10和图 5-11 所示。与上文一致，在减小了斜率后，容器内的传热速率减小。在无量纲时间为 10，外壁分布斜率为－0.382 0、－0.318 3 和－0.254 7 时，液相率分别为 0.776 2、0.784 9 和 0.793 0，对应的液相率相对变化量分别为－0.052、－0.042 和－0.032。但是，当斜率从 0.254 7 增加至 0.318 3 时，液相率从 0.829 9 降低至 0.829 6。此外，在斜率为 0.382 0 时，对应的液相率为 0.827 8。这是由于随着斜率的增加，用于相变潜热的热量比例一直在下降，如图 5-11所示。在无量纲时间为 10，斜率为 0.254 7、0.318 3 和 0.382 0 时，相变潜热吸收比例分别为 0.996 8、0.996 7 和 0.996 6，对应的潜热吸收比例相对变化量分别为-2.80×10^{-4}、-3.49×10^{-4}和-4.23×10^{-4}。如前文所述，增加温度分布斜率会使容器上部的热量积聚更明显。球形胶囊上部的相变材料熔化速率增加，而同时下部相变材料的熔化速率减慢。当外壁温度分布斜率小于

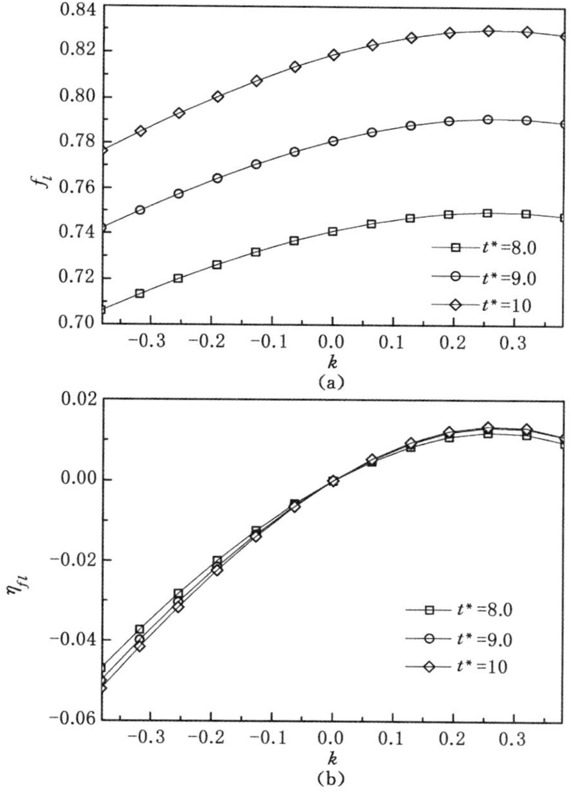

图 5-10　不同控制参数下的液相率及相对变化量

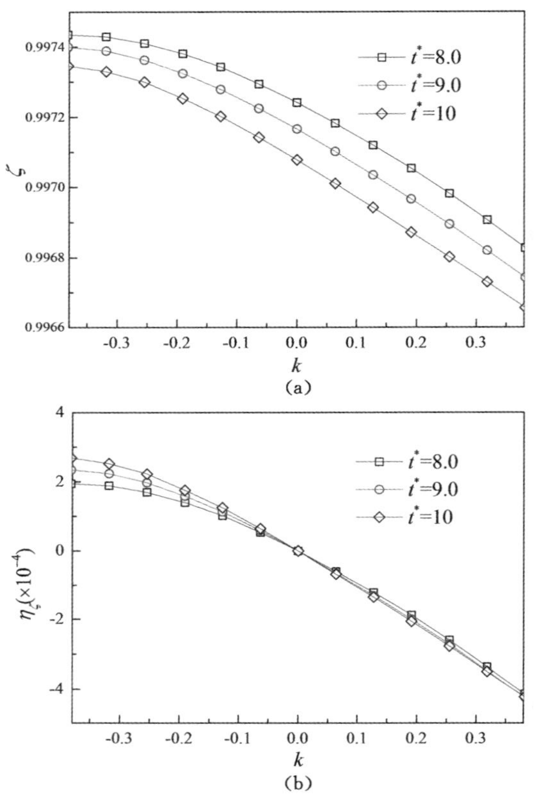

图 5-11　不同控制参数下的潜热比例及相对变化量

0.254 6时，增加斜率所造成的上部分熔化增加幅度较下部熔化减慢幅度大，因此相变材料的总液相率增加。当斜率大于 0.254 6 时，继续增加斜率会使下部熔化减慢的幅度变大，进而使液相率下降。

通过对式(5-3)分析，可将其改写为：

$$\rho\left[\frac{\partial(rH)}{\partial t}+\nabla\cdot(rJ)\right]=0 \tag{5-23}$$

其中，$J=(J_r,J_z)$ 为热流通量，表示如下：

$$J=C_pTu-\frac{\lambda}{\rho}\nabla T \tag{5-24}$$

图 5-12 为不同控制参数下的云图。其中，左半圆中显示 $|J|$ 的云图和 J 的矢量流线图。右半圆显示温度分布云图和速度的矢量流线图。红线为固液

相变界面位置。在浮力的驱动下，如矢量流线图所示，相变材料形成一个顺时针方向的自然对流。与上文一致，在增加了斜率后，容器上部的相变材料熔化速率加快，而下部的熔化速率减慢。此时，$|J|$聚集在固液相变界面的上方，导致固液相变界面往下方移动。此外，随着斜率的增加，更多的热量用于加热相变材料，使相变材料的温度增加（图 5-7），使被潜热消耗的比例下降（图 5-11）。上部热量的积聚导致温度分布不均匀，并增加温度标准差。当斜率为－0.191 0 时，热量积聚在下部，同时也增加了相变材料的温度标准差（见图 5-8）。

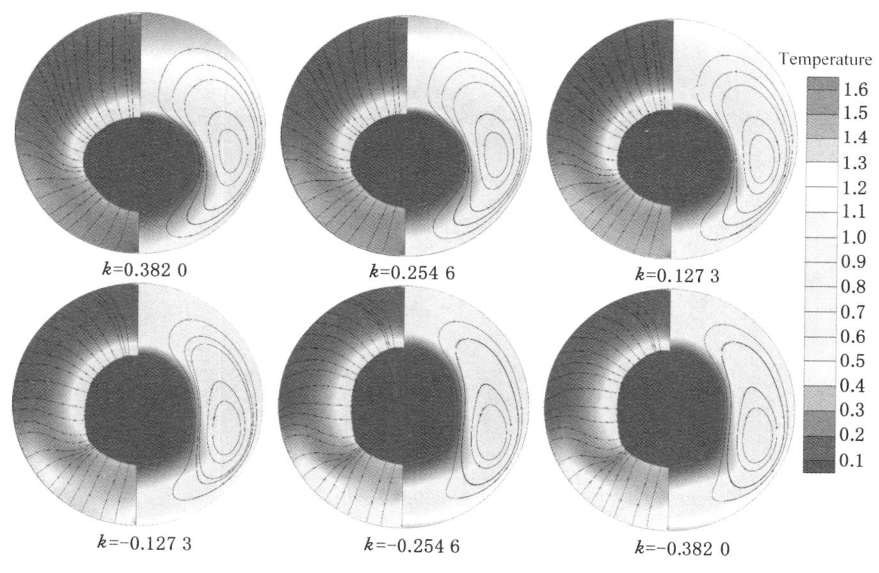

图 5-12　不同控制参数下的温度分布云图

另外，本节研究了不同 Stefan 数下外壁面温度分布对相变过程的影响规律。本小节保持 Rayleigh 数和 Prandtl 数不变，Stefan 数分别选取 10、1 和 0.01，其液相率和对应的液相率变化量如图 5-13 所示。当 Stefan 数为 10（$t^*=0.07$）、1（$t^*=0.18$）和 0.01（$t^*=10$）时，液相率的相对变化量分别为 5.8×10^{-4}、0.003 7 和 0.009 4。结果表明，增加相变材料的潜热使相变材料的熔化过程对外壁面的温度分布更敏感。

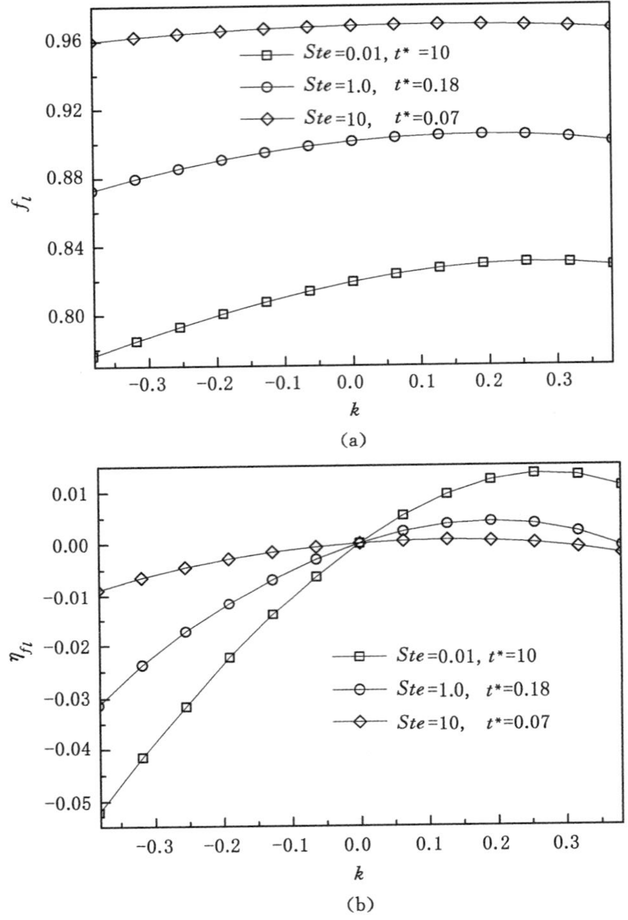

图 5-13　不同 Stefan 数下的液相率

5.4　本章小结

本章将非均匀外壁面温度边界应用于球形胶囊内的固液相变传热强化中。基于总焓模型和柱坐标系对流传热格子 Boltzmann 模型，本章建立了柱坐标系固液相变格子 Boltzmann 模型，并利用一维 Stefan 导热问题和自然对流固液相变问题进行求解。本章利用已建立的模型，将球形胶囊简化为二维模型，并研究了外壁面温度分布对固液相变过程的影响规律，主要结论如下：

（1）本章所建立的柱坐标系固液相变格子 Boltzmann 模型能有效地还原相

变材料温度分布和追踪固液相变界面位置。在一维 Stefan 导热问题求解中，本章模型结果与积分近似解结果误差维持在 2%以下。在自然对流熔化问题中，本章模型与基准解误差控制在 5%以内。

(2) 增加外壁面线性温度分布的斜率，即增加外壁面上部的温度可有效提高球形胶囊内固液相变的传热速率，且使用于固液相变的热量逐渐下降。此时，更多热量用于使相变材料升温，导致固液相变材料的平均温度更高。

(3) 增加外壁面上部温度会使球形胶囊内上部相变材料熔化加快，同时下部熔化速率减慢，导致固液相变界面往下侧移动。同时，由于上部热量进一步积聚，胶囊内出现高温区域，使相变材料温度分布趋于不均匀，导致相变材料的温度标准差增加。

第6章 固液相变模型在非均匀热流储热系统中的应用

6.1 引　　言

容器内的固液相变过程是温度调控和热能存储中的重要过程。容器的截面形状有圆形、圆环形、方形和三角形等。假设固液相变材料各向同性，若忽略浮力的作用，则固液相变材料在容器内的相变过程为纯热传导过程。若考虑固液相变材料的密度变化，即固液相变材料在受热（冷却）后其密度会减小（增加），在浮力（密度差）的作用下容器内会形成从热壁面和冷壁面间的自然对流，使容器内的固液相变材料上部温度高、下部温度低。由于自然对流的作用，相较于纯热传导过程，对流驱动相变的传热传质速率更高，固液相变材料的相变速率更快。但是，容器内的自然对流熔化速率有限，难以满足如热能存储（电池温度调控）中的快速储放热（散热）需求。

由于容器内相变材料受壁面加热而产生自然对流，通过改变壁面的热流分布，可以改变容器内的自然对流状态，影响其传热传质过程。Kefayati[168]建立了关于方腔内磁性纳米流体的自然对流格子 Boltzmann 模型。方腔的加热壁面温度设定为均匀分布的第一类边界条件，而低温壁面温度分布符合正弦曲线分布。Moutaouakil 等[169]在方腔左侧壁面上施加了线性变化的非均匀热流密度（第二类边界条件），并研究了方腔中的传热过程。Javed 等[170]研究了梯形腔体内非均匀温度分布边界加热下的磁性纳米流体自然对流过程。Aparna 和 Seetharamu[171]亦模拟了梯形腔体内的多孔介质内流体自然对流过程。结果表明，当壁面温度分布为正弦曲线分布时，其自然对流强度较均匀分布和线性分布更高。

除了采用非均匀热流的方法，还可以采用倾斜容器的方式，改变自然对流中流体流动的路径，从而强化流体的传热过程。Kamkari 等[172]分别研究了方腔内固液相变材料在方腔倾斜角度为 90°，45°和 0°时的固液相变过程，发现在加热温度为

70 ℃时，无倾斜的情况下固液相变材料的熔化速率最快。Jourabian 等[173]利用固液相变格子 Boltzmann 模型研究了方腔倾斜情况下的固液相变过程。Ren 和 Chan[113]研究了具有翅片的方腔内倾斜角度对固液相变速率的影响规律。

为进一步提高容器内的传热性能，本章提出了使用壁面非均匀热流密度和倾斜方腔的方式强化方腔容器内的固液相变传热传质过程，研究了均匀热流、线性热流和二次函数热流分布对方腔内固液相变过程的影响规律。

6.2　固液相变模型在非均匀热流储热系统的应用

6.2.1　非均匀储热系统数值模型

本节中研究非均匀热流密度分布对方腔内固液相变过程的传热传质强化规律。方腔示意图如图 6-1 所示，方腔内填满固液相变材料。相变材料的初始温度为其固液相变温度 T_m。相变材料起始状态为固相，方腔的长宽比为 1，重力方向竖直向下。方腔所有壁面均为无滑移边界，上、右和下壁面绝热，左侧壁面受非均匀热流密度加热。热流密度按照均匀分布函数、线性分布函数和二次分布函数施加在左侧壁面上。

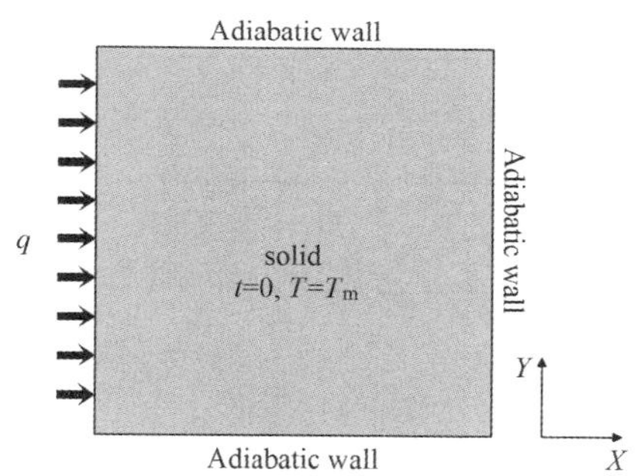

图 6-1　非均匀热流下方腔自然对流熔化示意图

本节中，相变材料假设为不可压、牛顿流体，并忽略流动过程中的黏性热耗散。假设相变材料物性为定值，且相变材料为纯相变材料，其固相温度等于液相温度。忽略相变材料固相和液相间的物性差异，假设固相和液相物性一致。方腔内固液相变材料所受外力作用仅考虑重力（浮力）。根据以上假设，可建立本章的宏观物理量守恒方程，其具体形式如式（1-3）、（1-4）和（1-11）所示。本章中采用 Huang 等[83]提出的总焓固液相变格子 Boltzmann 模型，其演化方程如式（1-20）和（1-45）所示。为获得相变材料的传热传质规律，以下列各式定义本章分析中用到的无量纲物理量：

$$T^{*}=\frac{\lambda(T-T_{m})}{qL} \tag{6-1}$$

$$x^{*}=\frac{x}{L} \tag{6-2}$$

$$y^{*}=\frac{y}{L} \tag{6-3}$$

$$t^{*}=\frac{\alpha t}{L^{2}} \tag{6-4}$$

式中，q 为施加在左侧壁面的平均热流密度大小。对式(1-3)、(1-4)和(1-11)进行无量纲分析可知，本章固液相变模型中的无量纲准则数有 Grashof 和 Stefan 数，分别定义如下：

$$Gr=\frac{g\beta L^{4}q}{\lambda v^{2}} \tag{6-5}$$

$$Ste=\frac{C_{p}qL}{h_{sl}\lambda} \tag{6-6}$$

本小节中，Prandtl 数设置为 5，其余热物性如表 6-1 所示。

表 6-1 相变材料热物性

ν	α	C_p	h_{sl}	λ
0.5	0.1	2	4	0.2

左侧壁面上施加的热流密度分为均匀分布、线性分布和二次分布，热流密度与纵轴坐标的关系如下：

$$q(y^{*})=q \tag{6-7}$$

$$q(y^{*})=\mathrm{cst}(y^{*}-0.5)+q \tag{6-8}$$

$$q(y^{*})=b(y^{*})^{2}-by^{*}+\frac{b}{6}+q \tag{6-9}$$

式(6-7)、(6-8)和(6-9)分别为均匀分布、线性分布和二次分布的关系式。cst 和 b 为对应的控制参数，对热流分布分别在[0,1]的区间内积分，可得其平均值为 q。

参考 Stefan 数，本书定义相变材料以潜热吸收能量的比例为 ζ，由下式计算：

$$\zeta=\frac{E}{Q} \tag{6-10}$$

式中，E 为固液相变材料以相变潜热吸收的热量，Q 为总输入热量。左侧边界上的平均 Nusselt 数由下式求得：

$$Nu_{\text{ave}} = \frac{1}{L}\int_0^L (Nu)_{x=0}\,\mathrm{d}y = \frac{1}{L}\int_0^L \left(\frac{q}{\lambda \partial T/\partial x}\right)_{x=0}\mathrm{d}y \tag{6-11}$$

6.2.2 边界条件

图 6-1 中边界皆采用式(1-50)中的非平衡外推格式获得边界分布函数。对于绝热边界，即边界上热流密度为 0，根据下式可直接获得边界节点的温度值：

$$\left.\frac{\partial T}{\partial n_b}\right|_{x_b} = 0 \tag{6-12}$$

式中，n_b 为边界上的法线方向。

对于左侧边界，边界节点上的温度值需要根据热流方程进行更新。本章使用有限体积法更新边界节点的温度值。如图 6-2 所示，对于节点$(0,j)$，其控制体一半位于计算区域内，假设控制体内的能量变化仅由控制体热传导引起，则可建立如下的控制体能量守恒方程：

$$\rho C_p \int_0^{\frac{1}{2}\Delta x}\int_{j-\frac{1}{2}\Delta x}^{j+\frac{1}{2}\Delta x}\int_t^{t+\Delta t}\frac{\partial T}{\partial t}\mathrm{d}x\mathrm{d}y\mathrm{d}t = \int_t^{t+\Delta t}(q_{\text{in}} - q_{\text{out}})\mathrm{d}t \tag{6-13}$$

其中，q_{in} 和 q_{out} 为通过边界进入和传出控制体的能量。假设控制体内物性均匀，利用 Fourier 定律获得控制体边界上的热传导量，可将式(6-13)转化为：

$$\frac{\rho C_p}{2\Delta t}(T_{0,j}^{t+\Delta t} - T_{0,j}^t) = q_j - \frac{\lambda(T_{0,j}^t - T_{1,j}^t)}{\Delta x} + \frac{\lambda(T_{0,j+1}^t - T_{0,j}^t)}{2\Delta x} - \frac{\lambda(T_{0,j}^t - T_{0,j-1}^t)}{2\Delta x} \tag{6-14}$$

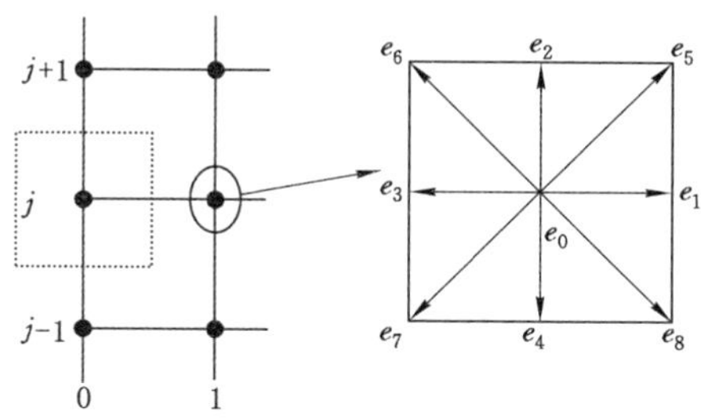

图 6-2　有限体积法边界条件示意图

对式(6-11)分析可得，平均 Nusselt 数的计算中用到了壁面上的温度梯度 $\partial T/\partial x$ 。在部分边界条件中，其温度直接由邻近边界的节点根据边界的热流密度大小通过外推获得。此类边界条件中 $\partial T/\partial x$ 为常数，即 Nusselt 数恒定为 1。但如式(6-14)所示，本书所建立的边界条件中壁面的温度梯度并非为一定值，即式(6-11)中的 Nusselt 数随时间和空间变化。本书以其分析左侧边界传热速率大小。

6.2.3 均匀热流储热系统数值计算结果分析

本小节中,热流密度按照式(6-7)所示均匀分布于左侧壁面,对方腔内的固液相变材料加热,使其从固相转化为液相。图 6-3 为均匀热流密度边界条件下不同时刻总液相率随边界平均热流密度大小的变化曲线。图 6-3 结果显示,增加壁面上施加的热流密度可以促进方腔内的相变材料熔化,缩短相变材料从固相向液相转化的时间。在 $t^*=6$,壁面的热流密度大小为 0.005、0.01、0.015 和 0.02 时,总液相率分别为 0.189 6、0.270 4、0.332 5 和 0.385 5。热流密度为 0.02的总液相率较热流密度为 0.005 时的总液相率增加了 0.195 9。随着时间的推移,不同壁面热流密度下的液相率差距逐渐加大。当无量纲时间为 10,热流密度大小为 0.005、0.01、0.015 和 0.02 时的总液相率分别为 0.246 5、0.350 9、0.432 3 和 0.506 9。此时,热流密度为 0.02 的总液相率较热流密度为 0.005 时的总液相率增加了 0.2604。除此之外,对于同一热流密度,固液相变材料的熔化速率随着时间的增加而逐渐变慢。如当壁面热流密度为 0.01,无量纲时间为 6、7、8、9 和 10 时的总液相率分别为 0.270 4、0.292 6、0.313 2、0.332 7、0.350 9,其相对变化率分别为 0.082、0.070、0.062、0.054。

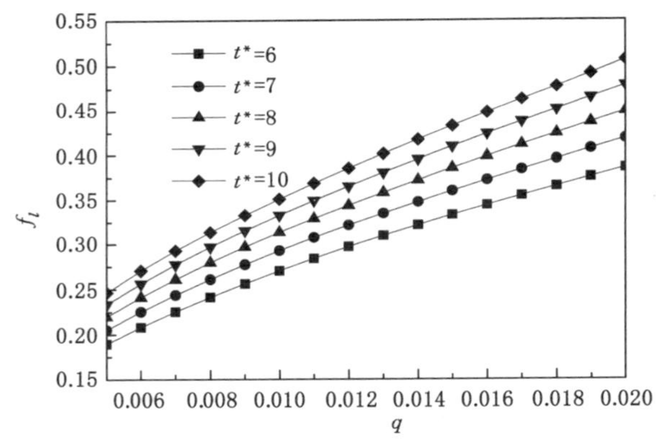

图 6-3 均匀热流分布下不同热流密度下的液相率

图 6-4 为不同热流密度下相变潜热占总吸热量的比例随热流密度的变化曲线。图 6-4 中结果显示,随着热流密度的增加,相变潜热所消耗的热量占总吸收热量的比例逐渐减小。在 $t^*=6$,壁面的热流密度大小为 0.005、0.01、0.015 和 0.02 时,ζ 分别为 0.015 2、0.010 8、0.008 9 和 0.007 7。如式(6-5)所示,当壁面的热流密度增加时,方腔的 Grashof 数增加。方腔内的自然对流强度增加,传热强化,使方腔的熔化速率加快,如图 6-4 所示。同时,固液相变材料的潜热不

足以迅速消耗由于边界热流密度增加带来的能量增量。根据式(6-10)，虽然 E 和 Q 同时增加，但 Q 的增量更大。因此，ζ 的数值减小。除此之外，对于同一热流密度，相变潜热所占份额随时间的增加而增加。当热流密度大小为 0.01，无量纲时间为 6、7、8、9 和 10 时的相变潜热份额分别为 0.010 8、0.011 7、0.012 5、0.013 3 和 0.014 0。如前所述，熔化速率随着时间的增加而逐渐变慢，后期大部分热量用于加热相变材料，此现象与 Seddegh 等[14]研究水平放置的相变储能元件中固液相变的结果一致。

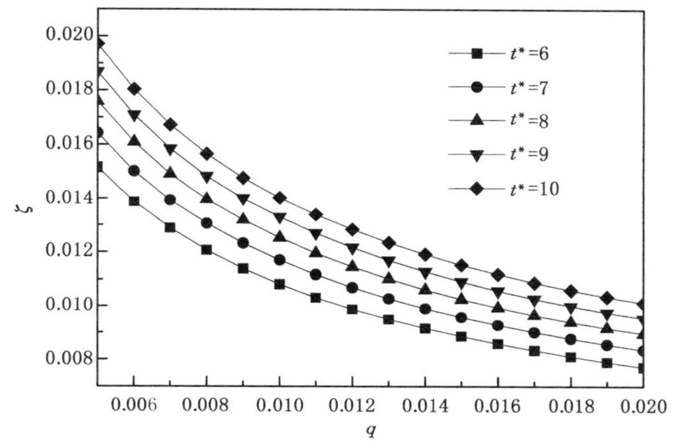

图 6-4　均匀热流分布下不同热流密度下的相变潜热比例

6.2.4　线性热流储热系统数值计算结果分析

线性热流密度分布如式(6-8)所示，其分布曲线受斜率 cst 的影响。当 cst 为 0 时，线性分布转化为均匀分布，即式(6-7)。本小节中 Grashof 数、Prandtl 数和 Stefan 数分别设置为 5×10^5、5 和 10。图 6-5 为不同 cst 下线性热流分布的左侧壁面平均 Nusselt 数。如式(6-11)所示，平均 Nusselt 数是根据壁面热流密度和壁面上的温度梯度计算而得。由于壁面热流密度是定值，若壁面上温度梯度减小，则平均 Nusselt 数增加，传热加快(温度上升快)。如所示，随着 cst 的增加，壁面平均 Nusselt 数逐渐增加，即壁面传热速率逐渐增加。在无量纲时间为 9，cst 为 −0.008、−0.004、0、0.004 和 0.008 时，壁面平均 Nusselt 数分别为 0.005 1、0.005 4、0.005 7、0.006 1 和 0.006 6。

图 6-6 为线性热流分布下不同 cst 的总液相率。图 6-6 中结果表明，在同一时刻，方腔内固液相变材料的总液相率随着 cst 的增加而增加。如在无量纲时间为 6，cst 为 −0.008、−0.004、0、0.004 和 0.008 时，总液相率分别为 0.548 5、

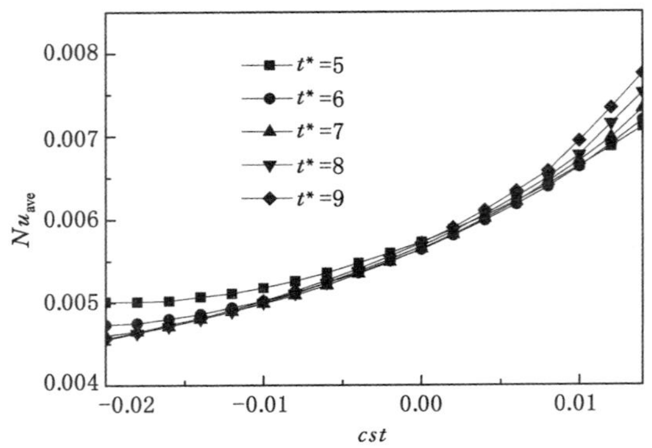

图 6-5　线性热流分布下不同 cst 的平均 Nusselt 数

0.554 6、0.561 4、0.568 6 和 0.576 6。如上文所述，将热流密度集中在壁面上部可以强化方腔内自然对流强度，使方腔内固液相变材料熔化速率加快。相反，当热流密度聚集在方腔下部时，受热流体受到固液界面的阻碍作用，使对流强度削弱，导致固液相变速率减慢。

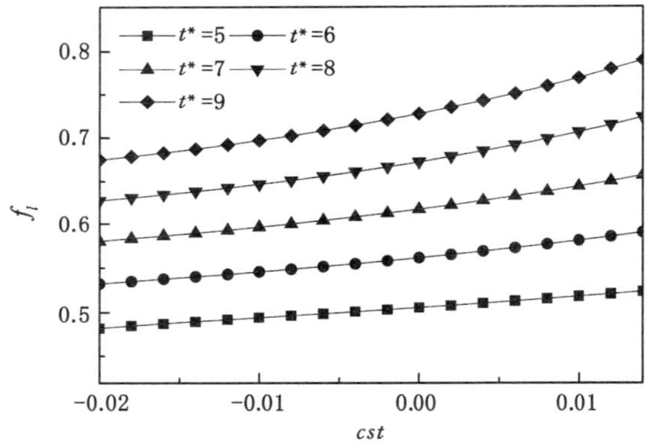

图 6-6　线性热流分布下不同 *cst* 的总液相率

为进一步分析，本章以均匀热流密度分布的结果为基准，定义相对变化量 η，具体如下：

$$\eta = \frac{\Gamma - \Gamma_0}{\Gamma_0} \tag{6-15}$$

式中，Γ 表示用于对比的物理量，下标“0”表示均匀密度分布的情况（*cst* 等于 0）。

将相变潜热消耗热量占所吸收热量的比例 ζ，代入式(6-15)，可得相变潜热比例的相对变化率，其结果如图 6-7 所示。随着 *cst* 的增加，相对变化率逐渐增加，即相变潜热吸收热量所占比例增加。如在无量纲时间为 9，*cst* 为 −0.006、−0.002、0.002 和 0.006 时，相对变化率分别为 −0.026 6、−0.009 4、0.009 9 和 0.031 8。结果表明，将热量积聚在壁面上部可有效发挥相变潜热的作用，使相变潜热能消耗更多热量，熔化速率更快，如图 6-7 所示。

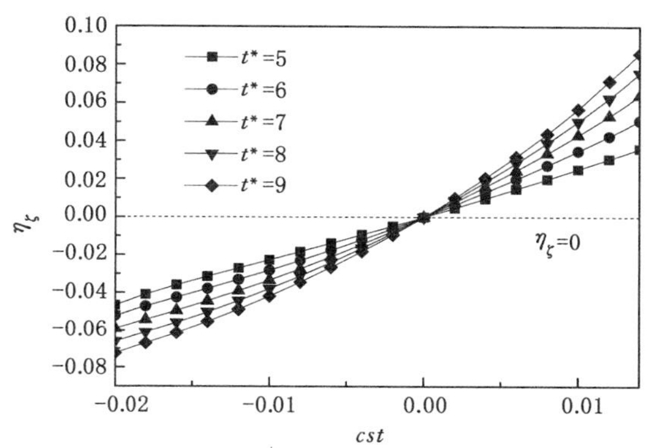

图 6-7　线性热流分布下不同 *cst* 的相变潜热比例相对变化率

图 6-8 为无量纲时间为 8 时方腔内不同 *cst* 下的温度分布云图。如上文所述，由于浮力的作用，在加热左壁面附近，相变材料受热并从方腔底部流向方腔上部。在固液相变界面处，相变材料热量向固相相变材料传递，并流向方腔底部，形成一个顺时针方向的自然对流。以均匀热流密度为例（*cst* 等于 0），由于自然对流的作用，固液相变界面不再与加热壁面平行，而是出现上部熔化快，下部熔化慢的现象，如图 1-2 所示。当热流密度集中在壁面下部时，由于热量集中在下部，下部相变材料温度较高。此时，下部热量以热传导的方式向右侧传递，使右侧材料温度上升，削弱了方腔内的自然对流，使两相界面较均匀热流分布情况更类似平行于左侧壁面。相反，当热量聚集在上部时，由于上部流体受热后往右侧移动。在快速将热量传递至固相后，上部热流体即往下流动，强化了方腔内的自然对流强度，加速方腔内的固液相变过程。将方腔内的最高温度值代入式(6-15)可得相变材料最高温度的相对变化率，其结果如图 6-9 所示。与图 6-8 所示一致，由于热量积聚，相变材料的最高温度上升，方腔内出现高温区。但是，相较于均匀热流分布，将热流密度集中在上部较集中于下部对相变材料的最高温度影响更大。如当 *cst* 为 0.008 时，最高温度相对变化率为 0.388，而当 *cst* 为 −0.008 时，相对变化率为 0.376。

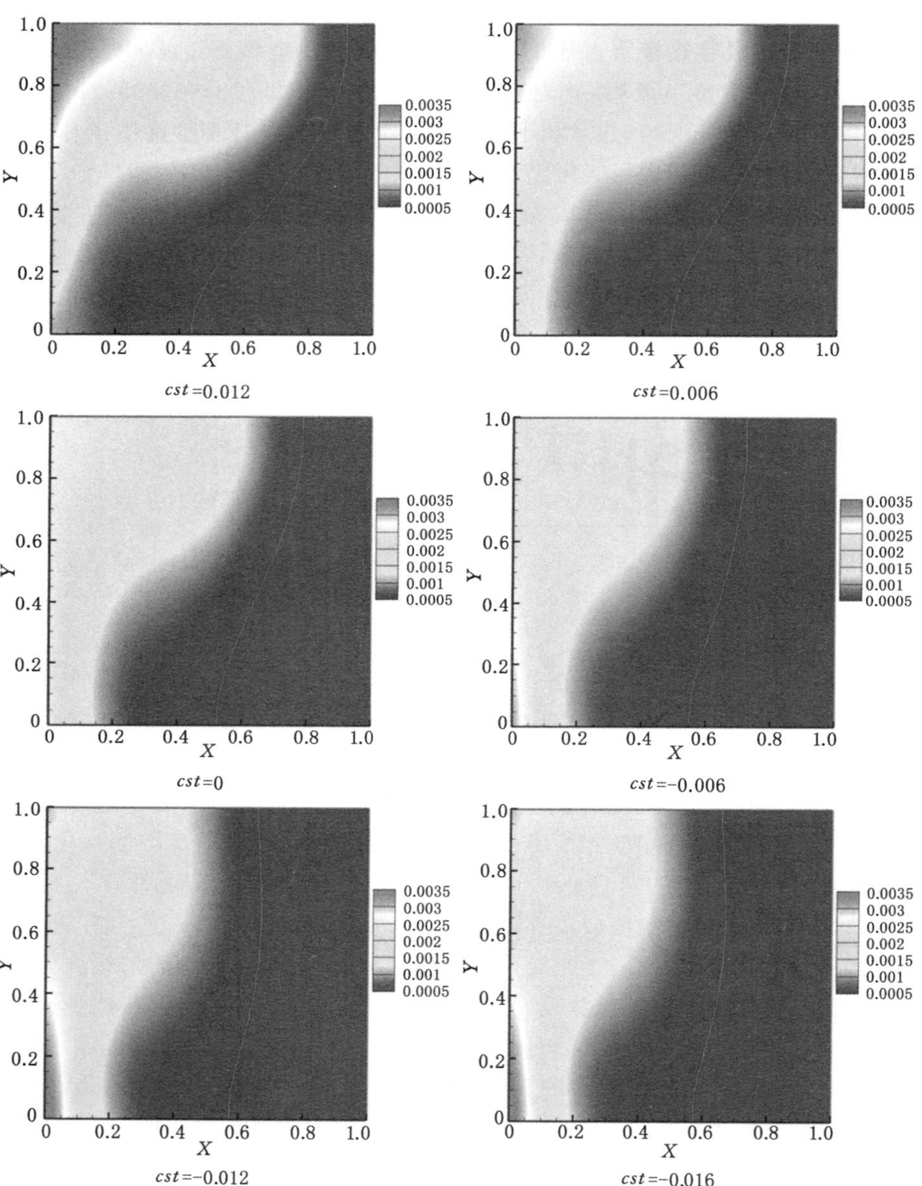

图 6-8　线性热流分布下不同 *cst* 的温度分布云图

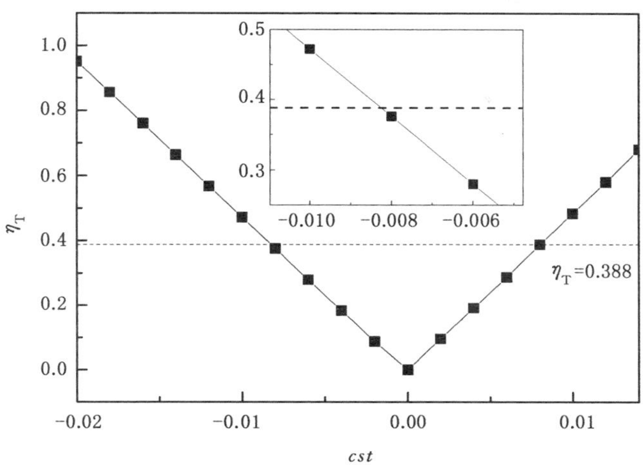

图 6-9　线性热流分布下不同 cst 的最高温度相对变化率

6.2.5　线性热流储热系统数值计算结果分析

进一步将热流分布调整为二次分布，研究热流分布对自然对流的影响。对式(6-9)分析可知，当控制参数 b 等于 0 时，式(6-9)转化为式(6-7)，即均匀分布。当 b 大于 0 时，热流密度集中在左侧壁面上部和下部，而当 b 小于 0 时，热流密度集中在壁面中部。图 6-10 为不同控制参数下方腔左侧壁面的平均 Nusselt 数。与线性分布结果一致，当部分热流密度集中在壁面下部时，壁面的平均 Nusselt 数减小。但是，当热流密度集中在壁面中部时，壁面的平均 Nusselt 数

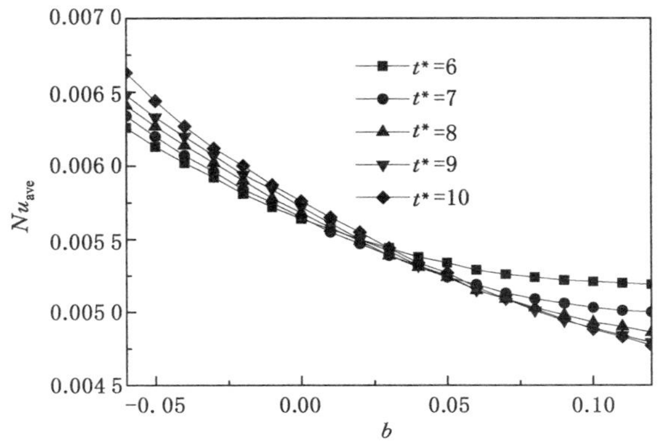

图 6-10　二次热流分布下不同 b 的平均 Nusselt 数

相对增加。如在无量纲时间为 10，b 为－0.04、－0.02、0、0.02 和 0.04 时，壁面平均 Nusselt 数分别为 0.006 3、0.006 0、0.005 8、0.005 6 和 0.005 3。图 6-11 为不同控制参数下的相变材料总液相率。如前所述，增加 b 会使固液相变速率减慢。如当 b 为－0.04、－0.02、0、0.02 和 0.04，在无量纲时间为 10 时的总液相率分别为 0.814 4、0.797 5、0.782 2、0.768 1 和 0.755 4。

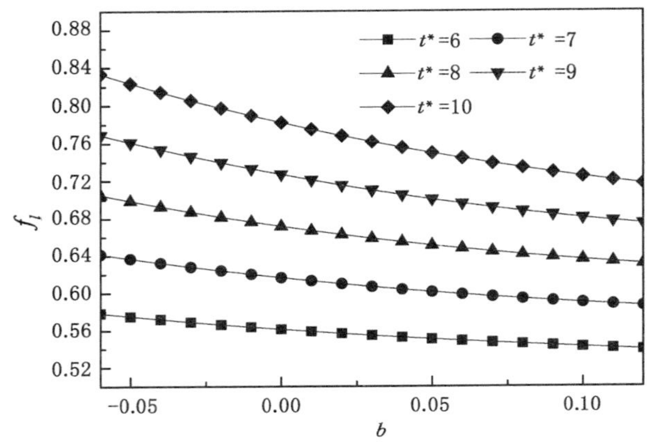

图 6-11　二次热流分布下不同 b 的总液相率

图 6-12 为不同控制参数下相变潜热吸收热量所占比例的相对变化量，由式(6-15)计算获得。其中，计算基准为 b 等于 0.05。由图 6-12 可得，将热流密度集中在左侧壁面中部不仅会强化方腔内的自然对流强度，使固液相变熔化速率变快，且会令相变潜热的作用增强，使潜热消耗热量所占比例增加。如当 b 等

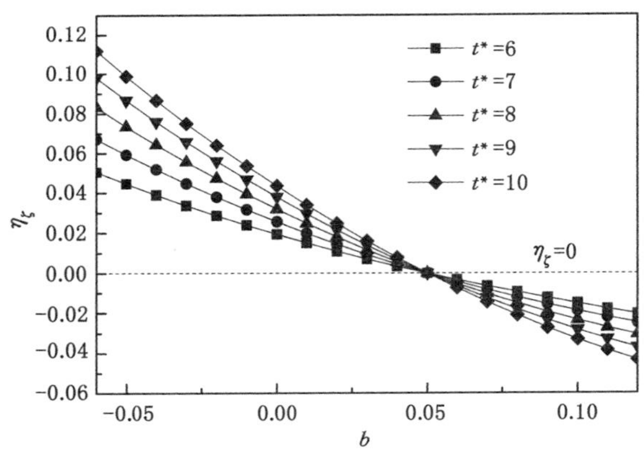

图 6-12　二次热流分布下不同 b 的相变潜热比例相对变化率

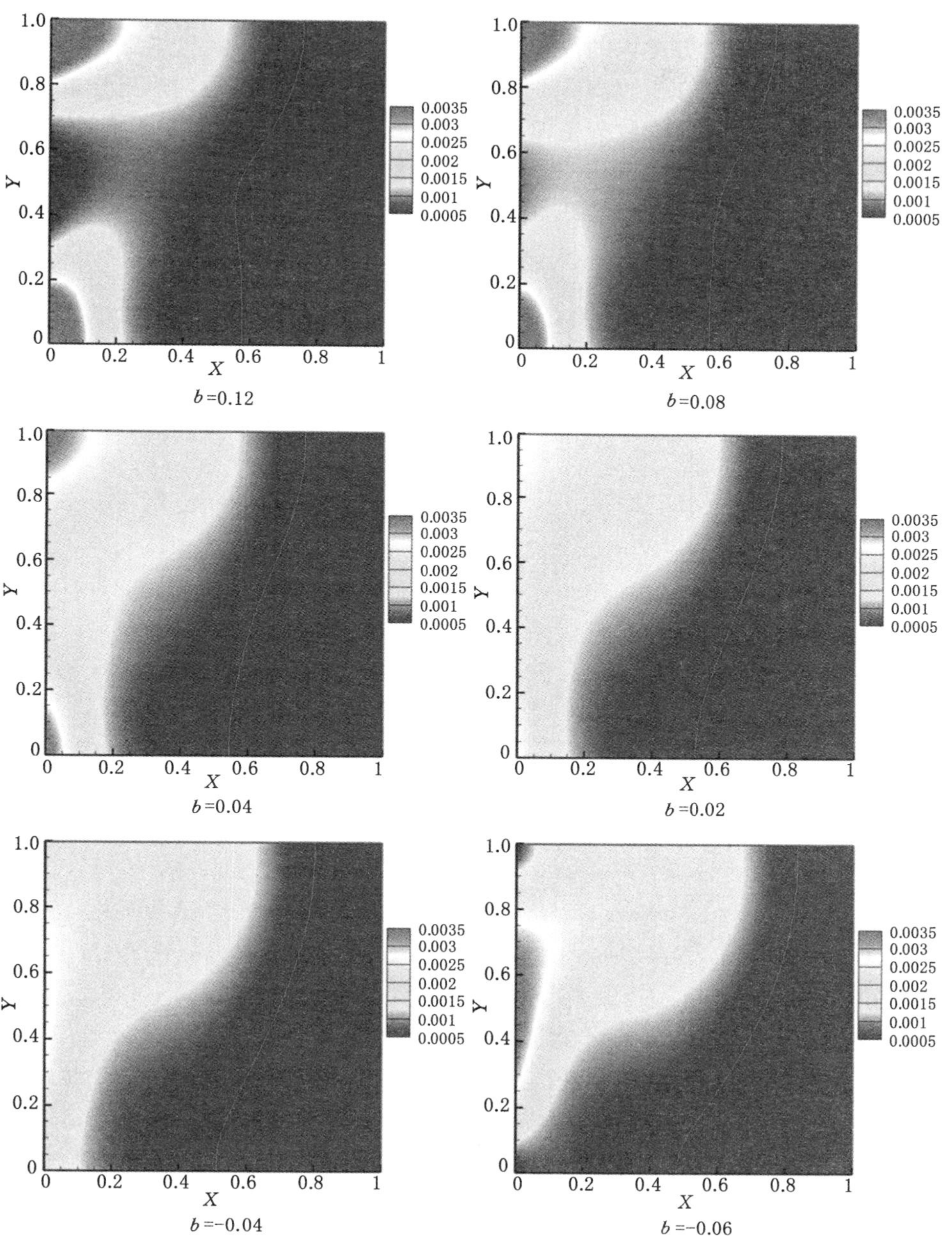

图 6-13　二次热流分布下不同 b 的温度分布云图

于−0.01、0 和 0.01，在无量纲时间为 10 时，相对变化率分别为 0.053 5、0.043 6和 0.034 0。方腔内的温度分布云图如图 6-13 所示。当热流密度集中在方腔的上部和下部，即 b 大于 0 时，固液相变界面的位置与均匀热流分布情况不一致，在 b 为 0.08 时大致与壁面平行。在热流密度集中在中部区域时，自然对流强度得到强化，使固液相变界面相对左侧壁面更倾斜。

图 6-14 为相变材料最高温度相对变化率，其计算基准为对应的均匀热流密度工况。与线性热流结果一致，由于热流密度集中，相对于均匀热流分布，增加或减小 b 均会使方腔内出现高温区，导致最高温度相对变化率大于 0。除此之外，相对于均匀热流分布，增加 b 较减小 b 对最高温度的影响更大，使图 6-14 中右端曲线斜率大于左端曲线。

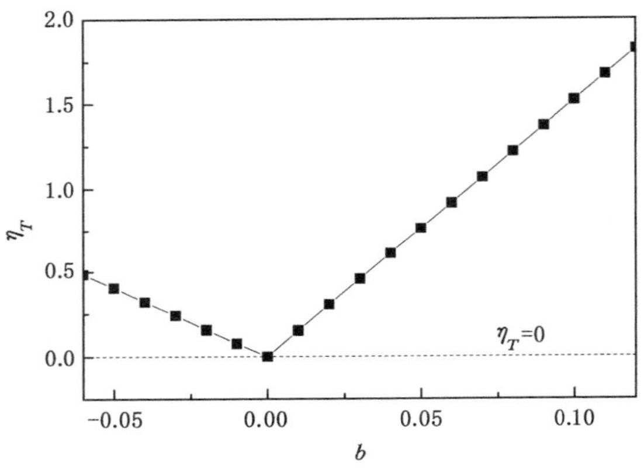

图 6-14　二次热流分布下不同 b 的最高温度相对变化率

6.3　固液相变模型在倾斜方腔储热装置中的应用

6.3.1　倾斜方腔储热装置数值模型

本节在 6.2 的研究基础上，使方腔发生倾斜，研究倾斜角度对非均匀热流加热情况下固液相变过程的影响规律，其数值模型如图 6-15 所示。

除重力方向外，数值模型与 6.2.1 中所叙述一致。假设方腔发生倾斜（坐标系随之旋转），此时，重力方向与 y 轴间会形成一个夹角 θ,(°)。假设无倾斜角度，即重力方向为 y 轴反向时，夹角为 0°。当重力顺时针旋转，即方腔逆时针旋转时，θ 大于 0°。相反，重力逆时针旋转，方腔顺时针旋转时，θ 小于 0°。本小节中定义固液相变材料的平均温度和温度标准差如下：

$$T_{\text{ave}}^{*}=\frac{\iint_{S}T^{*}\,\mathrm{d}S}{\iint_{S}\mathrm{d}S} \tag{6-16}$$

$$\sigma=\sqrt{\frac{\iint_{S}(T^{*}-T_{\text{ave}}^{*})^{2}\,\mathrm{d}S}{\iint_{S}\mathrm{d}S}} \tag{6-17}$$

式中 S 为方腔面积，m^2。与 6.2 一样，本节中方腔内的左侧壁面分别按照均匀、线性和二次曲线分布，平均热流密度为 q，具体分布函数如式(6-7)、(6-8)和(6-9)所示。

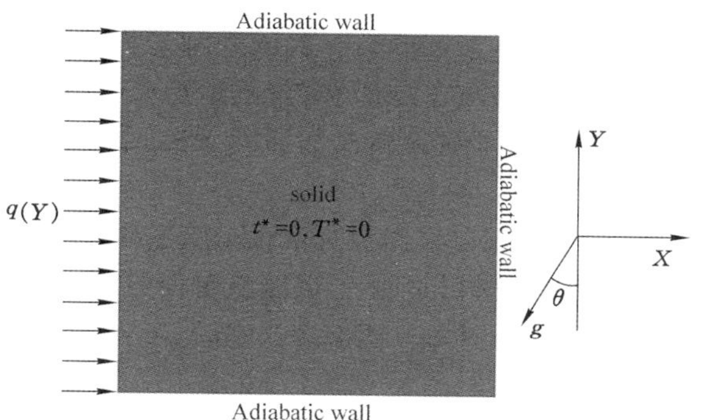

图 6-15　倾斜方腔内固液相变示意图

本节中 Grashof 数为 2.5×10^5，Prandtl 数和 Stefan 数分别为 5.0 和 10.0。网格数为 128×128。

6.3.2　均匀热流下倾斜方腔储热装置数值结果分析

本小节中热流密度在左侧壁面均匀分布，如式(6-7)所示。图 6-16 为均匀热流分布下不同倾斜角度时方腔内相变材料的最高温度和平均温度。由图 6-16(a)可知，随着倾斜角度的增加(方腔逆时针旋转)，相变材料的最高温度先增后减。在无量纲时间为 5，倾斜角度为 $-30°$、$-15°$、$0°$、$15°$和 $30°$时，对应的相变材料最高温度分别为 2.4916×10^{-3}、2.4919×10^{-3}、2.4920×10^{-3}、2.4918×10^{-3}和 2.4914×10^{-3}。结果表明，倾斜角度对相变材料的最高温度影响不大。同时，倾斜角度增加较减小倾斜角度对相变材料的最高温度和平均温度影响小，如图 6-16(b)所示。在无量纲时间为 10 时，相对于无倾斜情况，方腔逆时针旋转 60°，相变材料的平均温度相对下降了 6.1%。在同一时刻，当方腔顺时针旋转 60°时，相变材料的平均温度相对下降了 7.6%。

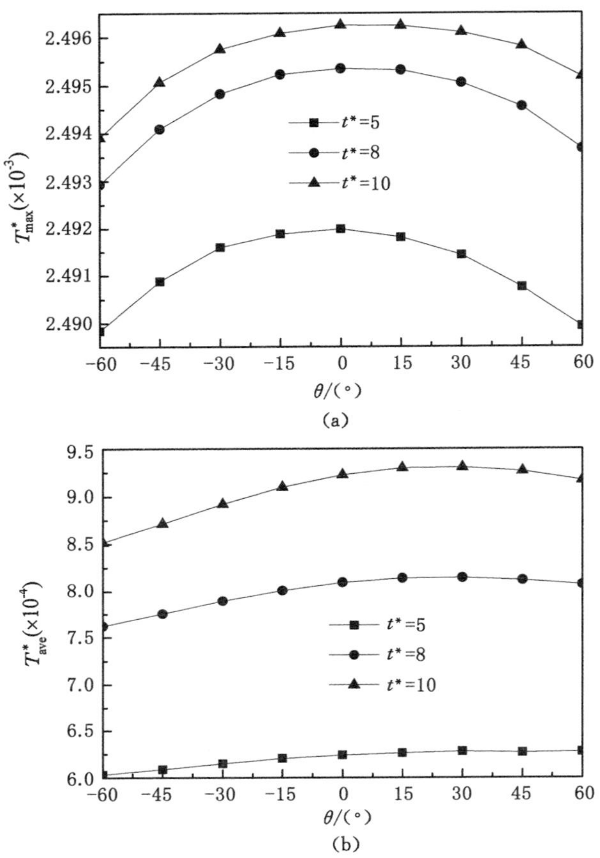

(a)

(b)

图 6-16 均匀热流不同角度下的(a)最高温度和(b)平均温度

图 6-17 为不同倾斜角度下的相变材料温度标准差和壁面平均 Nusselt 数。如图 6-17 所示，随着倾斜角度的增加，在初始阶段，固液相变材料温度标准差先增后减。在无量纲时间为 10 时，温度标准差随着倾斜角度单调增加。顺时针旋转方腔(图 6-15 中重力方向逆时针旋转)削弱了方腔内的自然对流，使对流传热速率下降(图 6-17(b))，减小了相变材料的最高温度和平均温度(图 6-16)。方腔内的相变材料温度分布趋于均匀，即温度标准差减小。另一方面，当方腔逆时针旋转时，左侧壁面同一时刻的平均 Nusselt 数减小，如图 6-17(b)所示。但是，由于在方腔略微逆时针旋转(小于 30°)时，壁面平均 Nusselt 数变化较小，其壁面传热速率变化不大，因此图 6-16(b)中对应的平均温度接近无倾斜情况。

图 6-18(a)为均匀热流分布下不同角度时的相变材料总液相率。如上文所

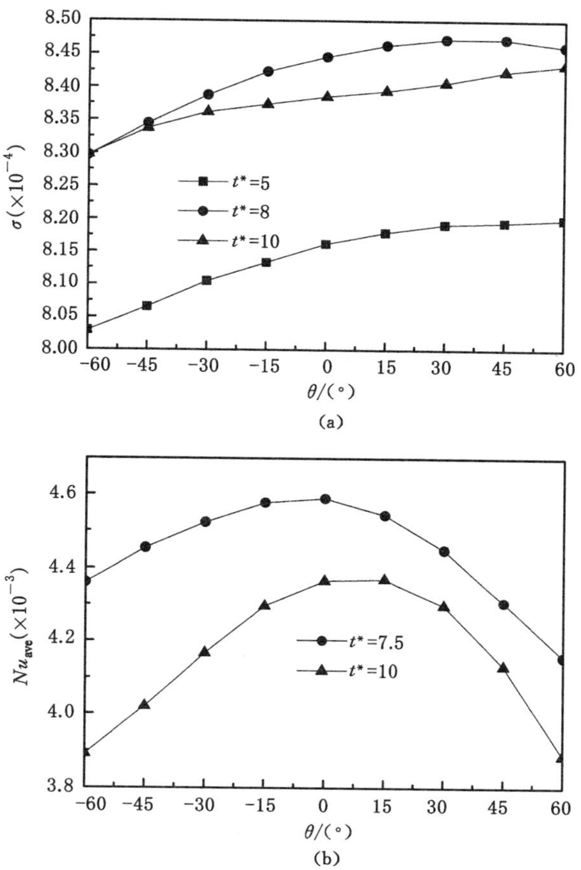

图 6-17　均匀热流不同角度下的(a)温度标准差和(b)平均 Nusselt 数

述，方腔顺时针旋转(倾斜角度减小)会削弱方腔内的自然对流，使传热速率减慢，熔化变慢，对应的总液相率减小。根据式(6-10)计算相变潜热吸收能量的比例，再代入式(6-15)，以无倾斜情况为基准计算相对变化量，其结果如图 6-18(b)所示。随着倾斜角度的增加，η 先增后减。当无量纲时间为 10，在倾斜角度为 15°时 η 最大。此时，液相率相对增加了 0.4%。顺时针旋转方腔使相变潜热的消耗份额减小，在倾斜角度为－60°时，η 为－4.7%。方腔逆时针旋转 15°时相变材料的传热速率最快，且大部分热量用于使材料发生相变。因此，该工况下平均温度与无倾斜工况区别不大(图 6-16)。

图 6-19 为不同倾斜角度下的相变材料温度分布云图。如上文所述，相变材料在受热后温度升高，在浮力的驱动下会流动至方腔上部，并在相变界面处往下

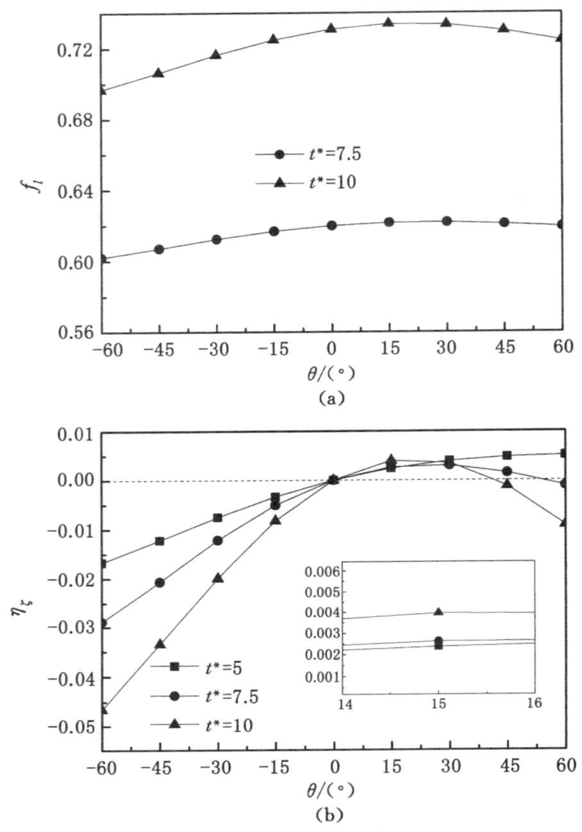

图 6-18　均匀热流不同角度下的(a)总液相率和(b)η

流动，形成顺时针方向的自然对流。在方腔发生倾斜时，相变材料的流动路径发生改变，沿途受到壁面和相变界面的作用。在方腔顺时针旋转后(重力方向逆时针旋转)，由于流体在往上移动的过程中，受到左侧壁面的阻碍作用，削弱了自然对流强度，使温度分布趋向于与竖直壁面平行，即温度分布更均匀(见图 6-17)。反之，当方腔略微逆时针旋转时，壁面对流体的阻碍作用削弱，上浮热流体直接对相变界面处的相变材料进行加热，加速相变材料的熔化。但是，当方腔继续旋转时，相变材料的运动受到相变界面的阻碍作用，使熔化速率减慢(见图 6-18)。

6.3.3　线性热流下倾斜方腔储热装置数值结果分析

本小节中，热流密度按照式(6-8)分布。为不同倾斜角度下的相变材料最高温度和平均温度。如 6.2 中所述，由于热量的积聚，线性热流分布下相变材料会出现

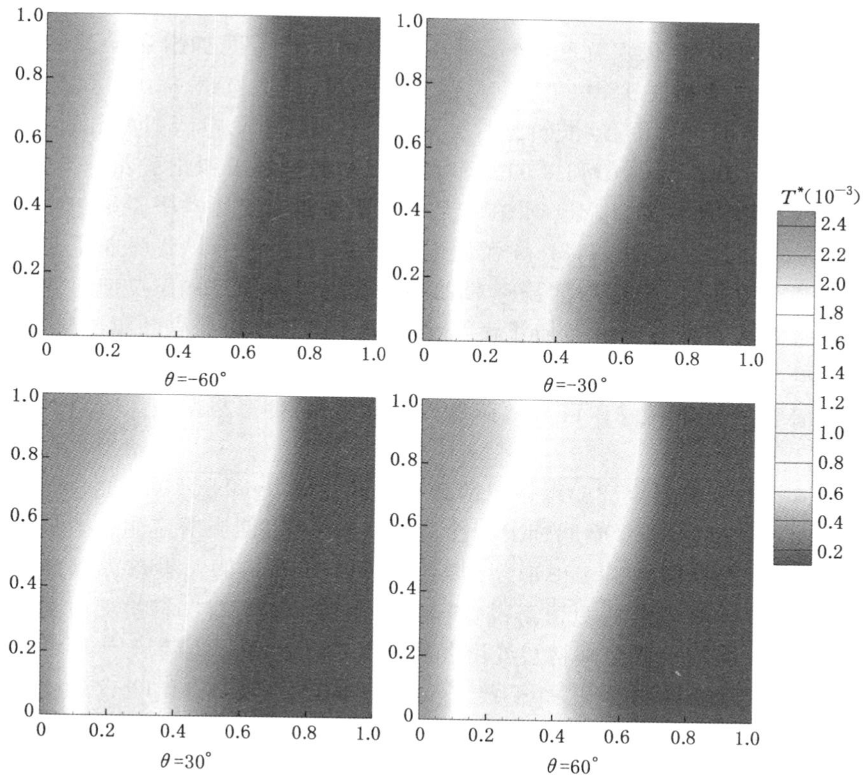

图 6-19　均匀热流不同角度下温度分布云图($t^*=10$)

高温区，其最高温度较均匀温度分布高。为方便显示，图 6-20(a)中未显示均匀分布($cst=0$)的最高温度变化曲线。如式(6-8)所示，cst 为线性热流分布的斜率。当 cst 大于 0 时，热流密度聚集在左侧壁面的上部。相反，当 cst 小于 0 时，热流密度集中在左侧壁面下部。随着倾斜角度的增加(方腔逆时针旋转)，当 cst 大于 0 的时候，相变材料最高温度先增后减，其变化趋势类似于均匀分布(图 6-16)。相反，当热流聚集在左侧壁面下部时，相变材料的最高温度随倾斜角度的增加先减后增。此外，在热流聚集在下部时，逆时针旋转对最高温度所带来的影响较顺时针旋转大。如图 6-20 所示，由于热量堆积，在 cst 小于 0 时，逆时针旋转使相变材料的温度分布趋于不均匀，温度标准差增加。在逆时针旋转角度小于 45°时，增加倾斜角度可以有效强化相变材料的传热速率。在线性热流密度分布斜率为 0.016，倾斜角度从 0 增加至 30°时，相变材料的平均温度增加了 5%。

图 6-21 为无量纲时间为 10 时不同角度下的温度标准差和平均壁面 Nus-

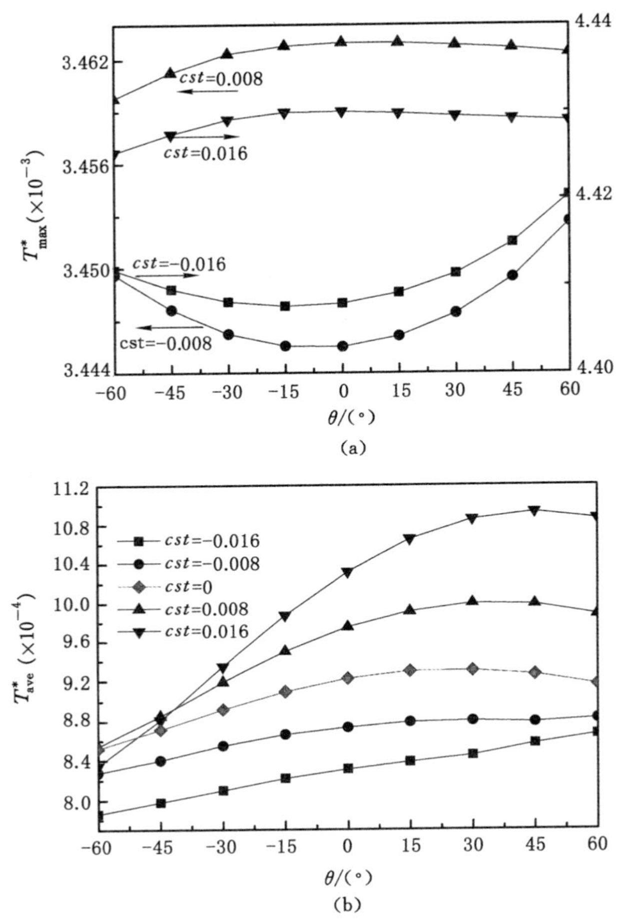

图 6-20　线性热流下不同角度的(a)最高温度和(b)平均温度($t^* = 10$)

selt 数。如 6.2.4 中所述,由于热量的积聚,*cst* 大于 0(左侧壁面上部热流大)时,方腔内相变材料出现局部高温,使相变材料温度分布较均匀热流分布时更不均匀,即相变材料温度标准差变大。在 *cst* 为－0.008 且方腔无倾斜时,由于热量略微积聚在壁面下部,使温度等温线趋向于与左侧壁面平行,温度标准差减小。但是,此时逆时针倾斜方腔会使相变材料的温度分布变得不均匀,使其温度标准差增加。除此之外,当 *cst* 小于 0,温度标准差随着角度的增加先减后增,且 *cst* 越小,先减后增的现象更明显。此时,方腔逆时针旋转对温度标准差带来的影响大于顺时针旋转的影响。相反,当 *cst* 大于 0 时,温度标准差随着角度的增加先增后减,且同时,方腔顺时针旋转对温度标准差的影响较其逆时针旋转大。

图 6-21(b)中的左侧壁面平均 Nusselt 数变化均为随着倾斜角度的增加先增后减。如(6-11)所示，平均 Nusselt 数即为左侧壁面的传热速率。图 6-22(a)中，同一种 cst 下，在左侧壁面的传热速率影响下，方腔内相变材料液相率随倾斜角度的变化趋势亦为先增后减。除此之外，无倾斜情况下，在 cst 增加至 0.016 时，其液相率相较于均匀分布增加了 5.2%。此时，将方腔逆时针倾斜 45°，可将液相率相对增加 8.5%。

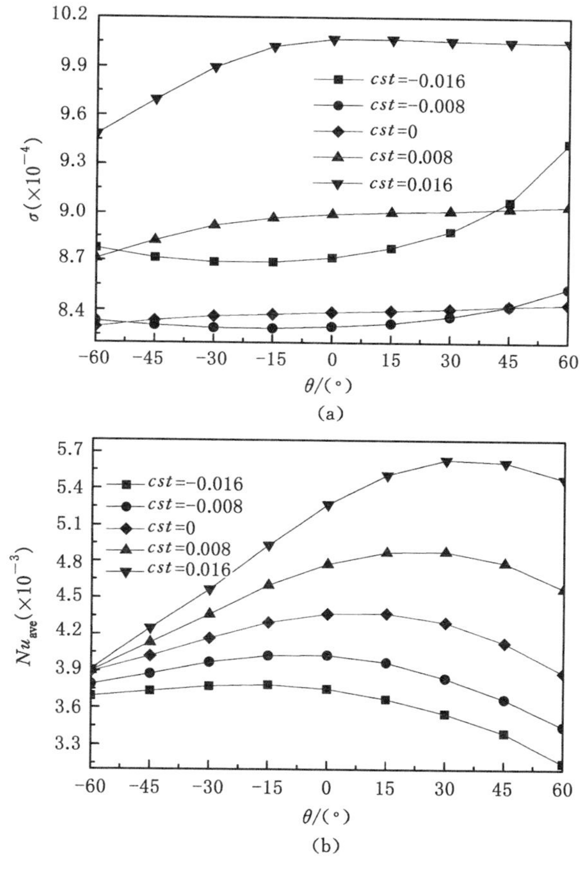

图 6-21　线性热流下不同角度的(a)温度标准差和(b)平均 Nusselt 数($t^*=10$)

图 6-22(b)中为根据式(6-15)所计算的相变潜热比例的相对变化量，其计算基准为无倾斜情况。对于所有的热流密度分布情况，在无倾斜的情况下减小倾斜角度(方腔顺时针旋转)均会使相变材料潜热吸热量的比例下降。随着 cst 的增加，其下降的幅度变大。当 cst 为－0.016 时，在无倾斜的情况下增加倾斜角

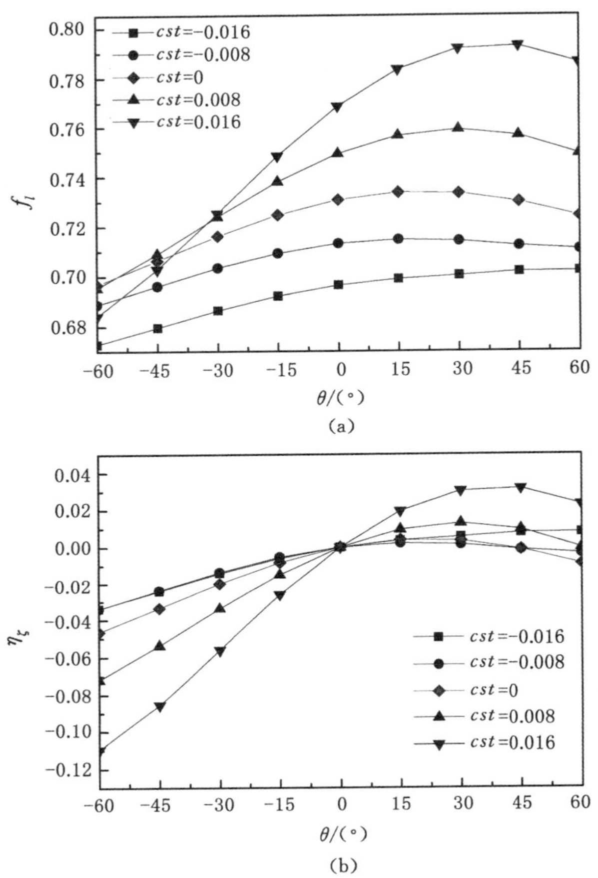

图 6-22　线性热流下不同角度的(a)总液相率和(b)η($t^*=10$)

度，η 的值逐渐增加。在 cst 增加至－0.008 时，η 随着倾斜角度的变化先增后减。继续增加 cst，先增后减的变化趋势更明显。

图 6-23 为 cst＝0.016 时不同倾斜角度下的温度分布云图和对应的固液相变界面位置。由于热流密度集中在壁面的上侧，导致上部相变材料温度上升较快，并出现高温区。该工况下的最高温度和温度标准差均较均匀分布高。但是，在方腔逆时针倾斜的过程中(图 6-23 中倾斜角度由－60°旋转至 60°)，固液相变界面的形状越来越扭曲。此时，方腔内的自然对流得到强化，热量更积聚，使最高温度和温度标准差上升(图 6-21 和图 6-22)。同时，由于自然对流促进了熔化，使大部分热量用于相变材料的相变过程，因此其潜热比例相对变化量增加

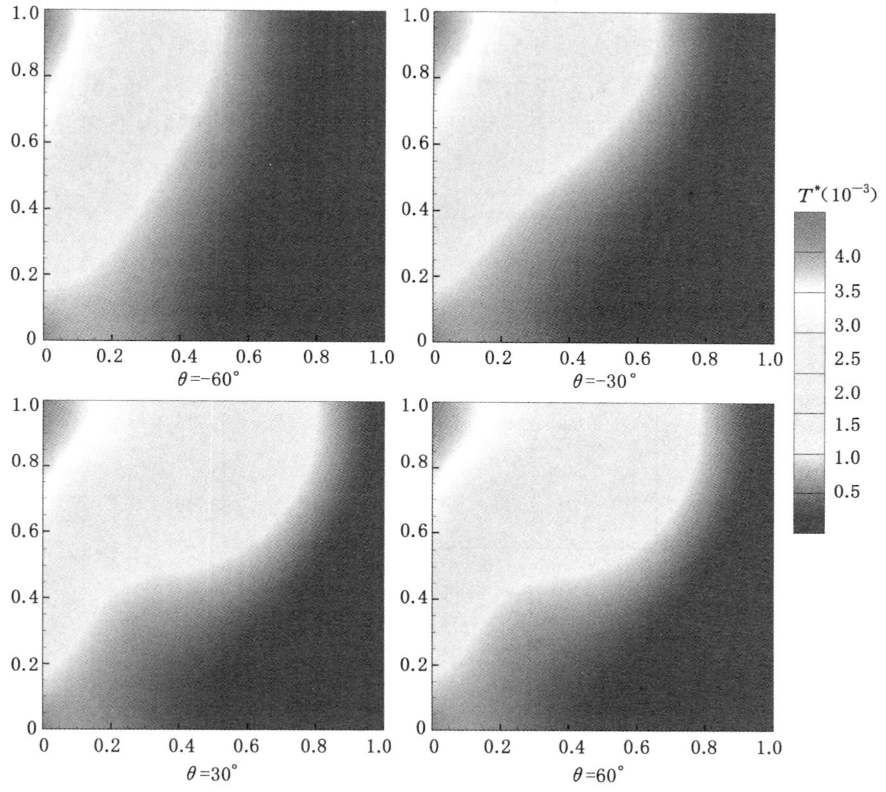

图 6-23　线性热流下不同角度的温度分布云图($t^*=10$,$cst=0.016$)

(图 6-23)。在逆时针旋转至 60°时,由于上侧壁面对自然对流的削弱,其潜热比例下降。

6.3.4　二次热流下倾斜方腔储热装置数值结果分析

本小节中,图 6-15 中左侧壁面的热流密度按照式(6-9)分布,且选取了控制参数 b 为 −0.06、−0.03、0.06 和 0.12,研究了倾斜角度对方腔内相变过程的影响规律。图 6-24 为不同角度下的相变材料最高温度。与 6.3.3 中所述一致,由于热量积聚,相变材料出现高温区,二次分布的最高温度较均匀分布高,图中并未给出均匀热流分布的最高温度。在倾斜角度增加的过程中,当 b 小于 0(热流积聚在壁面中部)时,相变材料最高温度先减后增。相反,当壁面中部热流较小时,相变材料的最高温度变化趋势为随着倾斜角度的增加先增后减。除此之外,在 b 大于 0 时,方腔顺时针旋转对最高温度的影响较逆时针旋转大。方腔相变材料的平均温度如图 6-25 所示。与最高温度一致，根据控制参数 b 的不同，平均温度随倾斜角度的变化趋势不同：当 b 大于 0 时，平均温度单调递增；b 小于等于 0 时，平均温度先增后减。在无倾斜情况下，将 b 设置为 −0.06，平均温度相较于均匀热流分布相对增加了 6.5%。当方腔逆时针旋转 30°后，平均温度相对增加了 8.9%。

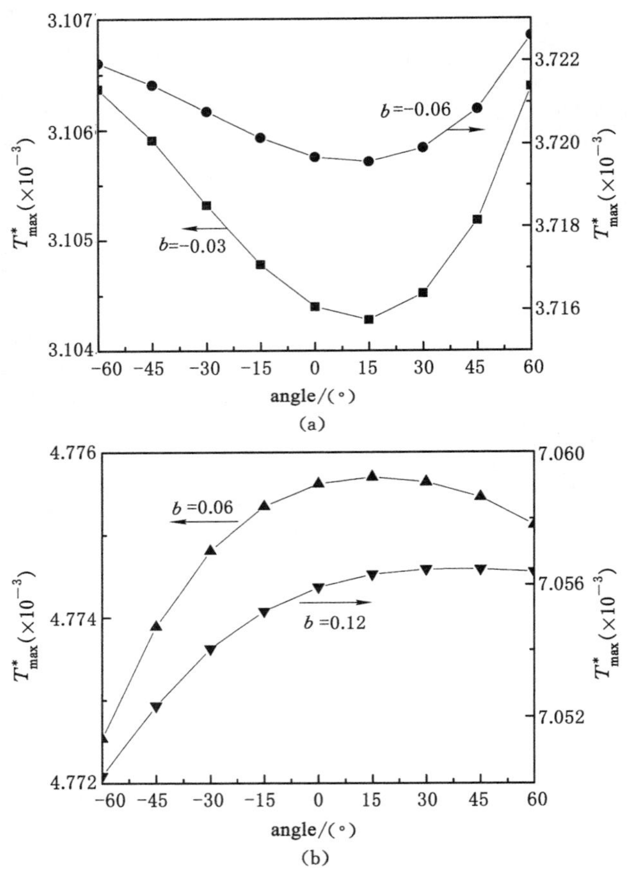

图 6-24　二次热流下不同角度的最高温度（$t^*=10$）

图 6-26 为二次热流密度分布下不同倾斜角度的相变材料温度标准差和左侧壁面平均 Nusselt 数。与 6.2.5 中结果一致，由于二次热流密度分布中热量的积聚导致出现高温区，使方腔内相变材料的温度分布较均匀热流分布不均匀。对于所有热流密度分布情况，增加方腔倾斜角度会使方腔内的相变材料温度标准差增加，即温度分布趋于不均匀。在控制参数 b 为 0.12，倾斜角度分别为

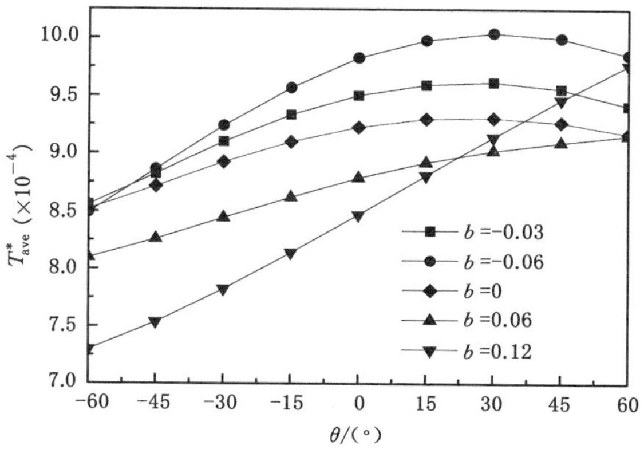

图 6-25　二次热流下不同角度的平均温度($t^*=10$)

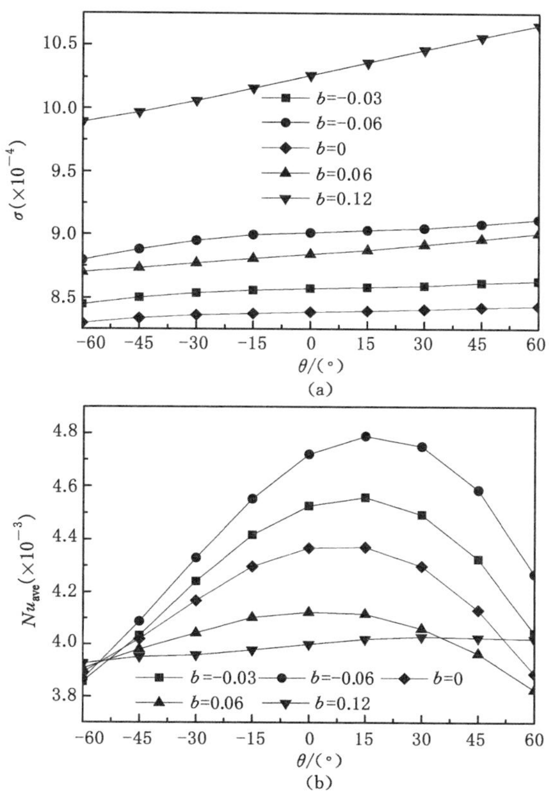

图 6-26　二次热流下不同角度的(a)温度标准差和(b)平均 Nusselt 数($t^*=10$)

$-30°$、0°30°时，其对应温度标准差分别为 10.06、10.26 和 10.46（$\times 10^{-4}$）。在图 6-26(b)中，随着倾斜角度的增加，除 $b=0.12$ 的热流密度分布情况外，壁面平均 Nusselt 数变化趋势均为先增后减。对于同一种热流密度分布，较高的平均 Nusselt 数使壁面传热速率增加，相变材料的熔化速率亦增加，如图 6-27 所示。无倾斜情况下，当控制参数 b 为 -0.06 时，相较于均匀热流分布，液相率相对增加了 3.2%。当方腔逆时针旋转 30°时，液相率相对变化量增加至 4.2%。当控制参数为 0.12 时，液相率随着倾斜角度的增加单调增加，且变化趋势类似线性。在倾斜角度为 $-30°$、0°和 30°时，其对应液相率分别为 0.67、0.70 和 0.73。

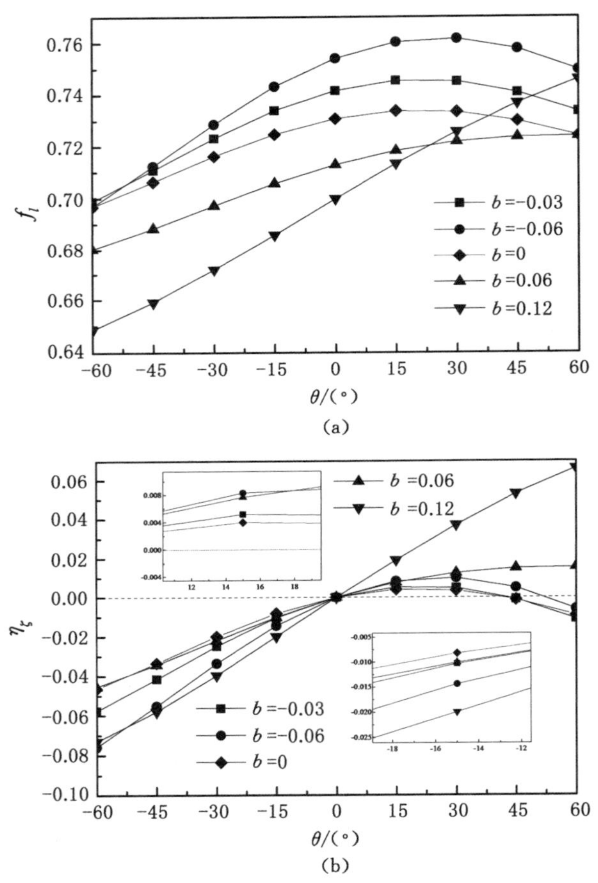

图 6-27　二次热流下不同角度的(a)总液相率和(b)η($t^*=10$)

图 6-27(b)中为潜热比例的相对变化量，除控制参数为 0.12 时，其余热流密度分布情况下的 η 均随倾斜角度的增加先增后减。$b=0.12$ 时不同角度下的温度分布云图和固液相变界面位置如图 6-28 所示。在倾斜角度由 -60° 增加至 60° 的过程中，方腔上部的相变材料熔化变化不大，但下部的相变材料熔化速率加快明显。在浮力的作用下，方腔内会形成自然对流，在加热壁面处上升，在相变界面处下降。在倾斜角度为 -60° 时，液相相变材料受热上升至左侧壁面后即回流，并在下降过程中加热固液相变界面处的固相相变材料。但是，由于方腔发生倾斜，回流加热的相变材料多集中在上部。在倾斜角度增加后，液相相变材料转变为上升至上部壁面后回流。此时，回流过程中的相变材料能加热方腔底部的相变材料，使方腔底部相变材料熔化较快，增加固液相变速率(图 6-27)。

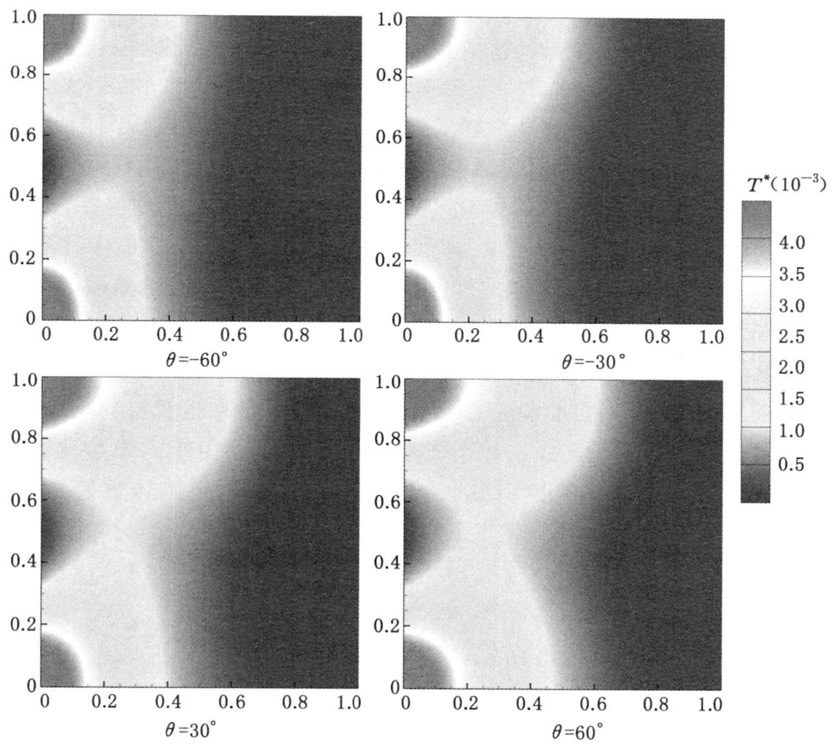

图 6-28　二次热流下不同角度的温度分布云图($t^{*}=10$,$b=0.12$)

6.4 本章小结

本章利用非均匀热流分布对固液相变过程中的传热传质进行强化，并研究了均匀热流分布、线性热流分布和二次热流分布对方腔内相变材料最高温度、平均温度、温度标准差和液相率等的影响规律。在此基础上，采用倾斜方腔的方法，改变固液相变自然对流，并揭示了三种热流分布下倾斜角度对相变材料固液相变过程的影响规律，主要结论如下：

(1) 均匀热流分布下，随着时间的推移，由于热量积聚，相变材料的熔化速率会逐渐变慢。增加壁面热流虽能加快相变材料的熔化，但同时会减小相变潜热吸收热量的比例。相较于无倾斜情况，方腔顺时针旋转会使方腔内的相变材料熔化变慢。当方腔逆时针旋转 15°时，相变材料的熔化加快，相较于无倾斜情况，液相率相对增加了 0.4%。

(2) 由于热流密度集中，线性热流分布工况下相变材料出现高温区，其最高温度均较均匀热流分布高。将热流密度集中在左侧壁面上部，可强化方腔内相变材料的自然对流，使相变材料熔化更快。在线性热流分布控制参数为 0.006 时，潜热份额相对均匀热流分布增加了 0.031 8。当热流密度集中在壁面上部时，从无倾斜时逆时针旋转方腔 30°可进一步强化传热速率，使相较于无倾斜均匀热流分布计算的相对液相率从 5.2%增加至 8.5%。

(3) 二次热流分布的热流集中会导致出现相变材料高温区。将热流密度集中在左侧壁面上部和下部时可强化传热传质过程并加速相变材料熔化。此外，以均匀热流分布为基础，增加二次分布控制参数对固液相变的影响比减小控制参数的影响大。当二次热流控制参数为−0.06 时，逆时针旋转方腔 30°可强化换热，相较于无倾斜、均匀热流情况，平均温度相对增加了 8.9%，液相率相对增加了 4.2%。

第 7 章　固液相变模型在间断热流储热系统中的应用

7.1 引　　言

潜热储能系统的重要评价指标是储能密度和功率密度。前者主要取决于相变材料的相变潜热，后者取决于储热过程的传热速率。此外，在储热后，根据 Fouier 导热定律，相变材料与环境间温差越大，热量散失越快。即储热系统的温度与隔热成本成正比[174]。为减小储热系统向环境的散热量，需加厚保温墙或采用价格昂贵的低导热保温材料。因此，为增加潜热储能系统的经济性，需充分利用相变材料的相变潜热，减小显热吸收热量的比例。

此外，在自然对流的作用下，熔化后高温相变材料会往容器上方流动，导致容器上部温度高于下部温度，产生热量积聚。Seddegh 等[14]研究发现在潜热储能中，相变材料液相率从 0.5 增加至 1 所消耗的时间是液相率从 0 增加至 0.5 时间的 4 倍。

为此，如第八章的高导热肋片和第九章的多孔介质均被应用于削弱热量积聚。本章中，为提高储热系统中潜热的利用率，提出采用间断热流加热方式，构建其数值模型，揭示了 Rayleigh 数等对熔化自然对流的影响。

7.2 间断热流储热系统数值计算模型构建

本章的目的是在储热系统中充分利用相变潜热，降低保温系统的消耗。间断热流储热系统的数值模型如图 7-1 所示。储热系统所吸收的热量来自于太阳能或发电厂余热。热量通过换热器输送至储热管路，并对储热罐进行加热。为实现间断式热流密度，在储热管路中加入阀门，控制储热流体流经的储热罐。本章中设置有量大小、形状一致的储热罐，储热罐内充满相变材料，相变材料的 Prandtl 数和 Stefan 数分别为 9.6 和 0.1。

图 7-1(a)的储热罐可简化为图 7-1(b)的数值模型。方腔的边长为 L,左侧避免施加非恒定热流,其余避免保持绝热。在初始阶段,储热罐内相变材料温度等于其相变温度,忽略固相相变材料和液相相变材料热物性的差异。

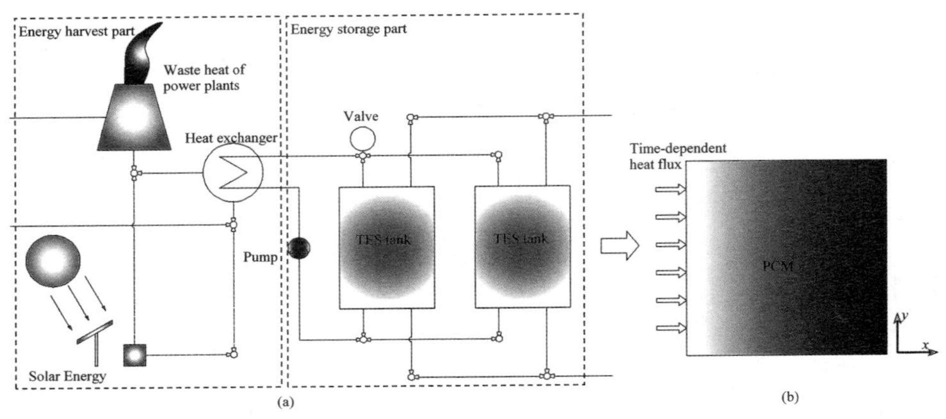

图 7-1　间断热流储热系统数值计算模型

为实现间断式热流密度,储热罐左侧边界热流是时间的函数,其具体方程为:

$$q(t)=\begin{cases}q & t\in(nt_f,(n+1)t_f]\\ 0 & t\in((n+1)t_f,(n+2)t_f]\end{cases}\quad n=0,2,4\cdots \tag{7-1}$$

式中,t_f 为间断式热流密度的变化周期。

本章中的固液相变数值模型采用第三章的焓转化法固液相变模型。为保证精度,选取了 80×80、100×100、150×150、200×200 和 250×250 等 5 种网格系统对数值模型的正确性进行验证。在 Rayleigh 数位 10 的时候,上述 5 种网格系统的对应相变材料完全熔化时间分别位 1.521、1.382、1.373、1.355、1.344 和 1.341。结果表明,200×200 的网格系统可满足精度需求,因此,下文研究种均采用 200×200 的网格系统。

7.3　间断热流储热系统数值计算结果分析

7.3.1　热流周期对传热的影响

本小节针对热流密度变化周期开展研究。

图 7-2 为不同周期下间断式热流储热系统的液相率变化。在左侧边界的加

热下，相变材料会吸收热量，其液相率随时间增加。

在相变材料转化为液相后，从左侧边界传递的热量会以显热的形式存储在液相相变材料中，使液相相变材料的温度上升。增加 Rayleigh 数即强化了储热罐内的自然对流强度，加快了熔化速率并降低了完全熔化时间。

当左侧壁面施加恒定热流密度时，Rayleigh 数为 10^3、5×10^3、10^4、5×10^4 和 10^5 的相变材料完全熔化时间分别为 1.45、1.44、1.41、1.36 和 1.34。现假设储能过程在液相率为 1(相变材料完全熔化)时结束，则此时恒定热流密度下的相变材料最终平均温度分别是 0.46、0.44、0.41、0.34 和 0.31。

如上文所述，增加储能结束时相变材料的温度会导致隔热成本上升。因此，本章节提出了间断式热流密度边界。

如图 7-2 所示，在无量纲时间为 $t^*\in[0,t_f^*]$ 时，由于施加热流密度一致，间断式热流密度加热方式于恒定热流加热方式液相率变化一致。但是，在无量纲时间为 $[t_f^*,2t_f^*]$ 时，左侧壁面的热流密度下降至 0，即左侧壁面变为绝热边界。

结果表面，由于此时左侧壁面无法提供加热相变材料的热量，以显热形式存储的热量通过固液相变界面传递至附近的固相相变材料，导致相变材料的温度下降，液相率上升速率变缓，如图 7-2 和图 7-3 所示。

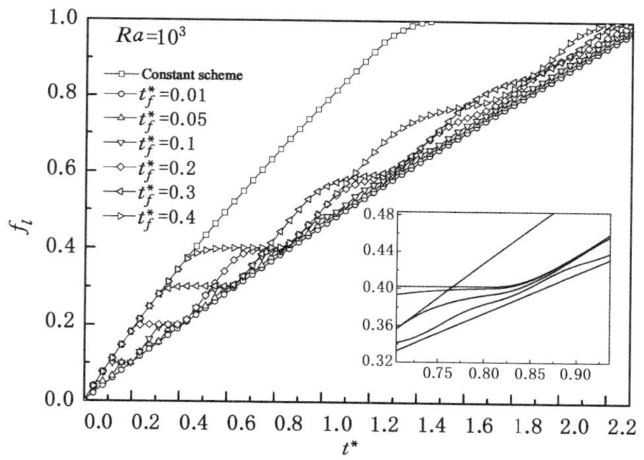

图 7-2　不同周期下间断式热流储热系统的液相率

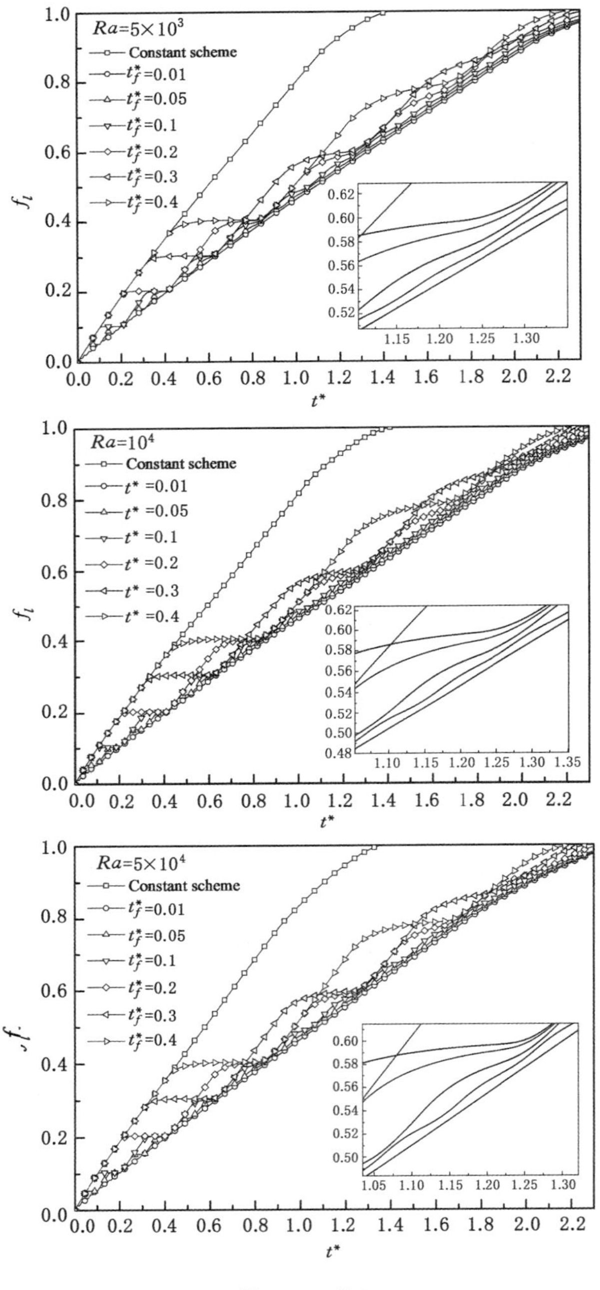
$Ra=5\times10^3$
Constant scheme
$t_f^*=0.01$
$t_f^*=0.05$
$t_f^*=0.1$
$t_f^*=0.2$
$t_f^*=0.3$
$t_f^*=0.4$
f_l
t^*
$Ra=10^4$
Constant scheme
$t^*=0.01$
$t^*=0.05$
$t^*=0.1$
$t^*=0.2$
$t^*=0.3$
$t^*=0.4$
$Ra=5\times10^4$
Constant scheme
$t_f^*=0.01$
$t_f^*=0.05$
$t_f^*=0.1$
$t_f^*=0.2$
$t_f^*=0.3$
$t_f^*=0.4$

图 7-2 （续）

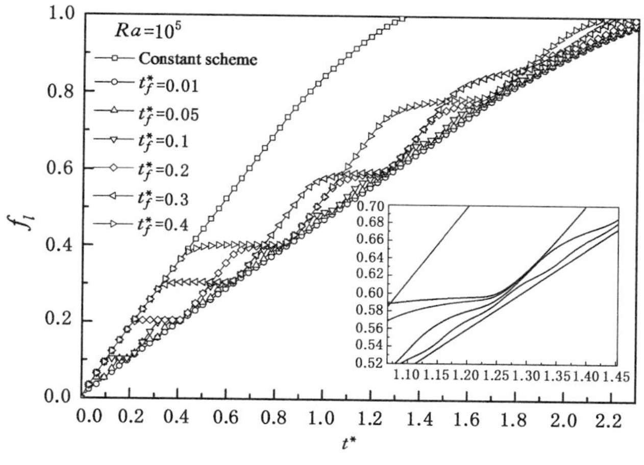

图 7-2 （续）

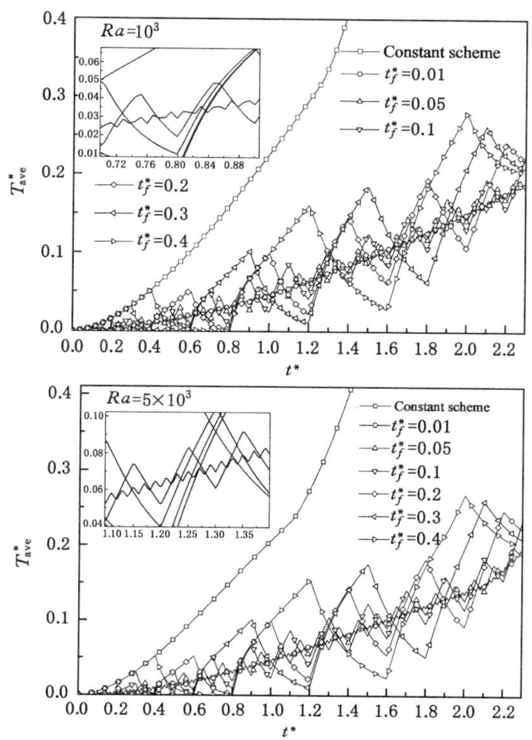

图 7-3　不同周期下间断式热流储热系统的平均温度

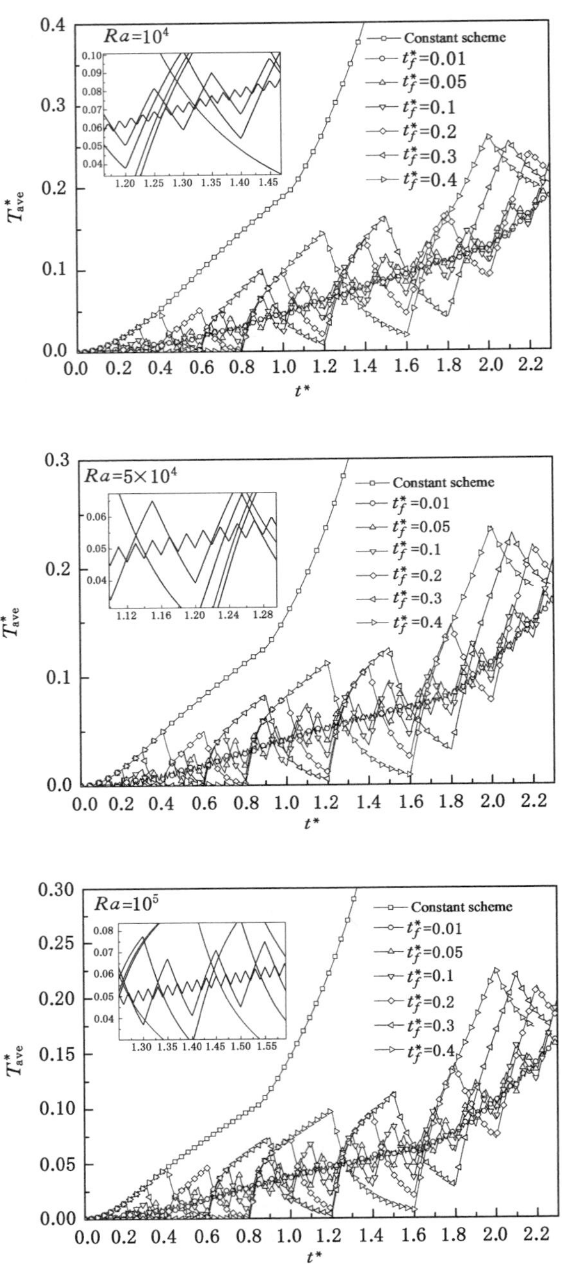

Ra=10^4
Constant scheme
t_f^*=0.01
t_f^*=0.05
t_f^*=0.1
t_f^*=0.2
t_f^*=0.3
t_f^*=0.4
T_{ave}^*
t^*
Ra=5×10^4
Ra=10^5

图 7-3 （续）

由于在 $((n+1)t_f^*, (n+2)t_f^*]$ 时间段内左侧热流密度下降为 0，因此相变材料的完全熔化时间下降。如图 7-2 所示，当热流密度变化周期为 0.01、0.05、0.1、0.2、0.3 和 0.4 时，Rayleigh 数为 10^3 的相变材料完全熔化时间为 2.48、2.47、2.44、2.38、2.32 和 2.25。值得注意的是，在引入了间断式热流密度后，相变材料的完全熔化时间是恒定热流密度的 2 倍。但是，相较于恒定热流，相变材料的最终平均温度亦近似下降一半。在 Rayleigh 数为 10^3 时各热流密度变化周期下的相变材料最终平均温度分别为 2.48、2.47、2.44、2.38、2.32 和 2.25。假设储热罐隔热成本与相变材料的最终温度成正比，则采用间断式热流密度后，储热罐的隔热成本近似下降一半。为了保证相变材料能连续性的存储热量，在图 7-1 中加入了三通阀门，并设置有两个储热罐，保证整体储热系统的工作连续性。上述结果表明，采用间断式热流密度可有效降低显热存储在储热系统中所占比例。

图 7-4 为不同 Rayleigh 数下间断热流储热系统的完全熔化时间。对于所有的间断热流密度变化周期，相变材料的完全熔化时间随着 Rayleigh 数的增加出现先增后减的趋势。即在低 Rayleigh 数时，增加相变材料的自然对流强度，反而会减慢相变材料的整体熔化速率。当间断热流密度变化周期为 0.1 时，Rayleigh 数为 10^3、5×10^3、10^4、5×10^4 和 10^5 的相变材料完全熔化时间分别为 2.44、2.47、2.46、2.41 和 2.40。不同 Rayleigh 数下的相变材料温度分布云图如图 7-5所示。图中热流密度变化周期为 0.1，对应的无量纲时间为 0.2。如上文所述，相变材料的熔化速率正比于固液相变界面的移动速率，即图 7-5 中的红线。增加 Rayleigh 数会强化储热罐内的自然对流强度。当 Rayleigh 数从 10^3 增加至 5×10^3，强化后的自然对流使储热罐上部的相变材料熔化速率增加，即上部固液相变界面的移动速率快于下部相变界面。因此，上部固液相变界面更快推进至右侧壁面。固相相变材料仅能通过相变界面吸收热量，而上部界面无法直接对固相相变材料加热，导致在熔化的后期相变材料的熔化速率大幅下降。在 Rayleigh 数继续增加后，强烈的自然对流弥补了由于相界面变化带来的熔化速率下降，使相变材料的完全熔化时间再次降低。

如图 7-4 所示，对于所有的 Rayleigh 数，当间断式热流密度的周期变长时，对应的完全熔化时间会降低。当 Rayleigh 数位 10^4 且热流密度周期从 0.1 增加至 0.4 时，相变材料的完全熔化时间从 2.50 降低至 2.25。增加变化周期所带来的熔化速率增加，其原因在于相变材料的温度分布更均匀。

图 7-6 为不同周期下间断式热流储热系统的温度标准差。在 $t^* \in [0, t_f^*]$ 时，由于相变材料吸收热量并转化为液相，部分热量以显热的形式存储，导致储热罐的温度标准差快速上升。如图 7-3 所示，在时间段 $(t_f^*, 2t_f^*]$，相变

材料的温度趋于均匀，其温度标准差下降。当热流密度的变化周期延长时，相变材料的平均温度和温度标准差均下降。如图 7-3 和图 7-6 所示，当 Rayleigh 数和周期分别为 10^4 和 0.4 时，在无量纲时间为 1.6 的平均温度和温度标准差分别为 0.019 和 0.015。周期为 0.2 时对应的相变材料平均温度和温度标准差分别为 0.046 和 0.038。此时，由于相变材料的左侧加热壁面温差较大，导致相变材料的传热性能上升。

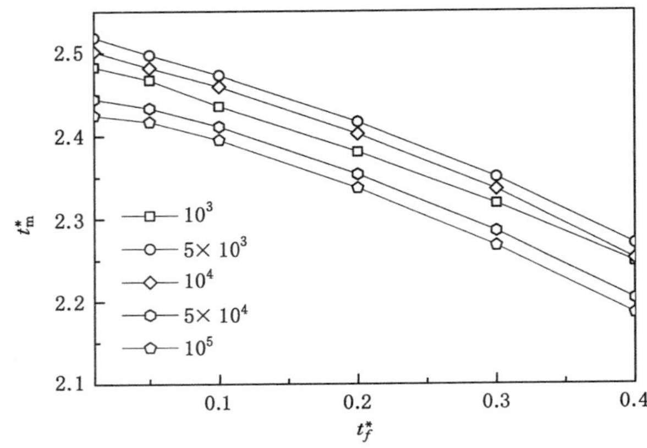

图 7-4　不同 Rayleigh 数下间断热流储热系统的完全熔化时间

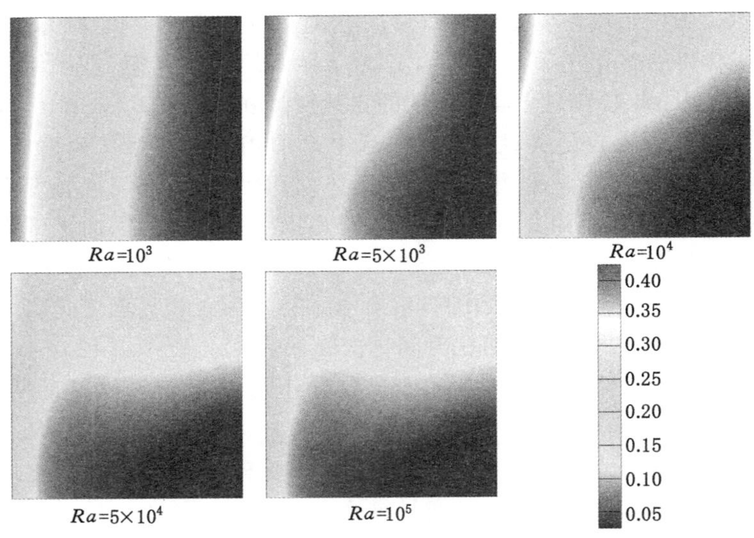

图 7-5　周期为 0.1、时间为 0.2 时的温度分布云图

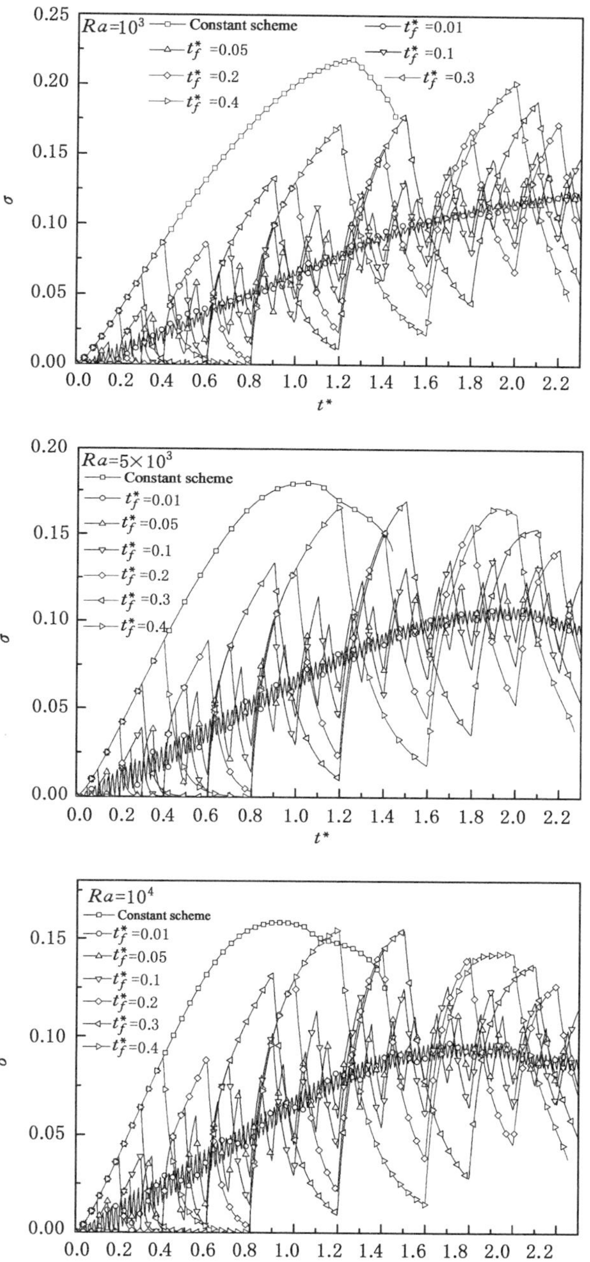

图 7-6　不同周期下间断式热流储热系统的温度标准差

为进一步分析，定义相变材料最终温度的相对变化量为：

$$\kappa = \frac{(T_{f0}^* - T_f^*)}{T_{f0}^*} \tag{7-2}$$

式中下表“0”为恒定热流密度工况。最终温度相对变化量的结果展示于图 7-7。在随着周期的变化中，最终温度相对变化量曲线存在一极小值。当 Rayleigh 数为 10^3、5×10^3、10^4 和 5×10^4，相对变化量的极小值分别为 0.05、0.1、0.1 和 0.05。结果表明，将变化周期增加至极小值会导致间断式热流对潜热的作用效果下降。在极小值的基础上，继续增加周期会增强间断式热流对潜热的作用。

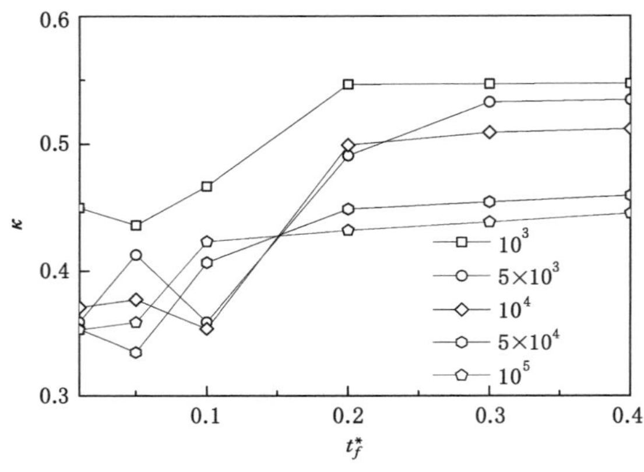

图 7-7　不同 Rayleigh 数下间断热流储热系统的相对最终温度变化量

参考相变材料的 Stefan 数，定义潜热比例为：

$$\eta = \frac{Q}{E} \tag{7-3}$$

式中 Q 和 E 分别为总输入能量和相变潜热吸热量。潜热比例计算结果如图 7-8 所示。在初始状态，所有的热量均用于熔化相变材料，因此潜热比例为 1.0。在 $t^* \in [0, t_f^*]$ 时，壁面附近相变材料吸收热量并转化为液相，使潜热比例下降。在间断式热流密度为 0 时，存储在显热中的热量被用于加热固相相变材料。当 Rayleigh 数为 10^5 时，恒定热流密度下的最终潜热比例是 0.762。同等条件下，周期为 0.01、0.05、0.1、0.2、0.3 和 0.4 对应的最终潜热比例分别是 0.833、0.834、0.848、0.850、0.851 和 0.853。结果表明，增加周期有利于提高潜热在储热罐中的作用并强化传热效率。

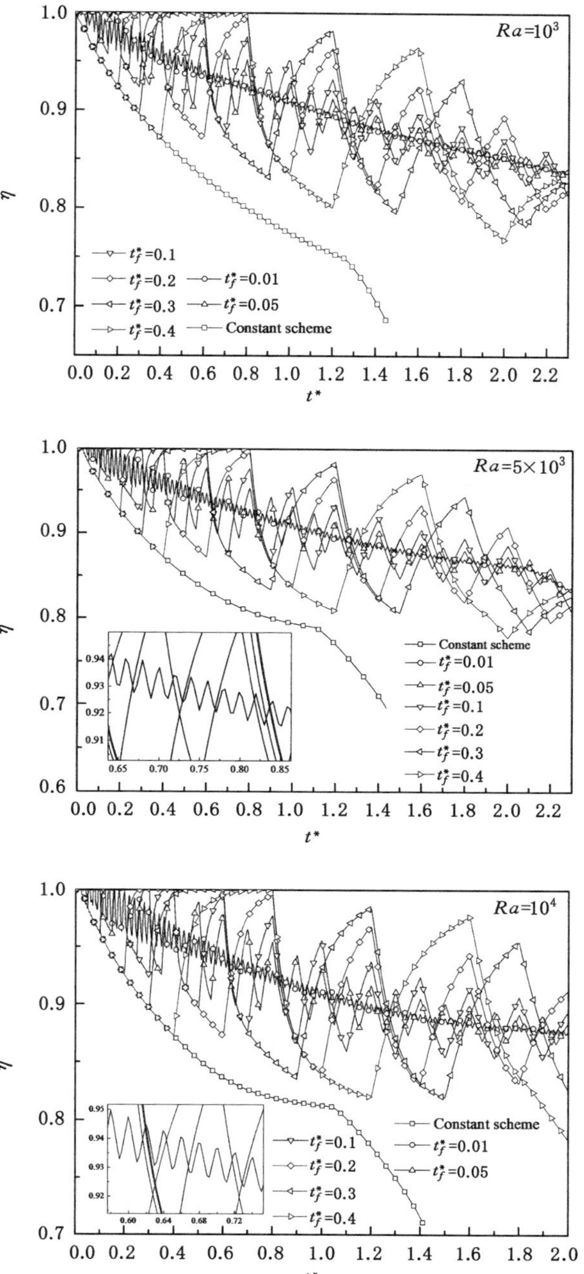

图 7-8　不同周期下间断式热流储热系统的潜热比例

7.3.2 热流强化比例对传热的影响

7.3.1 中显示在加入了间断式热流密度后，相变材料的整体熔化速率有所下降。本小节将在左侧热流边界上引入放大因子，研究热流强化比例对固液储热罐储热性能的作用规律。在引入强化热流后，式(7-1)修改为：

$$q(t)=\begin{cases}\varphi q & t\in(nt_f,(n+1)t_f] \\ 0 & t\in((n+1)t_f,(n+2)t_f]\end{cases} n=0,2,4\cdots \tag{7-4}$$

式中，φ 为热流密度强化比例。

图 7-9 为不同强化比例下间断式热流储热系统的完全熔化时间。结果表明，增加左侧壁面热流密度会强化传热速率，并降低完全熔化时间。当 Rayleigh 数为 10^4 且周期为 0.2 时，热流密度强化比例为 1.0、1.5 和 2.0 下的相变材料完全熔化时间分别为 2.40、1.70 和 1.33。对于单一储热罐，当强化比例为 1.0 时，系统的总体输入热量为恒定热流工况的一半。在强化比例增加至 2.0 时，系统的总输入热量近似为恒定热流工况。对于恒定热流，当 Rayleigh 数为 10^4 时，相变材料的完全熔化时间为 1.42。当强化比例为 2.0 的间断式热流密度施加在左侧壁面时，Rayleigh 数为 10^3、5×10^3、5×10^4 和 10^5 的相变材料完全熔化时间分别为 0.094、0.088、0.065 和 0.059。结果表明，在施加强化比例为 2.0 的间断式热流密度会降低相变材料的完全熔化时间。在 $t^*\in[0,t_f^*]$ 时间段，当强化比例为 2.0 时，左侧壁面热流密度是恒定热流密度的 2 倍。此时，储热罐的等效 Rayleigh 数为 2×10^4，因此该阶段的相变材料传热速率大幅增加。在 $(t_f^*,2t_f^*]$，存储在显热中的热量用于加热固相相变材料，使相变材料的温度分布趋于均匀，强化下一时间段的传热速率，导致最终熔化时间远小于恒定热流密度工况。

图 7-10 为不同周期下间断式热流储热系统的最终温度相对变化量。最终温度相对变化量随着周期并非单调变化。当周期为 0.2、0.3 和 0.4 和 Rayleigh 数为 10^4 时，强化比例为 2.0 的最终温度相对变化量分别为－0.11、0.18 和－0.43。对应的三个周期下的平均温度变化如图 7-11 所示。当 Rayleigh 数为 10^4 和周期为 0.4 时，相变材料的完全熔化时间为 1.53，接近于下一次热流密度变换。在此时间段，左侧热流密度为 0，固相相变材料仅能通过液相相变材料加热。但是，当周期为 0.3 时，完全熔化时间为 1.61，在 $(5t_f^*,6t_f^*]$ 的时间区间内。与周期为 0.4 的工况相比，在此阶段内，用于充分利用显热加热相变材料的时间缩短，导致相变次啊了的完全熔化时间增加。

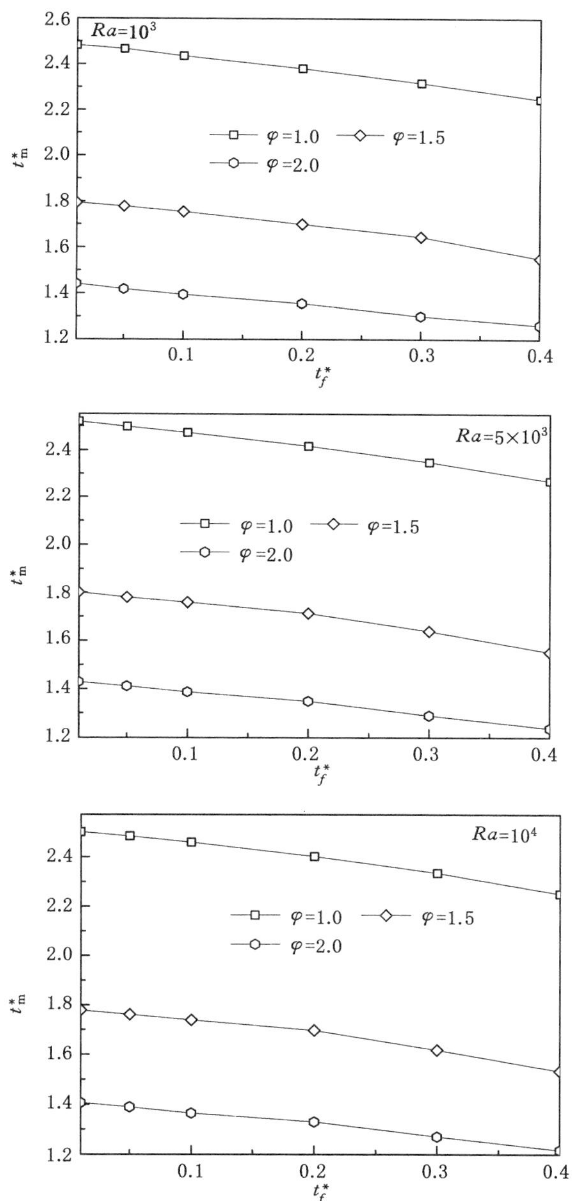

图 7-9　不同强化比例下间断式热流储热系统的完全熔化时间

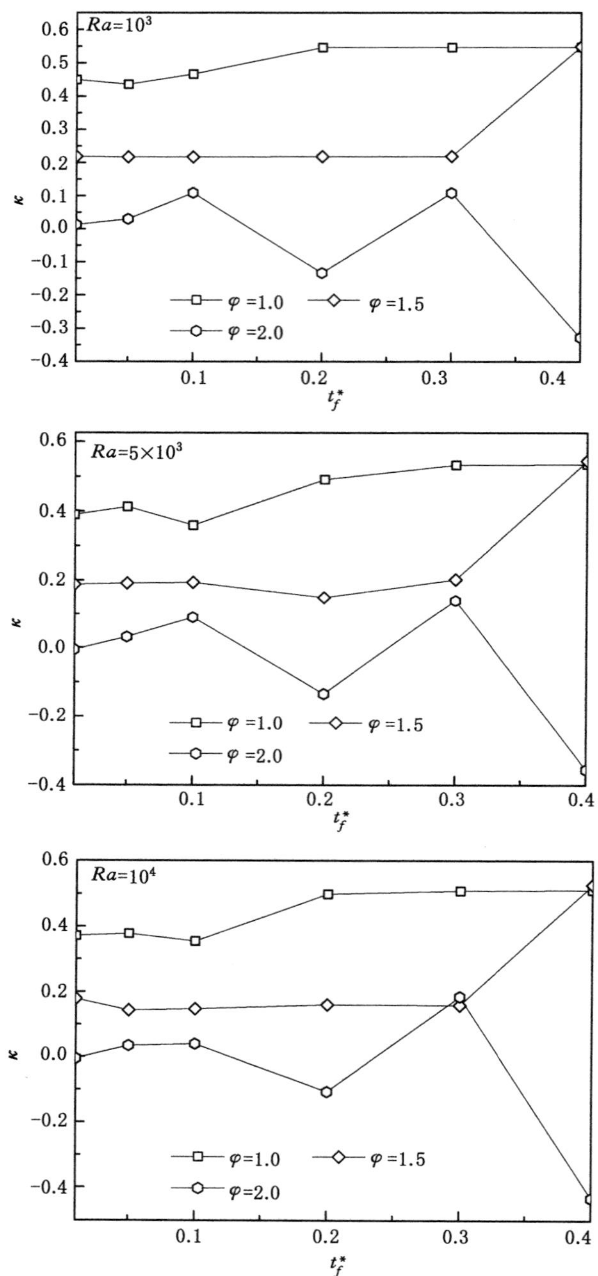

图 7-10　不同周期下间断式热流储热系统的最终温度相对变化量

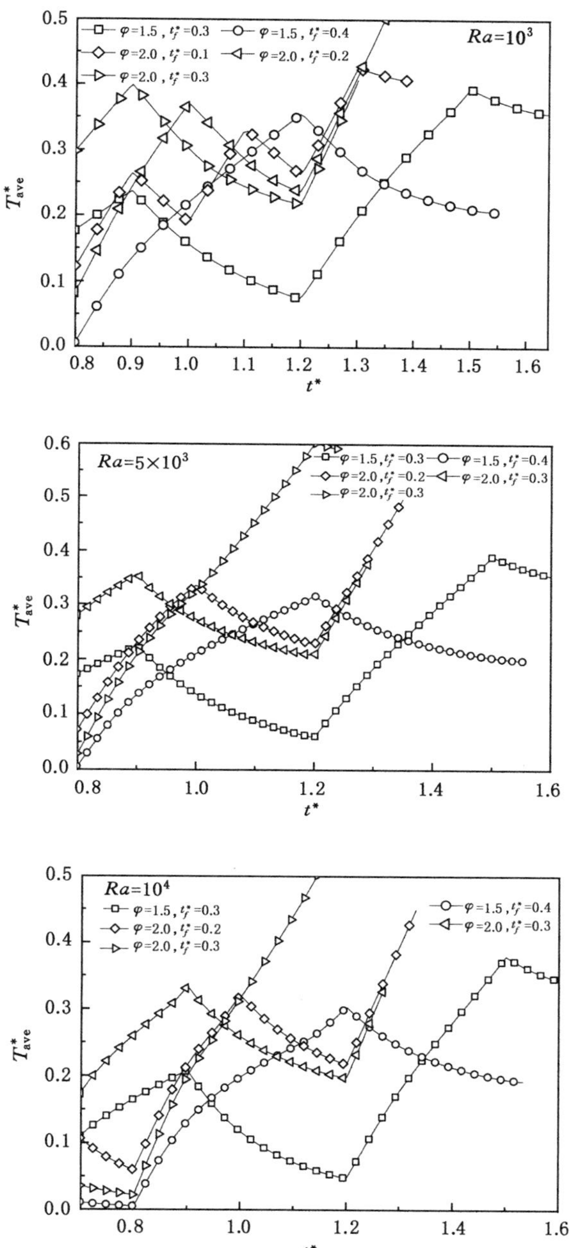

图 7-11　不同周期下间断式热流储热系统的平均温度

7.4 本章小结

本章提出了一种间断式热流储热系统，利用双储热罐的方式实现热流密度的间断式加热，并建立了简化后的间断式热流储热罐数值模型，研究了周期、Rayleigh 数和强化比例对储热性能的作用规律。结果表明，当强化比例为 1.0 时，施加间断式热流后储热罐的最终平均温度为恒定热流工况下的一半，但同时其完全熔化时间增加至 2 倍。此外，对于所有的 Rayleigh 数，延长热流密度的变化周期会降低相变材料的完全熔化时间。进一步，在引入热流密度强化比例后，在同等输入热量下，相对于恒定热流工况，在均匀温度分布的作用下，施加间断式热流加热方式的会降低香柏年材料的完全熔化时间。

第 8 章　固液相变模型在高导热肋片储热系统中的应用

8.1 引　　言

如图 1-1 所示，相变材料在相变时，以相变潜热的形式吸收或放出热量。基于这个特性，相变材料被广泛应用于热能存储中。相变材料普遍导热性能较差，难以满足恶劣工况下的快速散热需求。部分学者采用肋片的方法强化相变温控系统的传热性能。Ren 和 Chan[113] 在方腔竖直壁面中加入了导热肋片，利用格子 Boltzmann 方法研究了相变材料在方腔中的传热和相变过程。结果表明，在方腔左右两侧各增加了 3 个肋片时，相变材料的熔化速率增加了 40%。Rabienataj Darzi[175] 等在相变储能元件中加入了导热肋片，削弱了相变材料熔化过程中由于自然对流引起的热量积聚现象。Kamkari[176] 通过实验方法研究了方腔中无肋片、添加 1 个和 3 个肋片时的传热过程。结果表明，在肋片个数为 3 时，相变材料的熔化速率增加了近 50%。

本章针对相变材料控温系统，利用格子 Boltzmann 方法研究了相变材料温度调控特性，通过简化后的肋片模型，研究了肋片大小、位置等对相变材料熔化过程的影响规律。

8.2 高导热肋片储热系统数值计算模型构建

8.2.1 高导热肋片储热系统数值模型

本节中研究含肋片方腔中相变材料的固液相变过程，数值模型如图 8-1 所示。在方形腔体左侧壁面上设置有一肋片，并维持在高温 T_h，作为加热方腔内相变材料的热量来源（protruding heater），其余壁面设置为绝热。肋片位于离方腔底部 l_c 的左侧壁面处，其长和宽分别为 l_x 和 l_y。与 6.3 中一致，本节中考虑方腔倾斜对相变材料传热过程的影响。在方腔发生倾斜后，形成一

个大小为 θ 的夹角(方腔顺时针旋转,θ 减小;方腔逆时针旋转,θ 增加)。相变材料的初始温度为其相变温度,T_m。本节中的液相相变材料假设为不可压牛顿流体,且流动为层流,所受体积力仅有浮力项。本节中的宏观守恒方程如式(1-3)、(1-4)和(1-11)所示,对应的格子 Boltzmann 演化方程如式(1-20)和(1-45)所示。

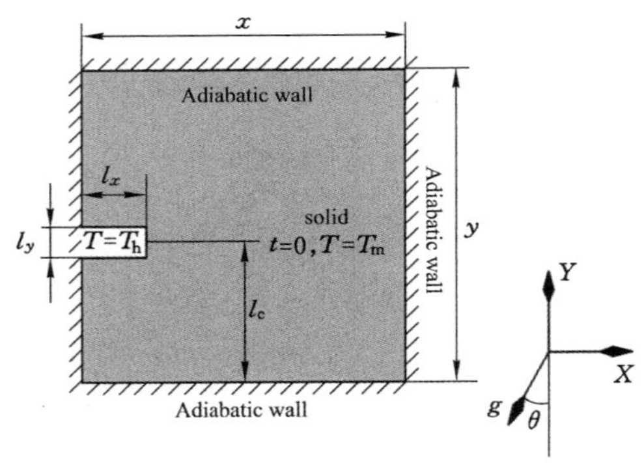

图 8-1　高导热肋片储热系统简化示意图

本节中的特征长度选取方腔的边长,肋片的无量纲尺寸及位置定义如下:

$$L_c = \frac{l_c}{L} \tag{8-1}$$

$$L_x = \frac{l_x}{L} \tag{8-2}$$

$$L_y = \frac{l_y}{L} \tag{8-3}$$

$$\psi_l = \frac{l_x}{l_y} \tag{8-4}$$

8.2.2　高导热肋片储热系统模型验证

本节中所用格子 Boltzmann 模型验证如所示。为确定本节所模拟数据的准确性,本小节中先对图 8-1 中的网格系统进行网格无关性检测。本小节测试了 5 种网格系统,分别是:90×90、120×120、150×150、180×180 和 210×210,计算结果如图 8-2 所示。结果显示,网格系统 150×150 和 180×180 所得的平均 Nusselt 数和总液相率相对误差分别为 0.65%和 0.08%。因此,本节中所用网格系统为 150×150。下文中,相变材料的 Prandtl 数和 Stefan 数分别为 1.0 和 0.1,系统的 Grashof 数设置为 5×10^4。

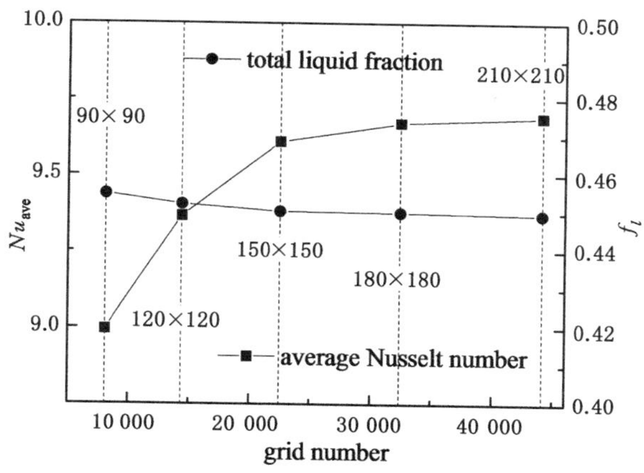

图 8-2　高导热肋片控温系统网格无关性检测

8.3　高导热肋片储热系统数值计算结果分析

8.3.1　肋片位置对固液相变的影响

本小节研究肋片位置对方腔内固液相变过程的影响规律。肋片的长宽比，φ_l，设置为 1，倾斜角度设置为 0（无倾斜）。肋片的无量纲宽度分别为 1/15、2/15、3/15 和 4/15。肋片位置变化范围为 0.22～0.78。不同肋片位置下的相变材料平均温度如图 8-3 所示。对于所有肋片宽度，在左侧壁面肋片从底部往上移动过程中，相变材料的平均温度变化趋势均是先增后减。当无量纲宽度为 3/15，肋片无量纲位置分别为 0.46、0.5 和 0.54 时，对应的相变材料平均温度为 0.385、0.399 和 0.396。当肋片的宽度增加时，由于肋片的尺寸对方腔内的自然对流影响增强，改变肋片位置所带来的影响尤为明显。当无量纲宽度为 4/15 时，将肋片从 0.22 移动至 0.42 可将相变材料的平均温度相对增加 49%。在无量纲宽度为 1/15，肋片从 0.22 移动至 0.3 时，相变材料的平均温度逐渐下降。此时继续往上移动肋片，相变材料的平均温度开始上升。在浮力作用下，液相相变材料会在热壁面处上升并在固液相变界面处下降，形成自然对流。同时，肋片自身会对相变材料的流动形成阻碍（如相变材料遇到肋片下壁面后发生回流）。在肋片从方腔底部往上移动的过程中，会逐渐削弱肋片下壁面对流动的阻碍作用，而增强方腔上部边界的阻碍作用。在肋片靠近下部时，前者的削弱作用占主导，因此，方腔的平均温度逐渐上升；在肋片靠近上部时，后者的增强作用占主导，方腔的平均温度下降。但是，在肋片尺寸较小时，其下壁面对流体的阻碍作用较小，肋片起始上升过程中的下壁面影响变化较小。此时，相变材料的平均温度略微下降。继续往上移动肋片后，肋片下壁面的影响持续削弱，使相变材料的平均温度上升。

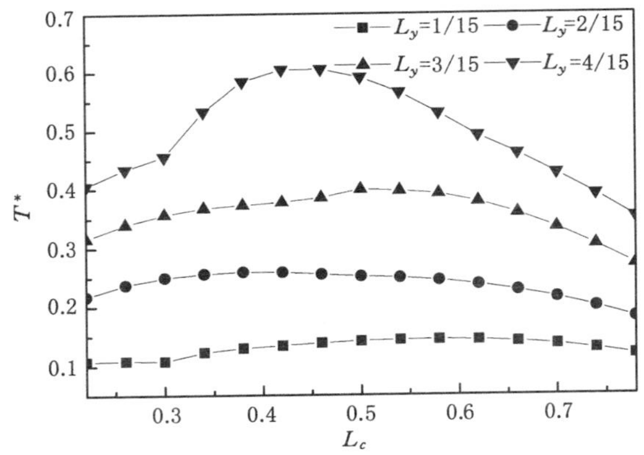

图 8-3　不同 L_c 下相变材料的平均温度($t^*=2$)

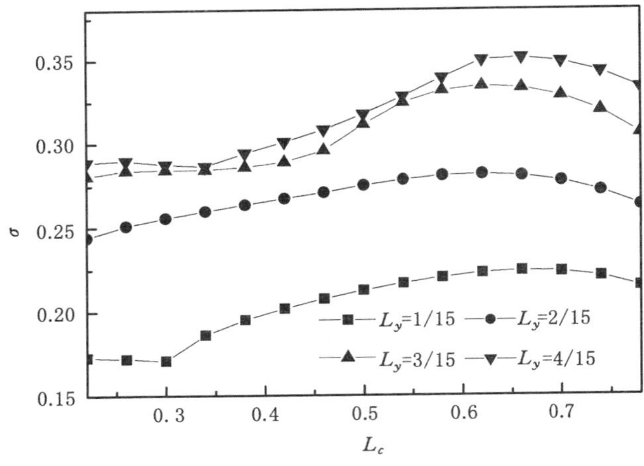

图 8-4　不同 L_c 下相变材料的温度标准差($t^*=2$)

图 8-4 为不同肋片位置下的相变材料温度标准差。与平均温度不同，在肋片无量纲宽度为 2/15 时，相变材料的温度标准差随肋片上移先增后减，并在 0.62处达到最大。在宽度为 1/15 和 4/15，肋片上移至 0.3 时，温度标准差均出现减小。在宽度为 1/15 时，肋片从底部上升过程中，由于相变材料的对流受到阻碍，其传热大部分来自于热传导，因此温度趋于均匀，温度标准差略微下降。

此时，继续上移肋片，由于相变材料对流增强，出现高温区，导致温度标准差增加。当肋片宽度为 4/15 时，由于肋片尺寸较大，方腔内流体区域被肋片划分为两部分。在起始上升阶段，虽然相变材料受到自然对流的增强作用(导致温度不均匀)，但肋片的上壁面和下壁面同时对相变材料的加热会减小温度差异，使材料温度趋于均匀。因此，肋片尺寸越大，在起始阶段温度标准差的变化越平缓，并可能出现下降趋势。

图 8-5 为不同肋片位置下的相变材料液相率。

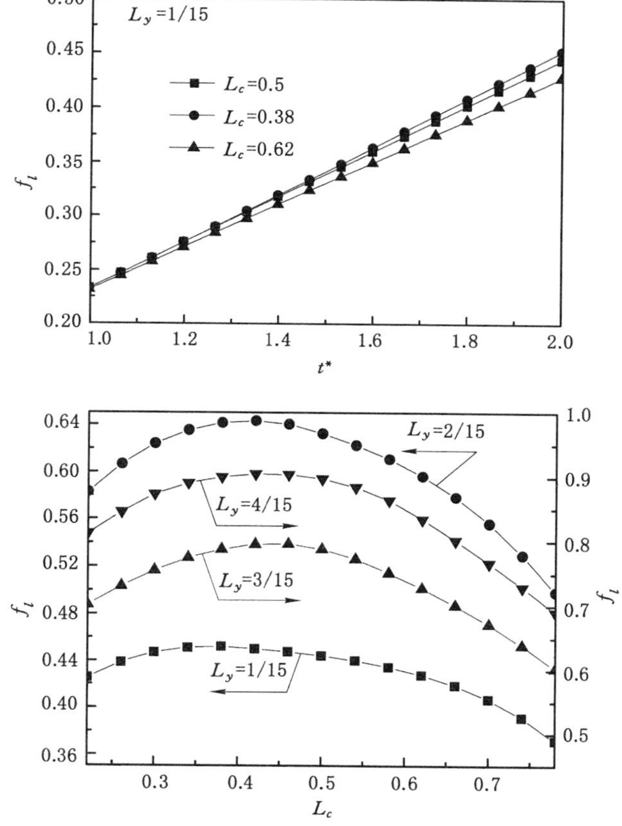

图 8-5　液相率随(a)时间和(b)L_c 的变化($t^*=2$)

在同一时刻，肋片在左侧壁面往上移动的过程中，其液相率先增后减。在无量纲宽度为 1/15，肋片位置为 0.3、0.38 和 0.46 时，对应的相变材料液相率分别为 0.447、0.452 和 0.448。如图 8-6 所示，在宽度为 1/15 时，相变潜热比例随着肋片位置先增后减，并在 0.3 处达到最大。结果表明，在肋片起始上移阶段，从肋片传递的大部分热量用于相变材料从固相转化为液相，因此其平均温度减小(图 8-3)。除此之外，由于相变潜热吸收了大部分热量，相变材料的温度变化不大，其对应的温度分布更均匀(图 8-4)。在肋片位于 0.3 后继续上移，令相变潜热的比例下降，使肋片的热量用于使相变材料升温的比例上升，材料平均温度上升，而液相率有所下降。除此之外，增加肋片尺寸虽然可以提高相变材料的熔化速率，但同时，相变材料吸收的热量更多份额被用于使相变材料升温，即对应的相变材料潜热比例下降。综上，将肋片从中心位置往下移动可强化相变材料的传热。在宽度为 1/15 时，将肋片从 0.5 移动至 0.38，相变材料的液相率相对增加了 0.01。

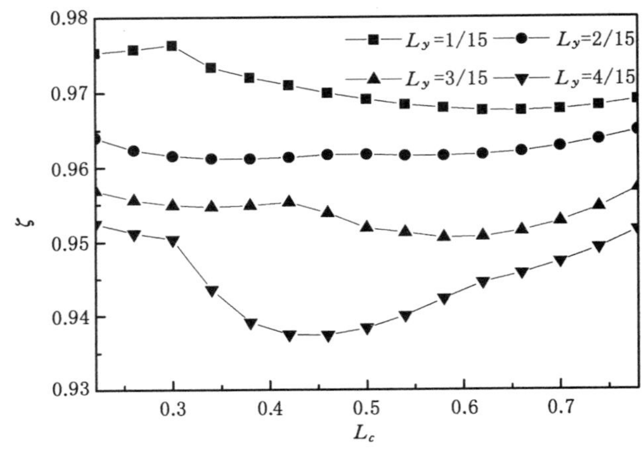

图 8-6　不同 L_c 下的相变潜热比例($t^*=2$)

图 8-7 为肋片的平均 Nusselt 数，由肋片的上、右和下壁面计算而来，对应的三个壁面平均 Nusselt 数如图 8-8 所示。如前所述，本节中的平均 Nusselt 数即为相变材料的无量纲温度梯度，即壁面的传热速率。图 8-8(a)中显示，在 $t^*<0.8$ 的阶段，壁面的平均 Nusselt 数差别不大。但是，当肋片位于 0.62 时，在 $t^*>0.8$后平均 Nusselt 数开始下降。此时，壁面传热速率减慢，相变材料的熔化速率减慢。肋片位于 0.5 和 0.38 时的平均 Nusselt 数下降时间分别为 1.2 和 1.7，其对应的熔化速率较高，因此在同一时刻的液相率高于肋片位于 0.62 时的液相率。在肋片宽度为 1/15 时，壁面的平均 Nusselt 数随肋片位置先增后减。平均 Nusselt 数的变化来自于肋片三个壁面的传热速率变化，如图 8-8 所

示。在肋片从下部往上移动的过程中，由于肋片上壁面和右壁面附近流体受到方腔上部壁面的影响，因此肋片上壁面和右壁面的传热速率（平均 Nusselt 数）逐渐下降。相反，肋片下壁面在上移过程中，与方腔下壁面的距离逐渐增加，其附近的自然对流强度逐渐加强，使下壁面在上移至中部前平均 Nusslet 数逐渐增加。在肋片靠近上部时，流体的自然对流影响肋片下壁面的传热，使下壁面的传热速率略微下降。

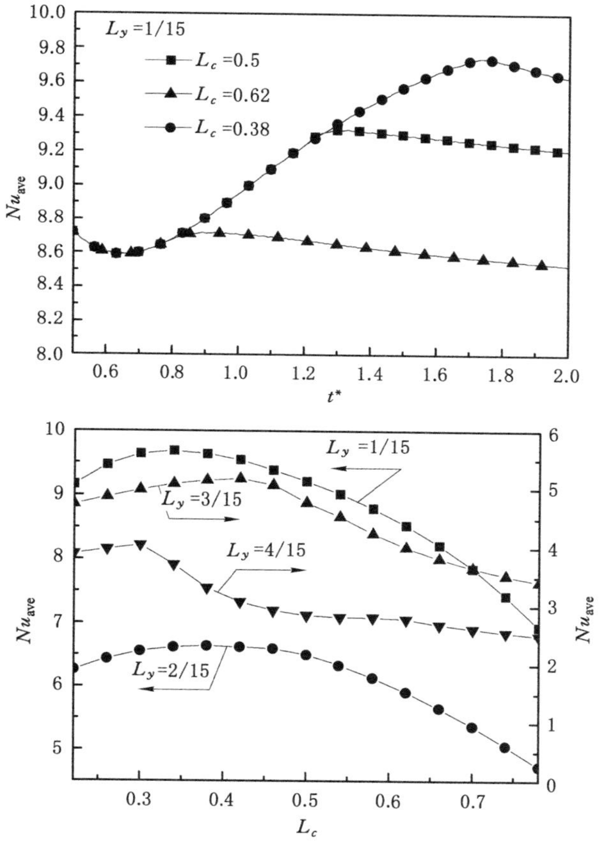

图 8-7　均 Nusselt 数随(a)时间和(b)L_c 的变化($t^*=2$)

图 8-9 为相变材料在不同肋片位置时的温度分布云图和固液相变界面位置，肋片宽度为 1/15，长宽比为 1。如前所述，在浮力作用下，方腔内相变材料的自然对流使方腔上部出现高温流体。在肋片往上移动后，再度增强了熔化过程中的方腔上部的热量积聚现象。如图 8-9 中肋片位于 0.66 时上部区域相变材

料的温度明显较高，且上部的固液相变界面位置较其余位置离右侧壁面近。在肋片移动至0.78时，肋片过于靠近上部壁面，其过度的热量积聚减慢了相变材料的熔化过程。相反，将肋片设置于靠近方腔下部可有效削弱热量积聚，并使其温度分布更均匀。

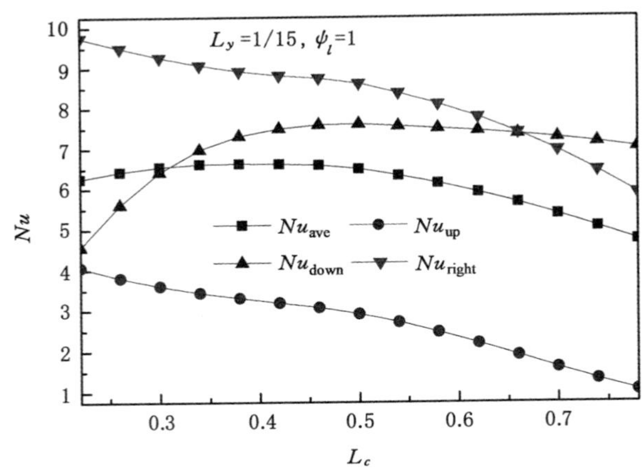

图 8-8 不同 L_c 下的肋片壁面平均 Nusselt 数($t^*=2$)

本小节还研究了相变材料在不同肋片长宽比 φ_l 下的相变材料熔化过程。液相率曲线如图 8-10 所示。在肋片往上移动的过程中，液相率均是先增后减，并在肋片长度增加后，其变化趋势越发明显。图 8-11 是不同长宽比下的相变材料温度分布云图和固液相变界面位置。由于肋片长度增加，其自身对相变材料的自然对流阻碍作用亦有所强化。下壁面加热后流体会受到肋片的阻碍，当肋片靠近下部时热流体会在肋片下部积聚，使下部温度升高。

8.3.2 倾斜角度对固液相变的影响

本小节与6.3一致，研究在不同倾斜角度下含肋片方腔内的熔化过程，倾斜角度范围为$-60°\sim60°$。肋片宽度设置为1/15，长宽比为1。图 8-12 为不同倾斜角度下的相变材料平均温度。在肋片位于0.62时，相变材料平均温度随倾斜角度的增加而先增后减。其余位置下平均温度均在倾斜角度从30°增加至45°时发生剧烈变化，尤其是在肋片位于0.74时。倾斜角度为30°、45°和60°时，对应的平均温度分别为0.133、0.121和0.132。如上文所述，肋片自身会对相变材料的流动造成影响，在方腔发生倾斜时，流体上浮路径发生改变。在方腔逆时针旋转45°时，肋片下壁面熔化后的相变材料在上升过程中受到下壁面的阻碍作用。同时，加热后相变材料上浮过程中，在相变界面处会对固相相变材料进行

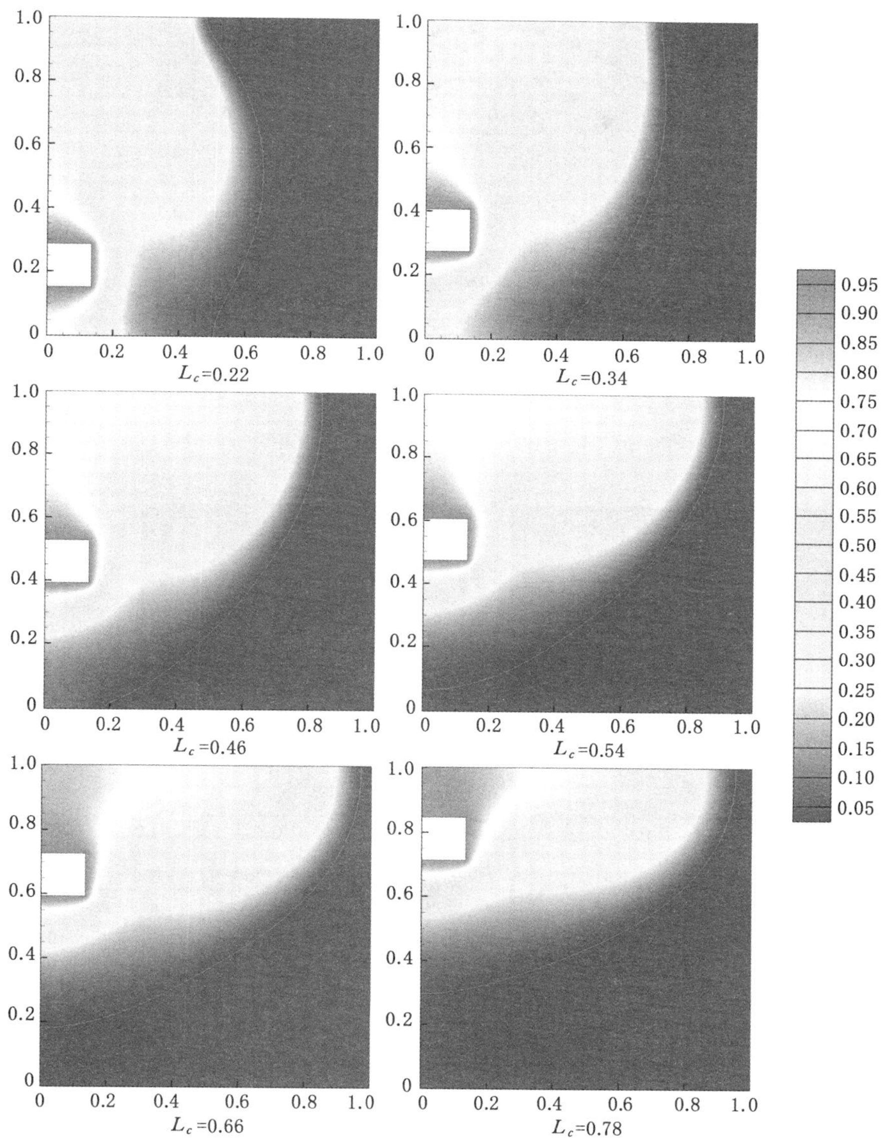

图 8-9　不同 L_c 下的温度分布云图($t^*=2$)

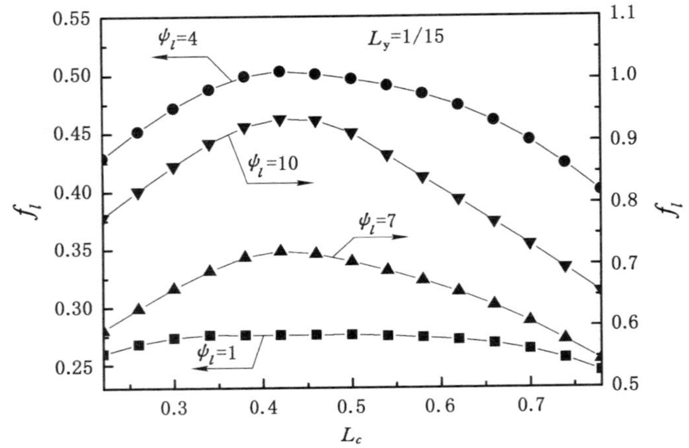

图 8-10 不同下 ψ_l 液相率随 L_c 的变化($t^*=1.2$)

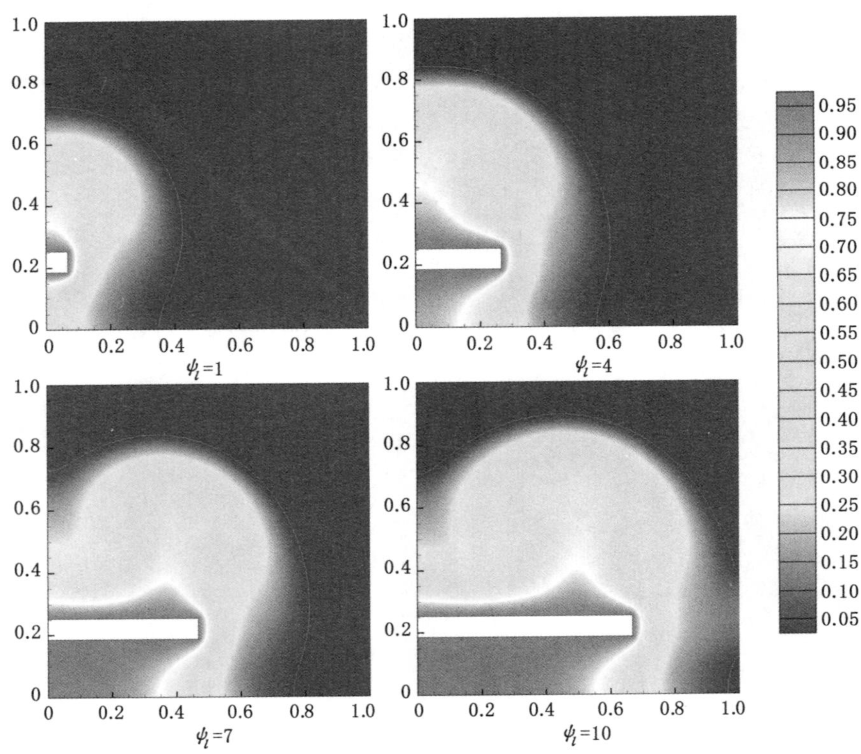

图 8-11 不同 ψ_l 下的温度分布云图($t^*=1.2$)

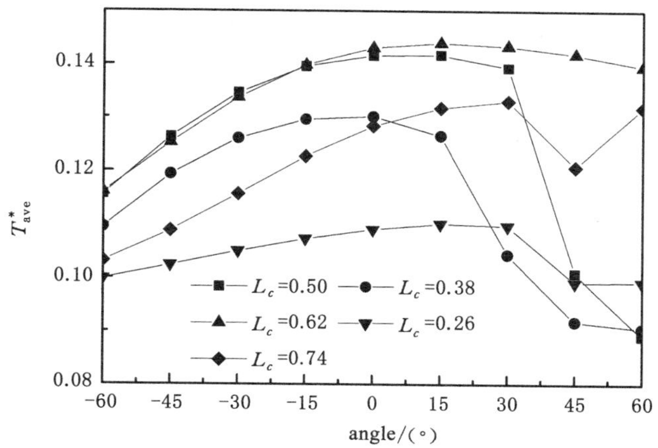

图 8-12　不同角度下的相变材料平均温度($t^*=2.0$)

加热,并同时受到方腔上壁面和右侧壁面的影响,使对流变弱,平均温度下降。此时,继续逆时针旋转方腔,相变材料受到肋片下壁面和方腔上壁面的影响减少,对流增强,因此平均温度上升。

图 8-13 为不同倾斜角度下的相变材料温度标准差。在固定了肋片位置后,随着方腔倾斜角度的增加,相变材料的温度标准差先增后减。与图 8-12 中的平均温度一致,在倾斜角度从 30°增加至 45°时,相变材料的温度均匀性变化剧烈。当肋片位于 0.74,倾斜角度分别为 30°、45°和 60°时,对应的相变材料温度标准差为 0.212、0.202 和 0.205。当肋片位置为 0.5 时,同样的倾斜角度对应的相变材料温度标准差为 0.206、0.163 和 0.147。如前所述,相变材料在方腔发生倾斜后,其从肋片(加热壁面)处上升的路径发生改变。当肋片位于 0.74,将倾斜角度从 30°增加至 45°时,肋片壁面对相变材料的对流影响增加,使相变材料的自然对流变弱,温度变得更均匀,温度标准差减小。

图 8-14 为不同方腔倾斜角度下的相变材料液相率。在无倾斜情况下,顺时针旋转方腔会增强方腔和肋片壁面对相变材料自然对流的阻碍作用,削弱自然对流强度,使相变材料的熔化速率减慢,在同一时刻的液相率减小。当肋片位于 0.5,倾斜角度从 0 减小至−60°时,相变材料的液相率相对减小了 10%。但是,倾斜角度分别为 30°、45°和 60°时,肋片处于 0.74 的对应液相率分别为 0.42、0.40和 0.43。这是由于方腔倾斜后改变了肋片和方腔自身对相变材料自然对流的影响,使方腔倾斜角度从 30°增加至 45°时相变材料的液相率略微下降。

图 8-15 为肋片的平均 Nusselt 数和三个壁面的平均 Nusselt 数。与前文所

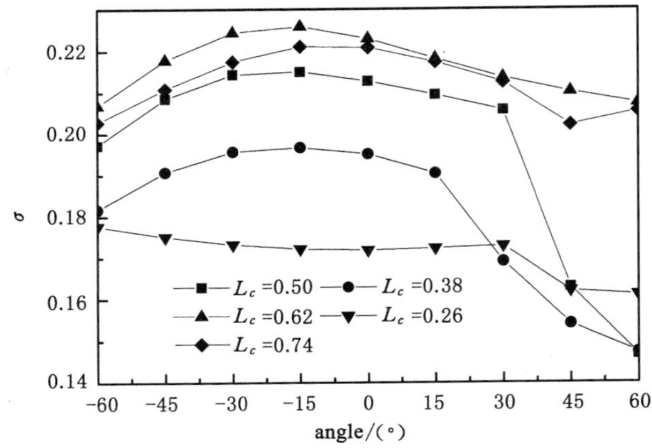

图 8-13　不同角度下的相变材料温度标准差($t^*=2.0$)

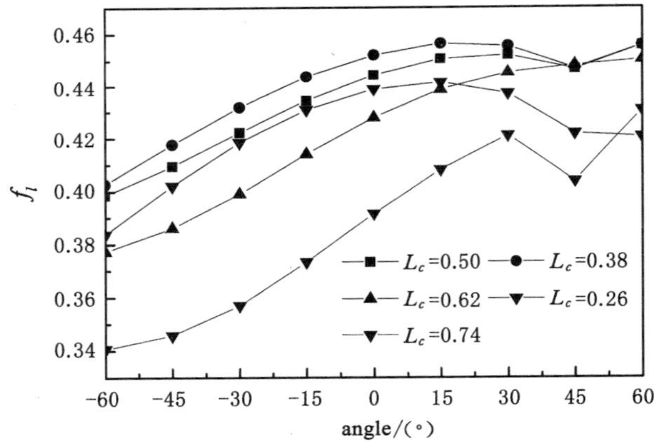

图 8-14　不同角度下的相变材料液相率($t^*=2.0$)

述一致，在倾斜角度较小时(方腔顺时针倾斜)，逆时针旋转方腔可以有效削弱方腔对相变材料自然对流的阻碍作用，增强相变材料的自然对流强度，使壁面的传热速率上升，平均 Nusselt 数上升。但是，当倾斜角度在 30°～60°范围内变化时，壁面的平均 Nussel 数出现先减后增的趋势。以肋片处于 0.5 时为例，肋片三壁面的平均 Nusselt 数如图 8-15(b)所示。假设相变材料从肋片上壁面至方腔壁面的竖直距离为 L_u，相变材料从肋片右壁面至方腔壁面的竖直距离为 L_r。在方腔倾斜角度从 30°增加至 60°的变化过程中，L_u 的大小持续增加，因此，其对应的肋片上壁面平均 Nusselt 数随倾斜角度增加。同时，在倾斜过程中，肋片右

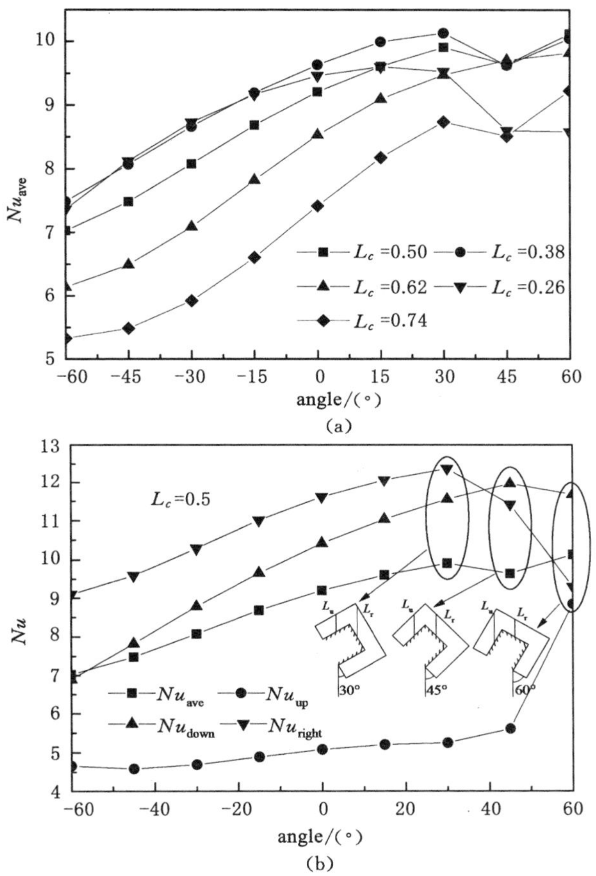

图 8-15 不同倾斜角度下的(a)肋片平均 Nusselt 数及(b)三壁面平均 Nusselt 数($t^*=2.0$)

壁面的距离 L_r 持续下降,肋片右壁面的平均 Nusselt 数亦随之下降。在倾斜角度从 30°增加至 45°时,肋片右壁面的变化占主导,总 Nusselt 数下降;倾斜角度继续增加至 60°时,肋片上壁面的变化较大,总 Nusselt 数增加。

图 8-16 为不同倾斜角度下的相变潜热比例。其中,除肋片位于 0.26 时,随倾斜角度增加,相变潜热的比例先减后增。当倾斜角度在 30°～60°范围内发生变化时,相变潜热比例变化增加。由于本节中的 Stefan 数较小,即单位质量的潜热相对于显热较大,比例 ζ 受到相变潜热的影响较大。在肋片位于 0.26 时,由于肋片靠近方腔下部,在倾斜过程中,相变材料的熔化速率的变化较大,如图 8-14,而对应的平均温度受倾斜角度的影响较小。因此,肋片位于 0.26 的潜热

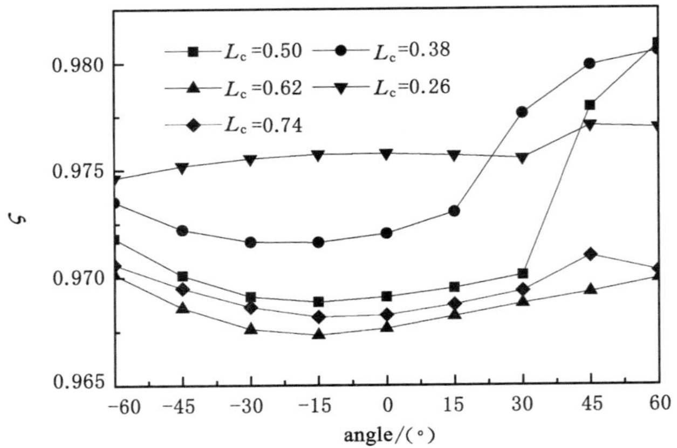

图 8-16 不同角度下的相变潜热比例(t^* =2.0)

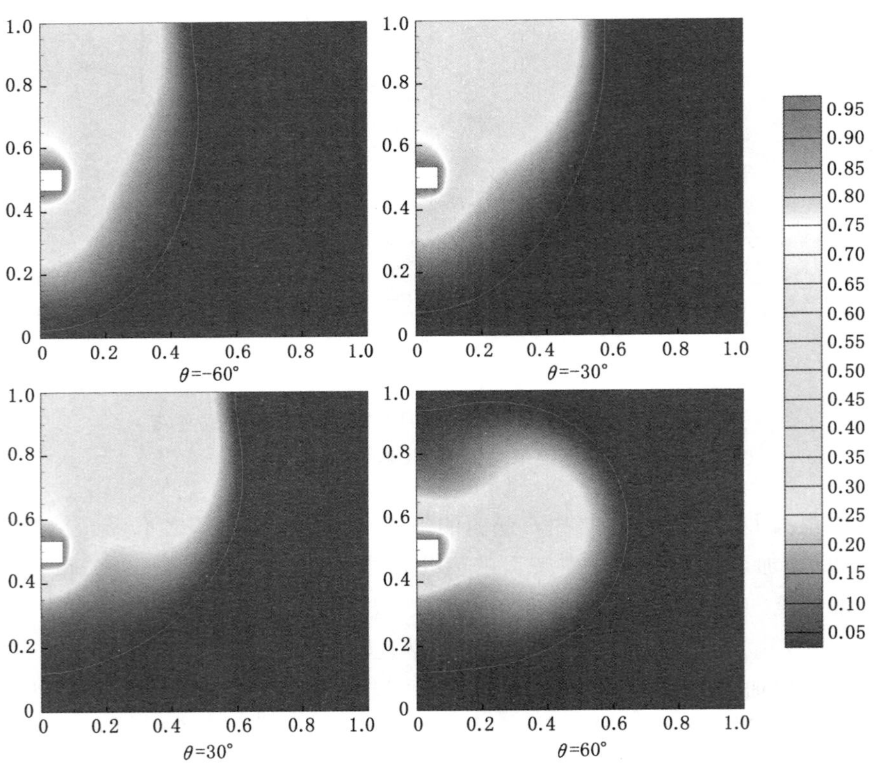

图 8-17 不同角度下的温度分布云图(t^* =2.0)

比例变化趋势与其余位置不一致。图 8-17 为肋片位于 0.5 时不同倾斜角度下的相变材料温度分布云图和固液相变界面位置。如前所述,在浮力的作用下,相变材料会在热壁面处上升,遇到固相相变材料或方腔后下降,形成自然对流。在倾斜角度为$-60°$时,由于浮力方向改变,方腔下部的相变材料熔化加快。在倾斜角度增加时,相变材料下部的熔化减慢,上部材料熔化逐渐加快。在倾斜角度增加至 60°时,相变材料熔化脱离壁面,其对流情况逐渐类似于 Rayleigh - Bénard 自然对流。

8.4 本章小结

本章相变材料应用于储热系统,研究了肋片位置和方腔倾斜角度对传热传质的强化规律。结果表明,相变材料的自然对流不但受自身固液相变边界和方腔壁面的影响,亦受到肋片壁面的影响。将肋片从中心位置往下移动可有效延长相变材料从肋片至方腔上部的距离,强化相变材料的自然对流。在肋片过于靠近方腔上部(下部)时,上部(下部)相变材料的流动距离变短,受壁面的阻碍作用增加,使熔化减慢。在肋片固定时,倾斜方腔会改变相变材料的流动路径。在肋片靠近上部时,将方腔倾斜角度从 30°增加至 45°会强化肋片上壁面换热并同时弱化右壁面换热。此时后者占主导,肋片加热速率下降,使相变材料熔化减慢。继续将方腔旋转至 60°时,上壁面传热变化占主导。肋片对相变材料的加热速率增加,相变材料熔化加快,平均温度上升。

第9章 固液相变模型在多孔介质控温系统中的应用

9.1 引言

相变材料已被广泛应用于锂离子电池热管理，以保持电池的温度，防止由于电池热失控所导致的电池自燃甚至是爆炸[177,178]。

多孔介质提供了防止泄漏的高导热框架。Wang 等[179]证明相变材料/泡沫铝复合材料的有效导热系数几乎是纯相变材料的 218 倍，且电池热管理的传热性能得到了显著提高。Li 等[180]提出基于相变材料/铜泡沫的方形电池热管理，发现在放电过程中，泡沫铜显著降低了电池的温度。Ling 等[181]研究了相变材料/膨胀石墨在低温下的热管理性能。结果表明，随着导热系数的降低，降温过程将会延长。

部分学者利用数值计算的方法研究基于多孔介质/相变材料的相变材料的传热过程。Qu[35]提出了基于代表性单元体积表征体元尺度的相变材料/金属泡沫电池热管理数值模型。Alshaer[182]提出了另一种考虑热力学平衡的相变材料/碳泡沫表征体元模型，该模型通过插入纳米炭管提高了相变材料的导热系数。

本章研究了拓宽了多孔介质相变材料在电池热管理中的应用，构建了孔隙尺度下多孔介质相变材料热管理数值计算模型，研究了孔隙率、Rayleigh 数等对液相率、平均温度和温度标准差的影响。

9.2 多孔介质控温系统数值计算模型构建

9.2.1 多孔介质控温系统数值模型

使用相变材料/多孔介质的电池热管理模型如图 9-1 所示。半径为 r 的圆柱形电池被相变材料包围。电池外边界维持在高温 T_h。电池热管理系统的外边界是保持绝热，外边界长度为 L 且 $r/L=0.22$。在初始阶段，固相相变材料处于相变温度。

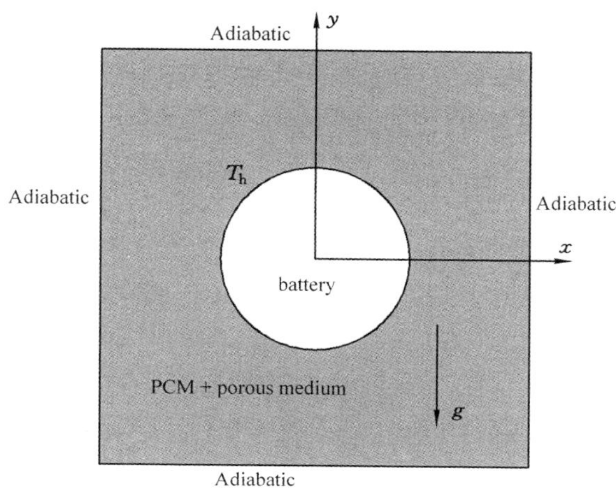

图 9-1　使用相变材料/多孔介质的电池热管理示意图

本章选择石蜡作为相变材料,多孔介质为泡沫铝。材料的热物性如表 9-1 所示。本章假设液相相变材料的热物性与固相相变材料相同,且热管理内的液相相变材料是牛顿不可压缩流体,流动状态为层流。本章采用第三章的数值模型进行求解。

表 9-1　材料的热物性

材料	λ/ $(J \cdot m^{-1} \cdot K^{-1})$	ρ/ $(kg \cdot m^{-3})$	C_p/ $(J \cdot kg^{-1} \cdot K^{-1})$	h_{sl}/ $(J \cdot kg^{-1})$	μ/ $(Pa \cdot s^{-1})$
石蜡	0.21	930	1 600	195 000	9.2×10^{-4}
泡沫率	237	2 700	880	—	—

多孔结构采用四参数随机生长法生成[183]。图 9-2 为 QSGS 法生成的多孔介质。蓝色区域为相变材料或电池,红色区域为多孔介质,ε 为孔隙率。

9.2.2　曲线边界条件

传统的格子 Boltzmann 方法采用的是正方形网格,对于曲线边界需要额外进行插值处理。本节中使用 Khazaeli 等[73]提出的虚拟节点插值法处理电池外边界,其示意图如图 9-3 所示。其中,实心方形节点为流体节点 FP,参与分布函数的碰撞和迁移。实线为固体边界,圆形节点为非流体节点(固体节点)。在演化方程的迁移步中,靠近固体边界的流体节点部分信息更新需要固体节点的信

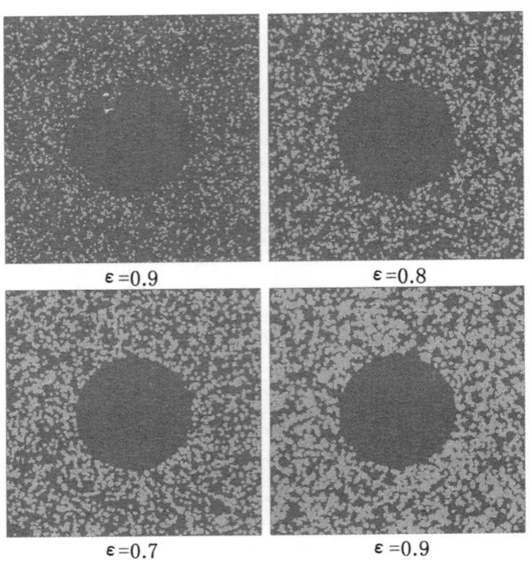

图 9-2　QSGS 法生成多孔介质示意图(点状部分为多孔介质,其余是相变材料或电池)

息,即其对应的关联固体节点(空心圆形节点 GP)。为获得 GP 上的分布函数,可将其看作流体节点的外推节点,其对应流体节点为 IP(IP 与 GP 关于边界曲线对称)。IP 的物性可由插值方法由邻近流体节点 NP_k(k 为插值节点编号)通过数值插值方法求得:

$$\Gamma_{IP} = \sum_{k=1}^{4} \delta_k \Gamma_{\mathrm{NP}_k} \tag{9-1}$$

Γ 可为温度、速度等值。插值系数 δ_k 由不同的插值方法决定,本节中采用反距离加权平均法,其定义为:

$$\delta_k = \beta_k \frac{1}{d_k^2} \left(\sum_{k=1}^{4} \beta_k \frac{1}{d_k^2} \right)^{-1} \tag{9-2}$$

其中,d_k 为 IP 到 NP_k 的距离。β_k 为修正系数,当 NP_k 为流体节点时,$\beta_k=1$;当 NP_k 为固体节点时,$\beta_k=0$。若距离 d_k 满足 $d_k/\sqrt{\Delta x^2+\Delta y^2}\leqslant 10^{-6}$,则 Γ_{IP} 可直接近似为对应插值节点的值。在通过插值方法获得了 IP 的物理量之后,可通过固体边界的边界条件获得对应 GP 的物理量。对于第一类边界条件,有:

$$\Gamma_{GP} = 2\Gamma_{BI} - \Gamma_{IP} \tag{9-3}$$

BI 为固体边界上的点。对于第二类边界条件,有:

$$\Gamma_{GP} = \Gamma_{IP} - \Delta l \left(\frac{\partial \Gamma}{\partial n} \right)_{BI} \tag{9-4}$$

式中,$(\partial\Gamma/\partial n)$即为边界上的物理量梯度;$\Delta l$ 为 GP 和 IP 的距离。获得 GP 的

物理量，GP 的密度直接采用对应 IP 的密度，即：

$$\rho_{GP} = \rho_{IP} \tag{9-5}$$

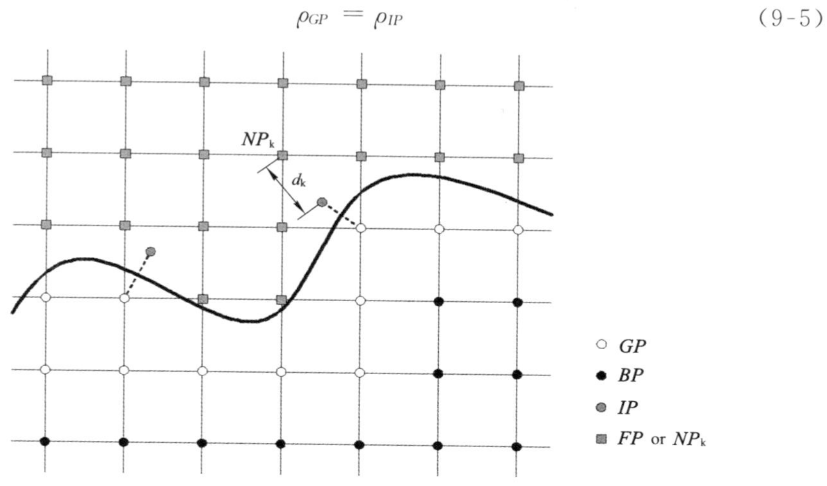

图 9-3　虚拟节点边界条件示意图

在已知 GP 的宏观物理量后，可将式(1-50)的非平衡外推法推广至虚拟边界条件中，将 GP 分布函数划分为平衡态部分和非平衡态部分。其中，平衡态部分由 GP 的宏观物理量通过平衡态分布函数求得，而非平衡态部分，则可通过将(9-1)中的Γ替换为非平衡态分布函数求得。通过联立平衡态函数和非平衡态分布函数，即可获得 GP 的分布函数。

9.2.3　模型验证

为验证 9.2.2 中所述的格子 Boltzmann 模型，本小节中对含内热源的同心圆中的流动传热问题进行求解，其示意图如图 9-4 所示。在半径为 R_{in}的和半径为 R_{out}的两同心圆间充满了流体。其中，内圆维持在温度 T_{in}，外圆的温度为 T_{out}。两圆之间的流体具有大小为 Q 的热源。除此之外，内圆以大小为 ω_{in} 的角速度旋转，外圆保持静止。根据边界条件，可得两圆间流体的速度和温度解析解为：

$$u(r) = R_{in}\omega_{in} \frac{R_{out}/r - r/R_{out}}{R_{out}/R_{in} - R_{in}/R_{out}} \tag{9-6}$$

$$\frac{\lambda T(r)(T_{in} - T_{out})}{4QR_{out}^2} = -\frac{(R/R_{out})^2}{4} + C\ln(R/R_{out}) + \frac{1}{4} \tag{9-7}$$

其中，参数 C 由下式得到：

$$C = \frac{\left(\frac{\lambda T_{in}(T_{in} - T_{out})}{4QR_{out}^2}\right) + \frac{1}{4}\left(\frac{R_{in}}{R_{out}}\right)^2 - \frac{1}{4}}{\ln(R_{in}/R_{out})} \tag{9-8}$$

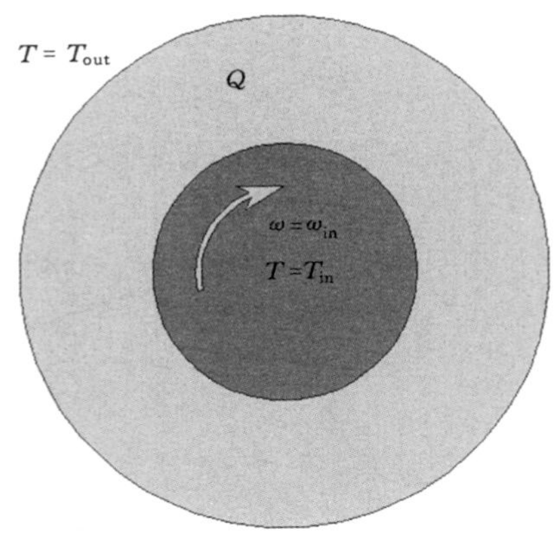

图 9-4　含内热源的同心圆数值问题示意图

Reynolds 数的定义为：

$$Re = (R_{out} - R_{in})\omega_{in}R_{in}/\nu \tag{9-9}$$

图 9-5 为 Reynolds 数为 10 时的速度和温度分布。图中结果显示，由于内热源的作用，两圆间温度场中靠近内圆的位置温度较高。本节中的格子 Boltzmann 模型结果与解析解吻合良好，速度分布和温度分布的误差均在 3% 以内。由于本节中采用的是单相模型，因此本小节结果可证明本节模型的正确性。

为保证本章温控数值计算模型的精度，先对数值模型进行网格独立性测试。当网格系统($x \times y$)为 100×100、200×200、300×300、400×400、500×500 和

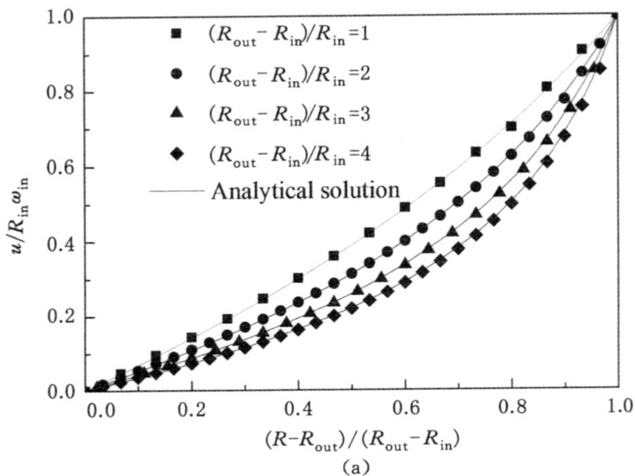

图 9-5　虚拟节点边界求解结果与解析解对比

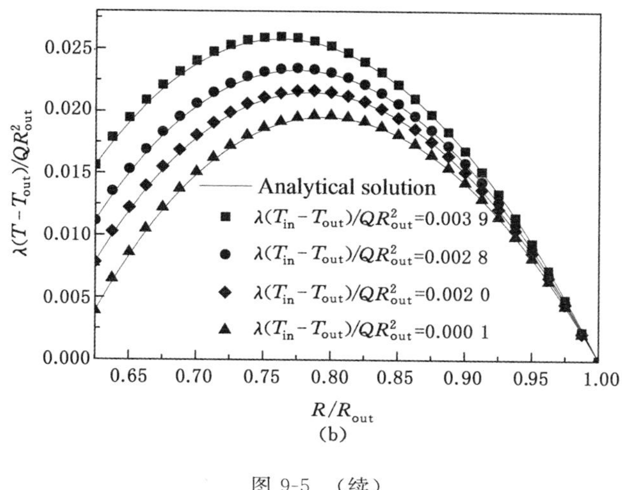

(b)

图 9-5 （续）

600×600 时，Rayleigh 数为 10^5 时（本书最大值）的纯相变材料熔化总时间分别为 0.832、0.750、0.632、0.630、0.628 和 0.627。由于 500×500 与 600×600 的网格系统的相对误差小于 1%，因此，本章采用 500×500 的网格系统。

9.3 多孔介质控温系统数值计算结果分析

9.3.1 孔隙率对固液相变温控性能的影响

本节设置 Rayleigh 数为 10^4，Stefan 数固定为 1。不同孔隙率下液相率的变化如图 9-6 所示。在圆柱形电池的加热下，相变材料吸收能量，由固相转化为液相，导致液相率增加。受自然对流的影响，高温相变材料向上流动并在热管理顶部积聚，导致了熔化速率的降低。从图 9-6 中可以看出，当无量纲时间为 0.41 时，液相率的上升速率（曲线斜率）从 1.31 下降到 0.52。已知电池产生的热量由相变材料显热和潜热两部分消耗。如上文所述，相变材料的特性之一是相变过程中温度的变化很小。当相变材料转化为液相，吸收的能量就会被显热消耗，温度就会出现明显升高，如图 9-7 所示。

多孔介质的加入加速了相变材料熔化过程。如图 9-6 所示，纯相变材料的完全熔化时间为 0.775。加入孔隙率为 0.9 的多孔介质后，熔化时间缩短到 0.592。此外，孔隙率越小，熔化速度越快。孔隙率分别为 0.8、0.7 和 0.6 时，完全熔化时间分别为 0.440、0.325 和 0.190。从图 9-7 可以看出，多孔介质相变材料的升温速率比纯相变材料的升温速率大得多。纯相变材料和孔隙率为 0.8、

0.7、0.6 多孔介质相变材料的无量纲温度达到 0.4 的时间分别为 0.41、0.33、0.23、0.17 和 0.11。温度和液相率上升速率越快，换热速率越快，即相变材料/多孔介质对于电池具有更优异的热管理性能。

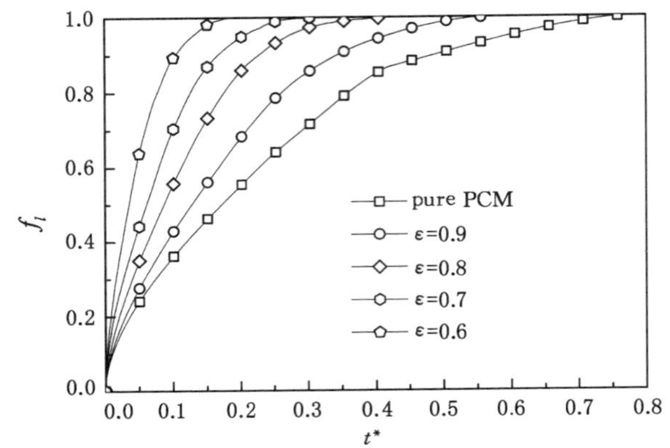

图 9-6　不同孔隙率下液体组分的变化（Rayleigh 数为 10^4）

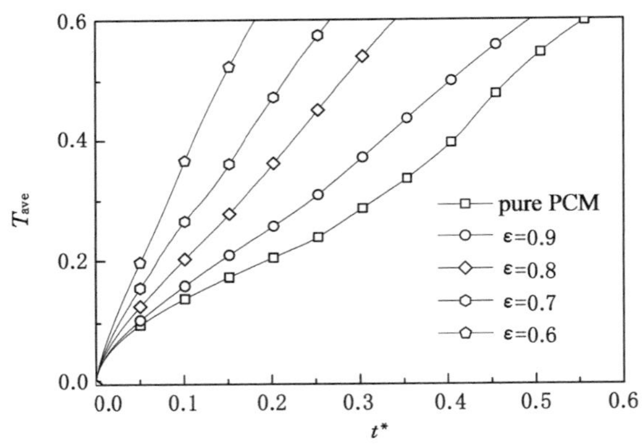

图 9-7　平均温度随孔隙率的变化（Rayleigh 数为 10^4）

温度和液相率的分布云图如图 9-8 所示。当 $t^*=0.1$ 时，传热主要以热传导为主导。因此，纯相变材料的固液相变界面是圆形的，近似于圆柱形电池形状。然而，当孔隙率为 0.9 时，如图 9-8(b)所示，由于多孔介质的加快相变材料熔化速率，固液界面并不光滑。此外，在孔隙率为 0.7 时，右方区域的相变材料熔化速度更快，而在孔隙率为 0.6 的情况下，右下区域的相变材料熔化速度更快。

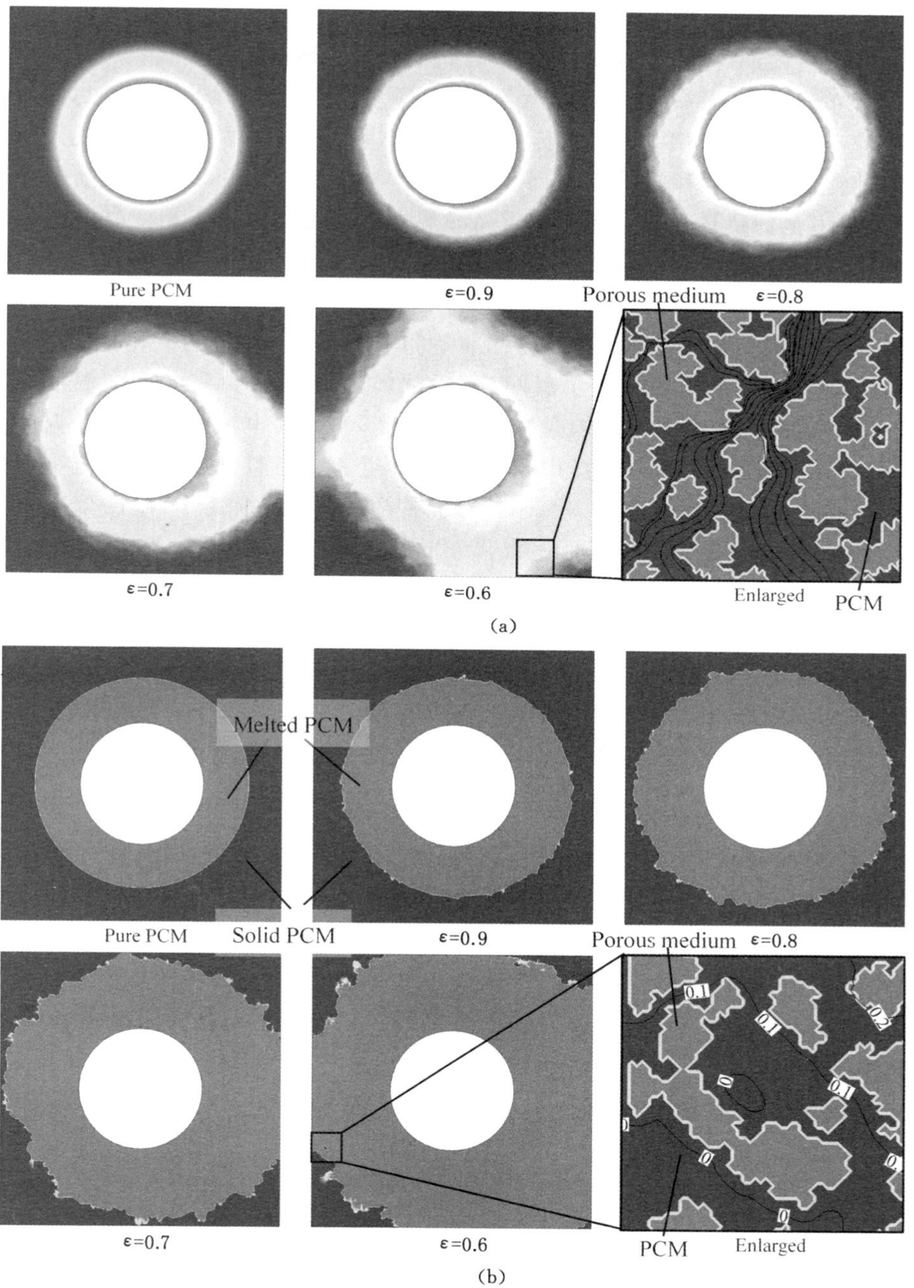

图 9-8　(a)不同孔隙率下温度和(b)液体分数的分布云图($Ra=10^4$，$t^*=0.1$)

如图 9-2 所示，当孔隙率为 0.7 时，右侧区域的多孔介质较多，热量通过高导热骨架更快地传递到右侧。即相变材料的固液相变界面的形状取决于多孔介质的分布。如图 9-8(a)的局部放大图所示，受多孔介质的影响，在接近封闭的孔隙中流动较为薄弱，仅能通过热传导的方式传递热量。在图 9-8(b)的放大图显示在熔化后的相变材料内部有一个低温区，这是由于多孔介质具有较高的导热性，来自电池的热量将通过多孔介质高导热框架传递。热量在相变材料的传递速率远低于多孔介质，热量绕过相变材料往远处的多孔介质传递，出现“环绕式”相变，出现低温区。

不同孔隙率下的相变材料温度标准差和平均 Nusselt 数的变化如图 9-9 和图 9-10 所示。温度标准差表示温度分布的均匀性，随着时间的推移，温度标准差先增大后减小。电池附近相变材料温度升高，而远离电池的相变材料温度不变，使整体温度分布趋于不均匀。随着电池附近相变材料温度的上升速率下降和远离电池的温度持续上升，相变材料的温度标准差逐渐变小，温度分布更均匀。此外，在多孔介质的作用下，温度标准差的增长速率要快得多。在 $t^* =$ 0.05时，当孔隙率为 1.0(纯相变材料)、0.9、0.8、0.7 和 0.6 时，温度标准差分别为 0.224、0.226、0.239、0.250 和 0.252。由于多孔介质的传热速度较快，温度标准差的变化过程被缩短。随着孔隙率的降低，温度标准差的拐点分布在无量纲时间 0.52、0.24、0.18、0.10 和 0.09。图 9-10 中的平均 Nusselt 数越大，电池的传热速度越快。结果表明，孔隙率越小，平均 Nusselt 数越大。除纯相变材料外，平均 Nusselt 数持续下降，即在多孔介质相变材料内，相变材料的传热主要以热传导为主。

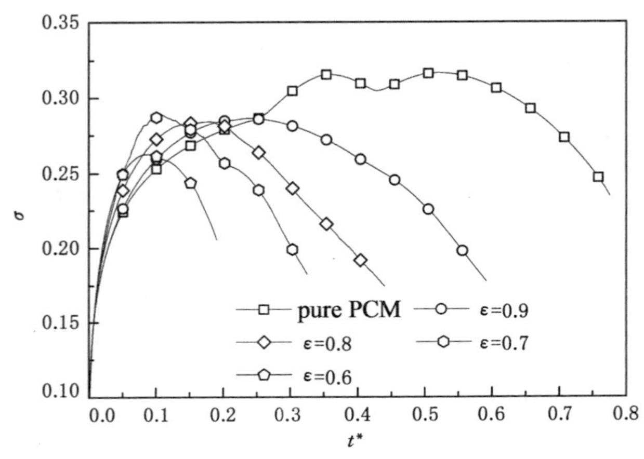

图 9-9　不同孔隙率下的温度标准差变化(Rayleigh 数为 10^4)

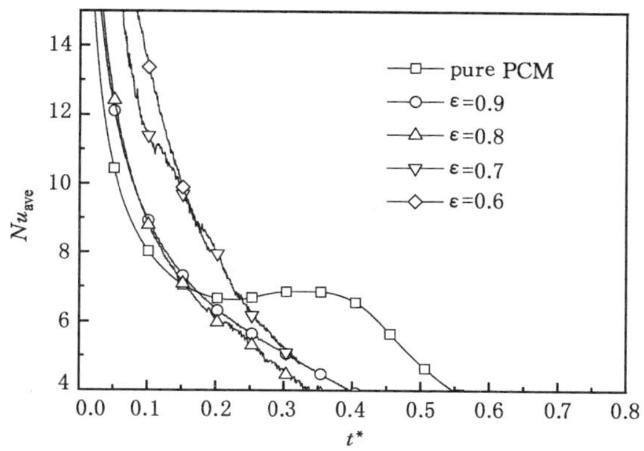

图 9-10　平均 Nusselt 数随孔隙率的变化(Rayleigh 数为 10^4)

9.3.2　Rayleigh 数对固液相变温控性能的影响

本小节研究了不同 Rayleigh 数条件下多孔介质相变材料传热特性。Rayleigh 数分别设置为 10^3、5×10^3、5×10^4 和 10^5。不同 Rayleigh 数下液相率的变化如图 9-11 所示。如上文所述,多孔介质的引入加速了相变过程。当 Rayleigh 数为 10^5时,纯相变材料熔化总时间为 0.628,而加入孔隙率为 0.9 的多孔介质后相变材料熔化总时间为 0.658,说明多孔介质缩短了熔化过程。如图 9-12 所示。

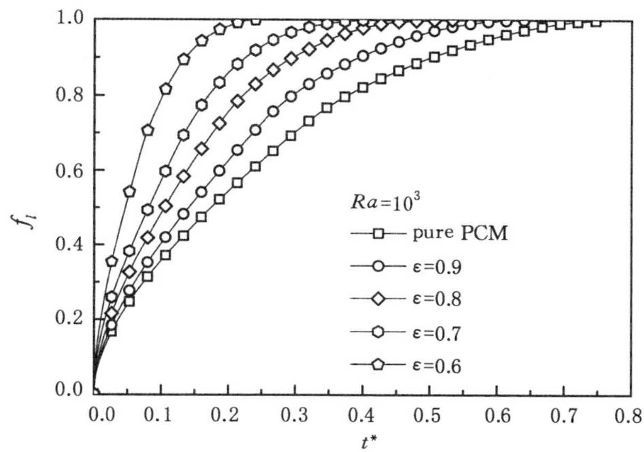

图 9-11　不同 Rayleigh 数下液相率的变化

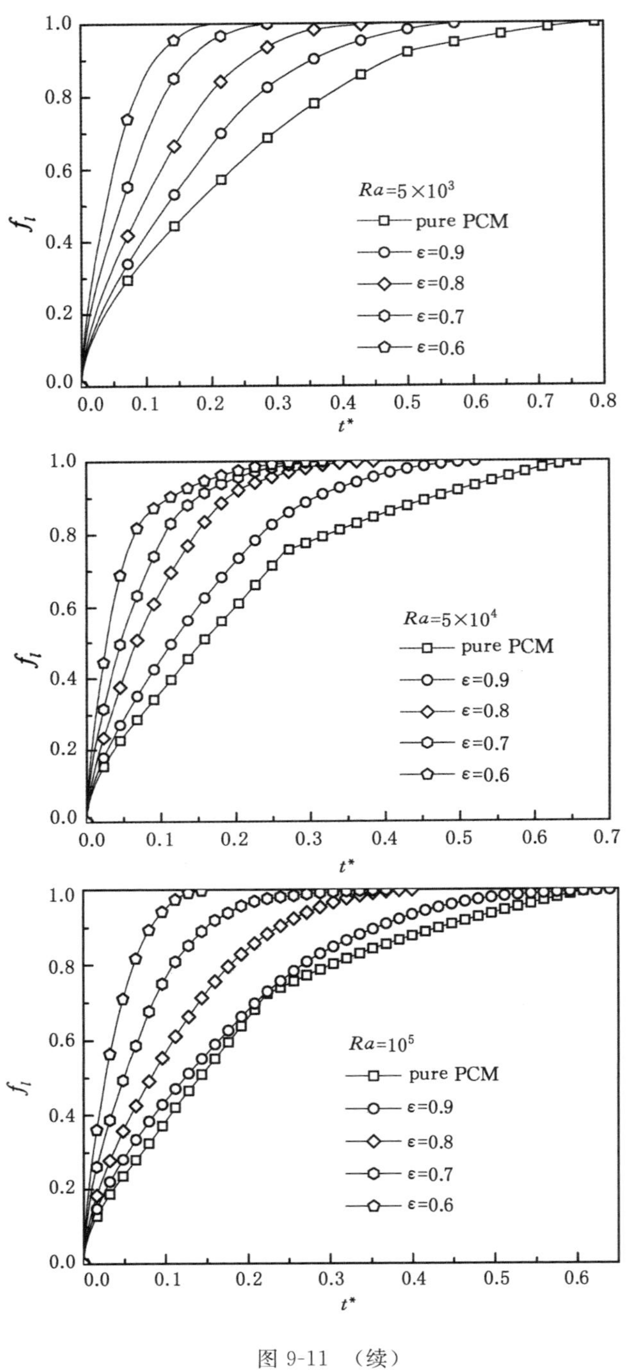

Ra=5×10^3
pure PCM
ε=0.9
ε=0.8
ε=0.7
ε=0.6
f_l
t*
Ra=5×10^4
pure PCM
ε=0.9
ε=0.8
ε=0.7
ε=0.6
f_l
t*
Ra=10^5
pure PCM
ε=0.9
ε=0.8
ε=0.7
ε=0.6
f_l
t*

图 9-11 （续）

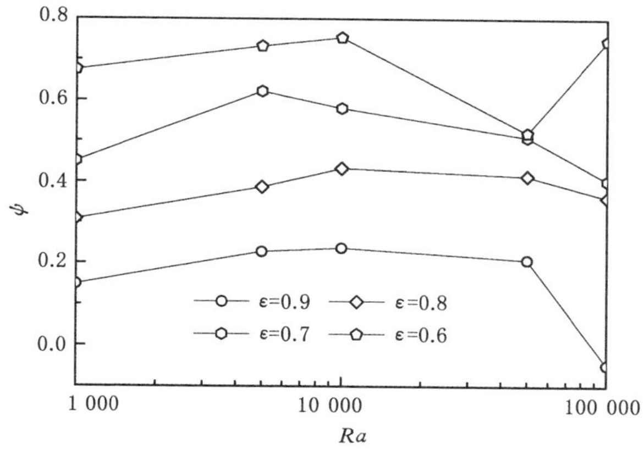

图 9-12　不同孔隙率下完全熔化时间的相对变化量

为进一步分析，完全熔化时间的相对变化量定义为：

$$\psi=\frac{t_{m0}^{*}-t_{m}^{*}}{t_{m0}^{*}} \tag{9-10}$$

其中下标“0”表示纯相变材料的情况。采用多孔介质后，Rayleigh 数分别为 10^3、5×10^3、5×10^4 和 10^5 时，相变材料完全熔化时间分别减少 14.9%、22.8%、23.7%、20.8%和−4.8%。纯相变材料和孔隙率为 0.9 的多孔介质相变材料温度云图如图 9-13 所示。Rayleigh 数越大，电池周围自然对流越强。当 Rayleigh 数达到 10^5时，熔化后的相变材料向上流动并在热管理顶部堆积。此后，热量传递以导热为主，传热速率下降，但强烈的自然对流弥补了由于热量积聚带来的熔化速率下降。在加入孔隙率为 0.9 的多孔介质情况下，由于固体泡沫铝内无流动，对流换热被削弱，热传导是主要的热量传递方式。固相相变材料吸收的热量仅能通过固液相变界面传递，图 9-13 所示的多孔介质相变材料在相界面接触壁面后，传热速率大幅下降。最终，在高 Rayleigh 数的作用下，纯相变材料的完全熔化时间略短于孔隙率为 0.9 的多孔介质相变材料。

图 9-14 显示了不同 Rayleigh 数下的平均温度变化。从图 9-7 可以看出，当 Rayleigh 数小于 10^4时，平均温度随着孔隙率的减小而增大。当 Rayleigh 数增加到 5×10^4时，纯相变材料的平均温度曲线赶上加入孔隙率为 0.9 的多孔介质。而当 Rayleigh 数增加到 10^5 时，由于热量的积累，纯相变材料与孔隙率为 0.9存在重合点。

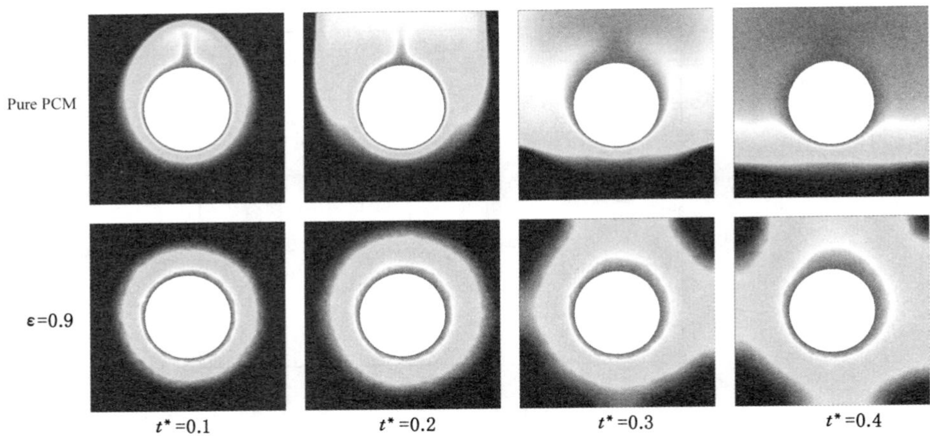

图 9-13 纯相变材料和孔隙率为 0.9 的多孔介质相变材料温度云图(Rayleigh 数为 10^5)

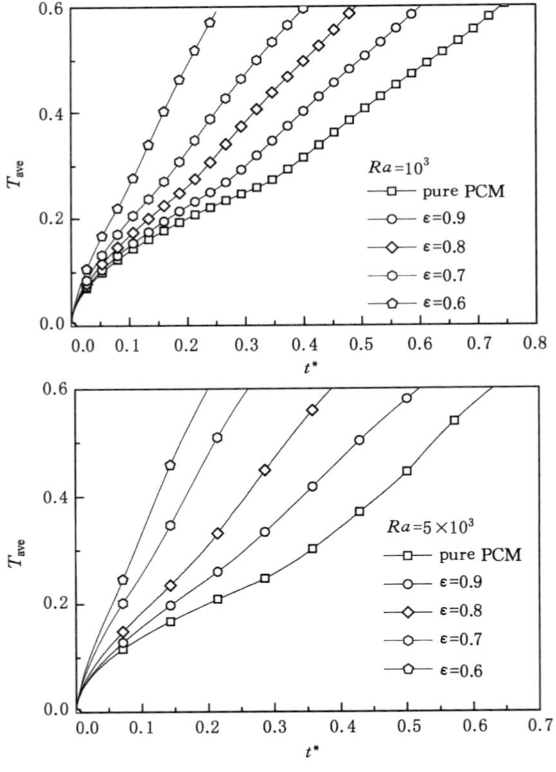

图 9-14 不同 Rayleigh 数下平均温度的变化

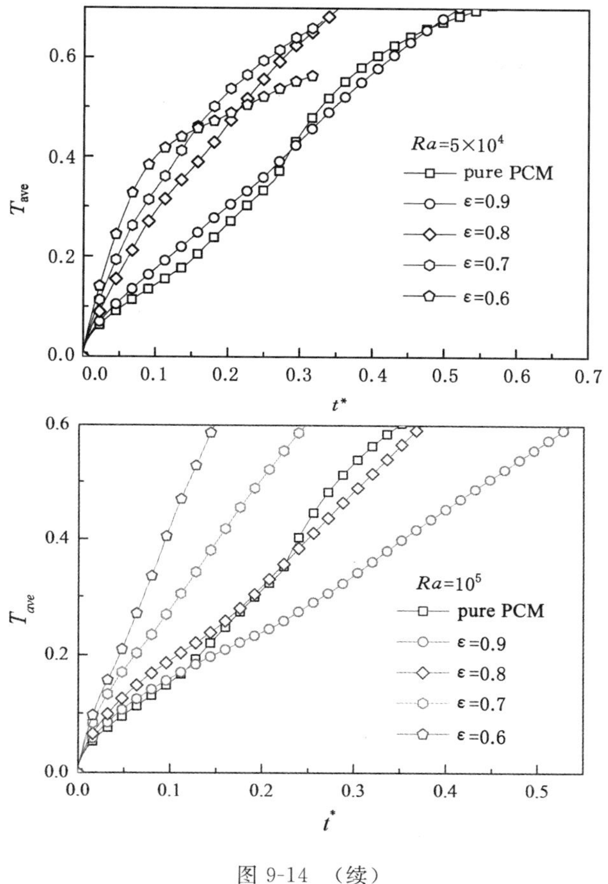

图 9-14 （续）

9.4 本章小结

本章建立了孔隙尺度上基于多孔介质相变材料的电池热管理的固液相变模型，采用四参数随机生成法生成了不同孔隙率的多孔介质，研究了 Rayleigh 数和孔隙率对电池热管理传热特性的影响。结果表明，在高导热骨架的作用下，传热效率得到了提高。在多孔介质中自然对流被削弱，热量传递以热传导为主。由于强烈的自然对流弥补了热量积聚带来的熔化速率下降，当 Rayleigh 数增加到 10^5 时，使用孔隙率 0.9 的多孔介质会减慢熔化速率。相对于纯相变材料，当多孔介质孔隙率为 0.9、0.8、0.7、0.6 时，相变材料的完全熔化时间分别减少了 23.7％、43.3％、58.0％和 75.4％。

第 10 章 固液相变模型在分离隔板电池热管理系统中的应用

10.1 引言

相变材料的导热系数普遍较低，如石蜡的导热系数为 0.1～0.3 W・kg^{-1}・℃$^{-1}$，脂肪酸的导热系数为 0.2～0.4 W・kg^{-1}・℃$^{-1}$，醇类的导热系数为0.1～0.3 W・kg^{-1}・℃$^{-1}$。由 Fourier 导热定律可知，较低的导热系数会使热流密度减小，传热速率下降。1995 年 Choi 和 Eastman[184] 提出采用添加高导热纳米颗粒的方法对流体进行传热强化，并将复合流体命名为纳米流体。Hung 等[185] 利用氧化铝 Al_2O_3-水纳米流体作为锂离子电池的冷却剂，发现添加质量分数为 1.5%纳米颗粒可将换热器的性能提高 35.7%。Zakaria 等[186] 利用 Al_2O_3强化水-乙二醇溶液的导热系数，结果表明，在加入了体积分数为 0.5%的纳米颗粒后，流体的导热系数提高了 0.05 W・kg^{-1}・℃$^{-1}$。同理，将纳米颗粒添加至相变材料中，可提高相变材料的导热性能。Myers 等[187] 制备了纳米氧化铜-硝酸盐复合材料，并将其用于热能存储中。在加入了体积分数为 2%的纳米氧化铜后，复合相变材料的导热系数提高了 40%。Mahamudur 等[188] 利用石墨烯强化相变材料的导热性能，在添加了质量分数为 4.5%的石墨烯后，相变材料的熔化时间减小了近 60%。

但是，如 Seddegh 等[14] 的研究结果所示，由于自然对流的作用，热流体会在容器的上部积聚，使热量集中在容器上部，导致下部的相变材料熔化较慢。在 Seddegh 等的实验中，在 60 min 内相变材料液相率从 0 增加至 0.5。但是，相变材料完全熔化时间为 270 min，即液相率从 0.5 增加至 1 耗费了 210 min。采用纳米颗粒强化相变材料的导热系数后并不能避免热量积聚现象[189]。Darzi 等[175] 提出采用导热肋片的方式削弱热量积聚，在采用了 20 个肋片后，相变材料的熔化时间缩减了近 80%。Fan 等[161] 在球形容器内加入了导热肋片并研究了肋片长度对固液相变过程的影响。Zhu 等[190] 通过改变冷壁面的结构来削弱热量积聚，并研究了三种冷壁面结构下相变材料的固液相变过程。

本章中，将纳米颗粒强化相变材料应用于电池热管理中，并采用了分离板削弱相变材料的热量积聚，揭示了分离板位置、纳米颗粒体积分数等对相变材料熔化过程的影响规律。

10.2　分离隔板电池热管理系统数值计算模型构建

为削弱由于自然对流引起的容器上部热量积聚，本节中使用分离板，将电池热管理划分为两个区域，使下侧区域内的相变材料在遇到分离板后回流，其数值模型如图 10-1 所示。方腔的长宽比为 1，且壁面设置为绝热。在方腔中心位置，有一壁面温度维持在高温 T_h 的圆柱形热源，其半径为 $R(R/L=0.18)$。在热源与方腔间充满了固液相变材料，材料的初始温度为其固液相变温度 $T_m(T_m=T_l=T_s)$。在方腔内，水平放置一固定、不可渗透的分离板。假设分离板厚度无限小，因此其材料可假设为固定的相变材料（分离板位置 $u=0$）。分离板位置离方腔下壁面的距离为 l_c。

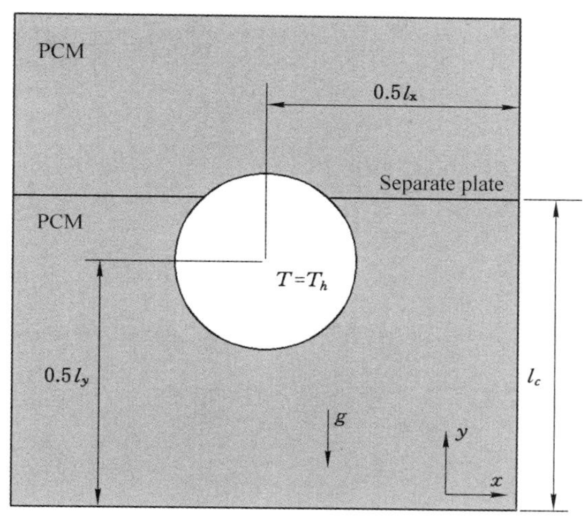

图 10-1　含分离板方腔示意图

本节中，相变材料为 Al_2O_3 纳米颗粒强化相变材料，由于本书所研究的纳米颗粒体积分数小于 4%，复合材料可被视为不可压牛顿流体。假设流动为层流，NEPCM 的宏观控制方程为（1-3）、（1-4）和（1-11）所示（其中物性替换为 NEPCM 的物性，带有下标“nf”）。NEPCM 的密度、比热、热膨胀系数、潜热和动力黏度由下列式子求得[191]：

$$\rho_{nf} = (1-\varphi)\rho_w + \varphi\rho_p \tag{10-1}$$

$$(\rho C_p)_{nf} = (1-\varphi)(\rho C_p)_w + \varphi(\rho C_p)_p \tag{10-2}$$

$$(\rho\beta)_{nf} = (1-\varphi)(\rho\beta)_{\mathrm{PCM}} \tag{10-3}$$

$$(\rho h_{sl})_{nf} = (1-\varphi)(\rho h_{sl})_{\mathrm{PCM}} \tag{10-4}$$

$$\mu_{nf} = 0.983\mu_{\mathrm{PCM}}\exp(12.959\varphi) \tag{10-5}$$

NEPCM 的导热系数由 Maxwell-Garnetts 模型计算，其具体表达式如下所示[36,192]：

$$\lambda_{nf} = \frac{\lambda_p + 2\lambda_{\mathrm{PCM}} + 2(\lambda_p - \lambda_{\mathrm{PCM}})\varphi}{\lambda_p + 2\lambda_{\mathrm{PCM}} - 2(\lambda_p - \lambda_{\mathrm{PCM}})\varphi}\lambda_{\mathrm{PCM}} \tag{10-6}$$

相变材料和纳米颗粒的热物性如表 10-1 所示。

表 10-1 NEPCM 材料物性

	$\rho(\mathrm{kg\cdot m^{-3}})$	$C_p(\mathrm{J\cdot kg^{-1}\cdot ℃^{-1}})$	$\lambda(\mathrm{W\cdot m\cdot ℃})$	$\mu(\mathrm{kg\cdot m^{-1}\cdot s^{-1}})$	$h_{sl}(\mathrm{J\cdot kg^{-1}})$
Al_2O_3颗粒	3880	765	25	—	—
相变材料	930	1 600	0.21	9.2×10^{-4}	195 000

为进一步对本节模型进行分析，根据边界条件，可将守恒方程进行无量纲化，如下列各式所示：

$$\nabla^* \cdot u^* = 0 \tag{10-7}$$

$$\frac{\partial u^*}{\partial t^*} + \sqrt{RaPr}\,\nabla^* \cdot (u^* u^*) = -\frac{1}{\psi_\rho}\nabla^* p^* + Pr\psi_\nu \nabla^* \cdot (\nabla^* u^*) - \psi_\beta T^* n_g \sqrt{RaPr} \tag{10-8}$$

$$\frac{\partial T^*}{\partial t^*} + \sqrt{RaPr}\,\nabla^* \cdot (u^* T^*) = \psi_\alpha \nabla^* \cdot (\nabla^* T^*) + \frac{\psi_h}{\psi_C}\frac{1}{Ste}\frac{\partial f_l}{\partial t^*} \tag{10-9}$$

其中，无量纲参数定义如下：

$$\nabla^* = L\nabla \tag{10-10}$$

$$u^* = u/U \tag{10-11}$$

$$U = \sqrt{g\beta_{\mathrm{PCM}}(T_h - T_m)L} \tag{10-12}$$

$$\psi_\Gamma = \Gamma_{nf}/\Gamma_{\mathrm{PCM}} \tag{10-13}$$

式中，Γ 代表热扩散系数、运动黏度、密度、热膨胀系数、潜热和比热。本章数值模拟所用曲线边界采用 9.2.2 中虚拟节点边界条件，固液相变数值模型采用3.3 中所述的 MRT-LB 方法。

10.3　分离隔板电池热管理系统数值计算结果分析

10.3.1　分离板位置对热管理性能的影响

本小节中研究分离板位置对固液相变的影响规律。纳米颗粒强化相变材料的体积分数设置为 0，即相变材料为纯相变材料。Rayleigh 数和 Stefan 数分别设置为 10^4 和 0.1，分离板位置 $L_c = l_c/l_x$ 在 0.2～0.8 间变化。图 10-2 为不同分离板位置下的液相率。如前所述，在起始时刻，相变材料的熔化速率较快。随着时间的推移，熔化速率逐渐下降。在最后阶段，熔化速率大幅下降。无分离板时，在无量纲时间为 4.5 前，液相率的增长速率为 0.2。在无量纲时间为 4.5 后，液相率的增长速率降低至 0.05。但是，在 0.5 位置处加入分离板后，液相率下降的时间延迟至 5.0。图 10-3 为不同时刻下的温度分布云图和固液相变界面位置。其中，左半部分为无分离板工况，右半部分为分离板位于 0.5 时的工况。在自然对流的作用下，加热后的相变材料会往上部移动，使容器上部的相变材料温度较高，削弱对下部材料的加热。在加入了分离板后，经内部热源加热的下部相变材料在上升遇到分离板后，发生回流，并直接对下部相变材料进行加热，削弱容器内部的热量积聚，加快容器内相变材料的熔化速率。除此之外，在分离板位于 0.3 时，分离板仍能提高相变材料的熔化速率。当分离板移动至 0.7 后，在起始阶段，由于分离板的阻碍作用，使起始阶段的相变材料熔化速率有所下降，其液相率较无分离板工况的小。但是，由于热量积聚被削弱，相变材料的熔化速率下降被推迟至 6.2，使液相率较无分离板工况下的高。

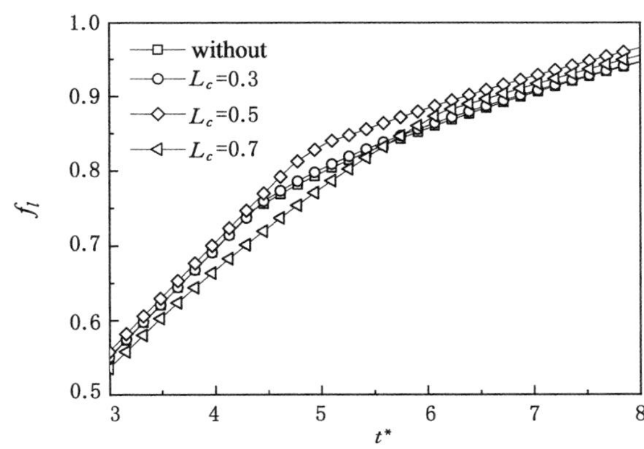

图 10-2　分离隔板电池热管理中不同分离板位置下的液相率

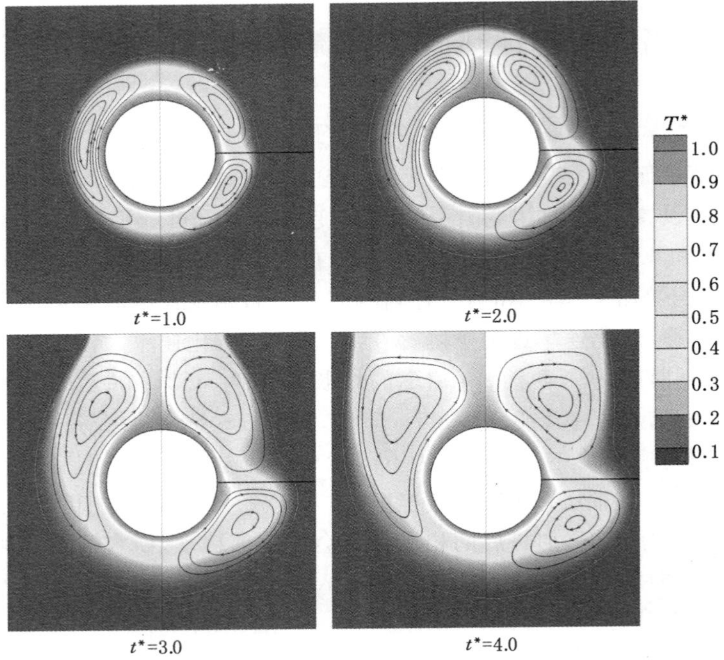

图 10-3 分离隔板电池热管理中不同时刻下的纯相变材料温度分布云图(左半部:无分离板;右半部:$L_c=0.5$)

图 10-4 为不同分离板位置下的相变材料平均温度和温度标准差。如图 10-4(a)所示,在分离板位于 0.3 时,由于大部分热量用于使相变材料发生相变,相变材料的平均温度较无分离板时小。同理,在无量纲时间小于 5.5 时,分离板位于中心时的相变材料平均温度亦较无分离板工况时小。但是,如上文所述,分离板削弱了位于方腔上部的热量积聚现象,强化了位于方腔下部相变材料的传热速率。因此,在无量纲时间大于 5.5 时,分离板位于 0.5 的平均温度较无分离板时高。如图 10-3 所示,在自然对流的作用下,方腔上部的相变材料温度较其余地方高,方腔上部出现高温区。在分离板的隔断作用下,下部加热后相变材料遇到分离板后发生回流,使方腔上部的高温区温度下降,相变材料的温度分布更均匀,其温度标准差有所下降,如图 10-4(b)所示。在分离板上移至 0.7 后,由于上部区域流体流动受到阻碍,自然对流被削弱,传热速率减小,相变材料的平均温度减小。同时,相变材料的温升较小,相变材料间的温度差别减小,温

度趋于均匀，其温度标准差减小，如图 10-4(b)所示。相反，在分离板从 0.5 往 0.3 位置下移时，由于受分离板隔断后的方腔上部区域变大，上部高温相变材料仍在浮力作用下于方腔上部发生积聚，相较于分离板位于 0.5 时的情况，其高温区有所延伸，导致相变材料温度标准差增加。但是，相较于无分离板情况，由于热量积聚有所削弱，其温度标准差下降。

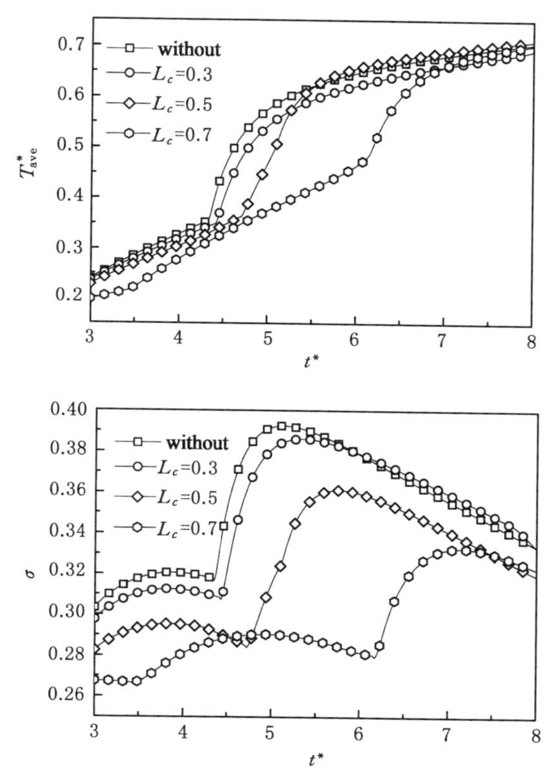

图 10-4　分离隔板电池热管理中不同分离板位置下的(a)平均温度和(b)温度标准差

图 10-5 为纯相变材料在不同分离板位置下的平均 Nusselt 数。如上文所述，平均 Nusselt 数为壁面的无量纲温度梯度，即为对应位置的传热速率。在分离板位于 0.5，平均 Nusselt 数在无量纲时间为 4.7 时发生快速下降。但是，在去掉分离板后，平均 Nusselt 数的下降时间为 4.3。分离板的存在延迟了平均 Nusselt 数的下降时间，维持了热源对相变材料的加热速率，使相变材料的熔化速率增加，如图 10-2 所示。在分离板位于 0.7 时，在起始阶段，由于分离板的阻碍作用，其平均 Nusslt 数较其余工况下小，相变材料熔化速率较慢(图 10-2)。

但是，在分离板对热量积聚的削弱作用下，平均 Nusselt 数在无量纲时间为 6.2 前仍能维持较高水平，最终液相率较无分离板时高。

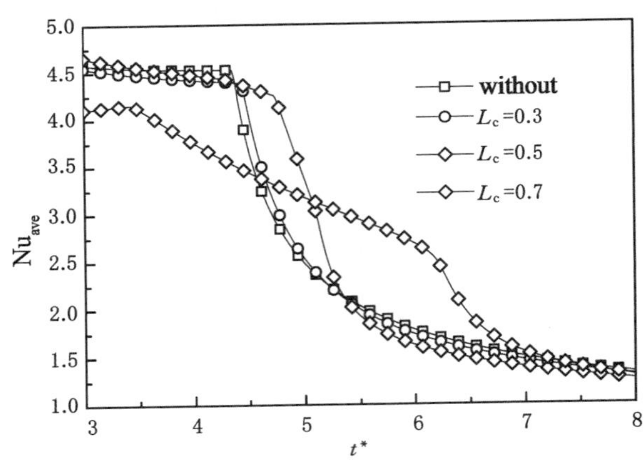

图 10-5　分离隔板电池热管理中不同分离板位置下的平均 Nusselt 数

10.3.2　体积分数对热管理性能的影响

本小节研究纳米颗粒体积分数对固液相变过程的促进作用。在本小节模拟中，Stefan 数设置为 0.1，Rayleigh 数为 10^4。图 10-6 为不同纳米颗粒体积分数下相变材料的完全熔化时间。对于所有的流体，当分离板位置大于 0.3 时，材料的熔化时间均相对于无分离板时有所减小。纳米颗粒体积分数分别为 0、0.01 和 0.03 时，分离板位于 0.5 和无分离板工况的熔化时间差分别 0.553、0.554 和 0.554，即分离板位置对于纯相变材料和纳米颗粒强化相变材料的影响一致。但是，在分离板位置小于 0.3 时，分离板的加入反而使材料的熔化时间增加，与图 10-2 一致。当分离板位于 0.2 且纳米体积分数为 3%时，材料的完全熔化时间为 8.656 2。在撤去分离板后，同样材料的熔化时间减小为 8.238 2。

如图 10-7 所示，分离板将材料划分为上部和下部两部分。如 4.3.1 所述，$R/L=0.18$，即内部热源位于 $y^* \in [0.32, 0.68]$范围内。当分离板位于 0.2 或 0.3 时，下部的材料受热后上流，与上部材料在顶部积聚一样，在分离板附近亦出现热量积聚现象，如图 10-7 所示。但是，下部材料并未受到热源的直接加热，其热量通过分离板传递。分离板附近材料温度较高，其传递速率较慢。分离板虽可削弱方腔上部的热量积聚，加快下部材料的熔化。但是，由于分离板自身亦会导致热量积聚，使下部材料熔化减慢。在分离板位于 0.3 以下时，后者占主导，使材料的整体熔化速率下降。除此之外，分离板位置大于 0.7 时，热源位于

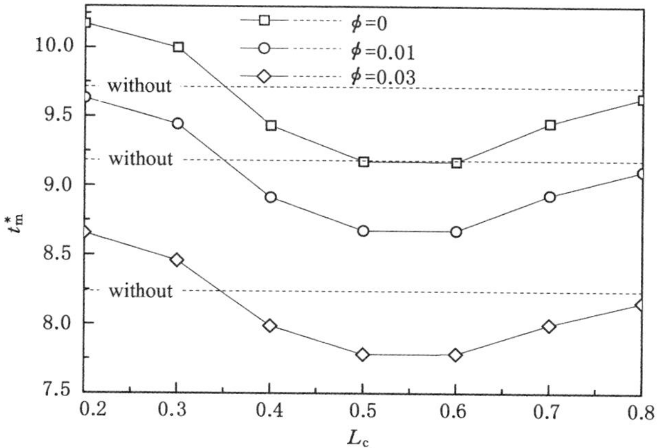

图 10-6　分离隔板电池热管理中不同体积分数下的熔化时间

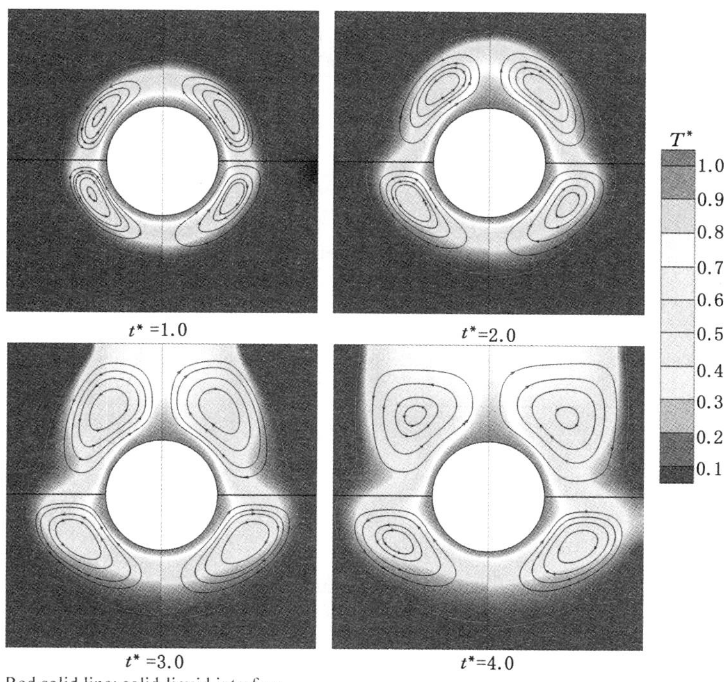

图 10-7　分离隔板电池热管理中不同时刻下的
温度分布云图(L_c=0.5,左半部:φ=0.01;右半部:φ=0.03)

分离板之下。此时，由分离板划分后的上部材料不会受到热源的直接加热，其热量来源于分离板的传递，即上部材料受下部材料的加热。再者，如上文所述，在方腔上部会产生热量积聚，弱化上部的自然对流。所以，相较于分离板位于中部位置，0.7 和 0.8 位置的工况下材料熔化速率有所下降，熔化时间增加，如图 10-6所示。

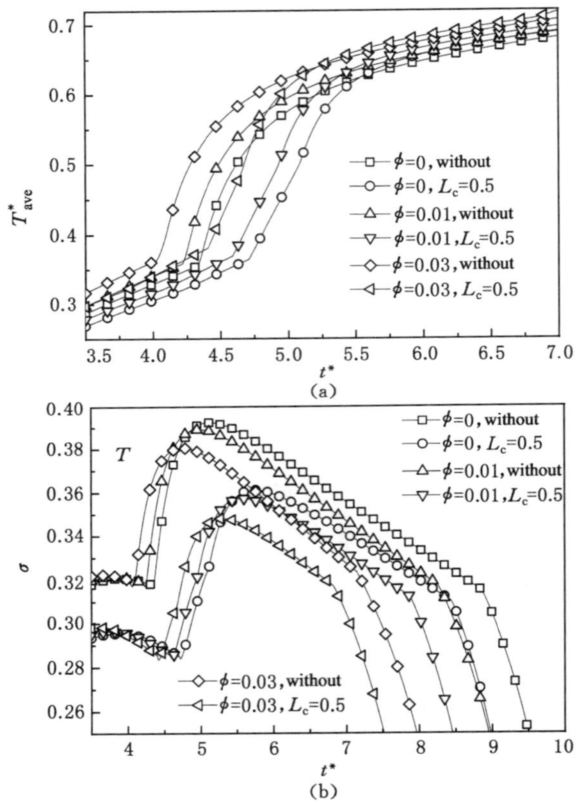

图 10-8　分离隔板电池热管理中不同体积分数下的(a)平均温度和(b)温度标准差

图 10-7 为不同体积分数下的温度分布云图和固液相变界面位置，左半部分为纳米颗粒体积分数为 0.01 的材料，右半部分为体积分数为 0.03 的材料。随着纳米颗粒体积分数的增加，材料的固液相变界面移动加快，即液相率增加。在分离板位于 0.5，纳米体积分数从 0(纯相变材料)增加至 0.03 时，材料的熔化时间相对减小了 10%。图 10-8 为不同纳米颗粒体积分数下的材料平均温度和温度标准差。如前所述，在起始阶段，分离板位于 0.5 时，大部分热量被用于将材料从固相转化为液相，使材料的平均温度上升速率较无分离板工况时慢。由于

传热速率较高，最后前者平均温度会与后者重合。增加纳米颗粒体积分数可以将重合点提前。在纳米颗粒体积分数为 0、0.01 和 0.03 时，平均温度重合点分别为 5.59、5.44 和 5.22。

如图 10-8(b)所示，对于纯相变材料，在分离板位于 0.5 时，材料温度标准差在无量纲时间为 5 后会发生快速下降。如上文所述，在熔化的最后阶段，由于热量积聚，材料的熔化速率会逐渐下降。增加纳米颗粒体积分数会缩短熔化过程所需的时间，使熔化速率下降的阶段提前。虽然提高纳米颗粒体积分数会增加材料的温度标准差，但是，由于整体上升阶段被缩短，相较于纯相变材料，纳米颗粒强化相变材料的温度分布更均匀。图 10-9 为不同体积分数下的热源平均 Nusselt 数。与温度标准差变化一致，在加入了纳米颗粒后，平均 Nusselt 数的变化过程被缩短。在分离板位于 0.5 时，纯相变材料的热源平均 Nusselt 数在无量纲时间 4.73 后快速减小。但是，在加入了体积分数为 3%的纳米颗粒后，热源的平均 Nusselt 数的下降点延迟至 4.43。

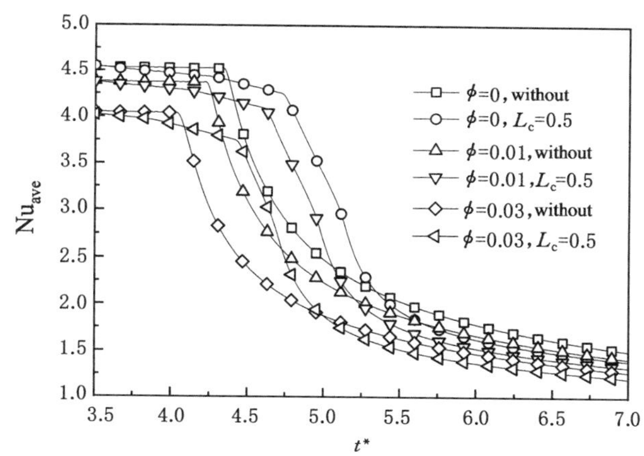

图 10-9　分离隔板电池热管理中不同体积分数下的平均 Nusselt 数

10.3.3 Rayleigh 数对热管理性能的影响

本小节中研究 Rayleigh 数对固液相变过程的影响规律。无特殊说明情况下，小节中 Stefan 数、Rayleigh 数和纳米颗粒体积分数分别为 0.1、10^4 和 0.03。图 10-10 为不同 Rayleigh 数下的熔化时间。对于所有的 Rayleigh 数，在分离板位置大于 0.3 时，材料的熔化时间相较于无分离板时更短。相反，分离板在 0.3 以下时，设置分离板反而会减慢固液相变过程。在分离板位于 0.2 时，将 Rayleigh 数从 10^3 增加至 5×10^3，材料的熔化时间从 8.920 0 增加至 8.980 6。在此基础上，继续增加 Rayleigh 数，材料的熔化时间减小，固液相变速率增加。图 10-11为不同 Rayleigh 数下的材料液相率随时间的变化。当分离板位于 0.2 时，Rayleigh 数为 10^3 下的材料熔化速率较 Rayleigh 数为 5×10^3 的慢。后者的熔化速率由于热量积聚有所下降。在无量纲时间为 6.85 时，两者的液相率重合。图 10-12 为不同 Rayleigh 数下的材料温度分布云图和固液相变界面位置。当无量纲时间为 6 时，Rayleigh 数为 5×10^3 下的方腔上部材料大部分转化为液相。因此，方腔上部发生热量积聚，使相变材料的熔化速率减慢，如图 10-11 中对应工况液相率变化曲线上无量纲时间大于 4.7 的部分。图 10-7 中的固液相变界面位置表明，在无量纲时间从 6 增加至 7 时，方腔上部的材料熔化区域变化不大。但是，相对而言，在 Rayleigh 数为 10^3 时，由于 Rayleigh 数减小，自然对流削弱。在起始阶段，材料的传热速率减慢，其液相率和温度均上升较慢，如图 10-11和图 10-13(a)所示。同时，由于传热较慢，在方腔顶部的热量积聚情况亦不及 Rayleigh 数为 5×10^3 时严重，其温度分布较为均匀，如图 10-13(b)所示。如前文所述，削弱热量积聚可以令更多热量用于熔化材料，延缓熔化速率的下降。如图 10-11 所示，在 Rayleigh 数从 5×10^3 下降至 10^3 时，液相率增长速率下降延后至 6.8，导致后者熔化时间较前者小，如图 10-10。

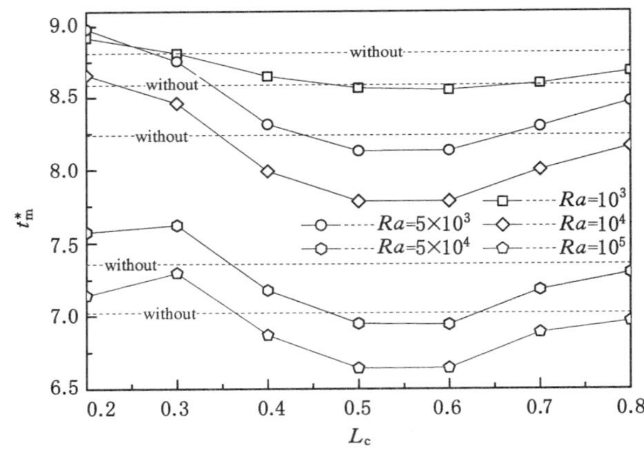

图 10-10 分离隔板电池热管理中不同 Rayleigh 数下的熔化时间

在图 10-10 中，当 Rayleigh 数为 5×10^4 或 10^5 时，分离板位于 0.2 的工况下的材料熔化时间较其位于 0.3 的工况短。但是，当 Rayleigh 数小于 10^4 时，后者的熔化时间较前者小。如图 10-11 所示，分离板位于 0.2 工况时的液相率全程较 0.3 时的高，即前者的熔化速率较后者快。Rayleigh 数分别为 10^4 和 10^5 时的材料温度分布云图和固液相变界面位置如图 10-12 所示。当 Rayleigh 数从 10^4

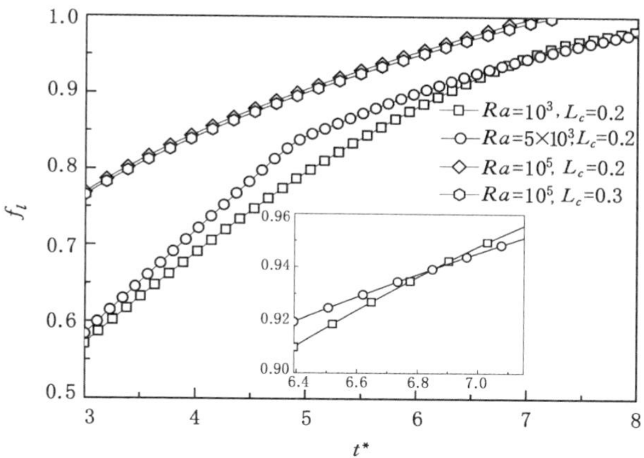

图 10-11　分离隔板电池热管理中不同 Rayleigh 数下的液相率(φ=0.03)

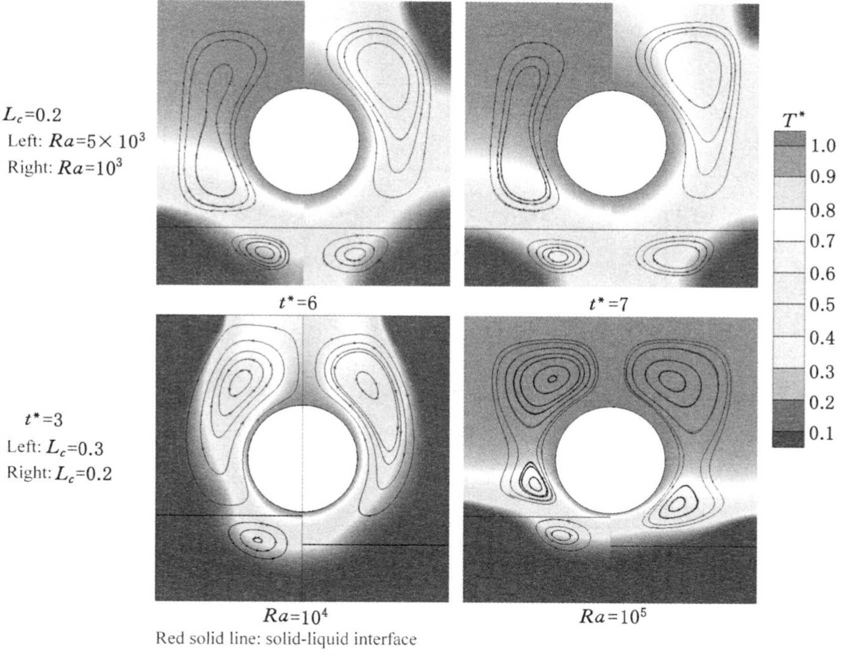

图 10-12　分离隔板电池热管理中温度分布云图(φ=0.03)

增加至 10^5 时，方腔上部的材料熔化加快。同时，方腔上部的热量积聚更强烈，且材料上部的熔化速率有所减慢。在 Rayleigh 数为 10^4 时，将分离板从 0.2 上移至 0.3，材料的温度分布更均匀。此时，方腔上部的热量积聚亦被削弱，因此，熔化速率被强化。但是，在 Rayleigh 数为 10^5 时，分离板位于 0.2 时的温度标准差较分离板位于 0.3 时小，即此时后者的热量积聚较前者严重，如图 10-12 所示。因此，当 Rayleigh 数为 10^5 时，将分离板从 0.2 上移至 0.3 会减慢熔化速率。

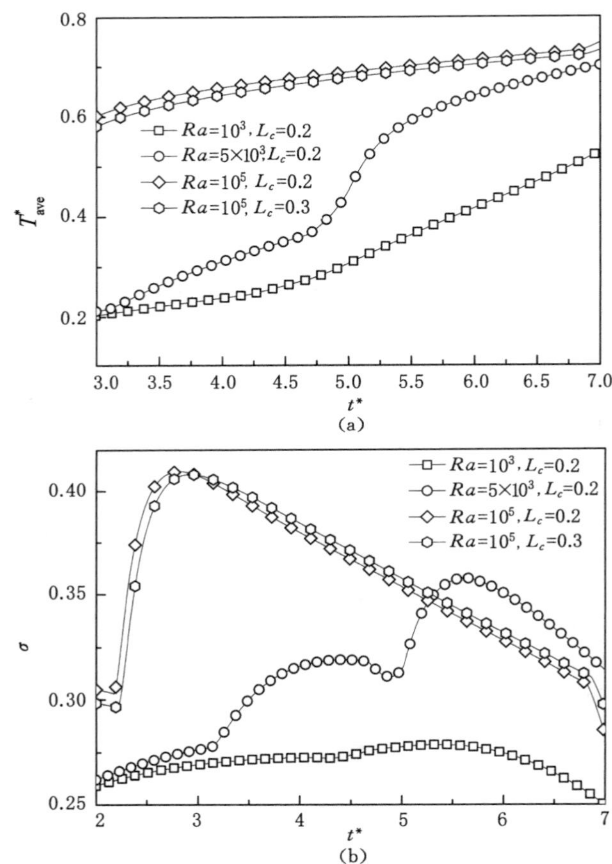

图 10-13 分离隔板电池热管理中不同 Rayleigh 数下的(a)平均温度和(b)温度标准差

进一步，本小节亦考虑了 Stefan 数对相变过程的影响规律，Rayleigh 数和纳米颗粒体积分数分别为 10^4 和 0.03。将完全熔化时间代入(6-15)可得熔化时间的相对变化量，基准工况选取当前 Stefan 数下的无分离板工况。相对熔化时间如图 10-14 所示。对于所有的 Stefan 数，在分离板位于 0.3 以上时，其熔化速率均较无分离板工况有所增加。除此之外，随着 Stefan 数的增加，熔化时间的相对变化量增加。在分离板位于 0.3，Stefan 数为 0.1、1.0 和 10 时，熔化时间的相对变化量分别为－0.055、－0.100 和－0.227。

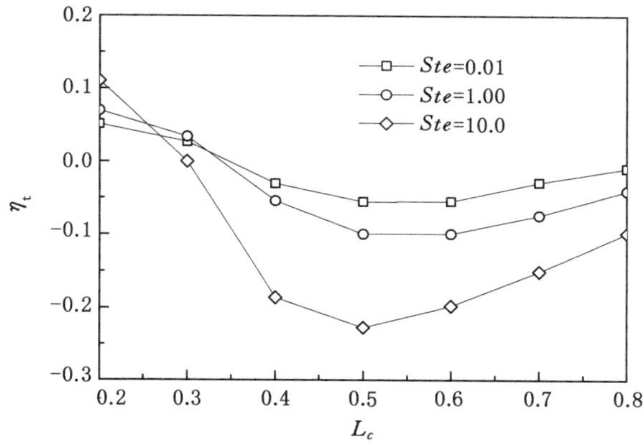

图 10-14　分离隔板电池热管理中不同 Stefan 数下的相对熔化时间

10.4　本章小结

本章采用高导热纳米颗粒对材料的传热性能进行强化，并将其分别应用于电池温度调控，揭示了纳米颗粒体积分数等对系统性能的影响规律；在此基础上，为进一步提高系统性能，提出采用加入分离板的方式削弱容器上部的热量积聚。结果表明，在电池热管理系统中，加入分离板可通过削弱容器上部的热量积聚来强化换热，且在分离板位于容器中心时强化效果最好。同时，在分离板将相变材料划分为上下两部分后，相变材料的温度分布更均匀。分离板对纯相变材料和纳米颗粒强化相变材料的强化作用差别不大。当分离板划分的其中一个部分不受内部热源直接加热时，由于热量仅能通过分离板由另一部分的材料提供，其传热速率较慢。当分离板位置小于 0.3 时，由于分离板附近的热量积聚削弱了传热速率，使此时较无分离板工况下的熔化速率慢。在分离板位于 0.7 以上时，热量在上部积聚的强度削弱，但是分离板的传热有限，此工况下较无分离板时性能提升较小。

第11章 固液相变模型低温环境相变材料电池温控系统中的应用

11.1 引 言

在低温环境中，由于电解质活性变低，使电池的容量急速下降，甚至无法充电[193]。除此之外，在低温环境下，锂离子电池电极表面会产生锂晶体。锂晶体生长会刺穿隔膜，引起电池短路[194]。锂离子电池的低温性能是克服东北冬天气候、推广新能源汽车在我国发展的关键。

新能源汽车低温性能主要取决于电池箱的加热和保温两种技术，前者是通过外部电源加热或动力电池自身电阻加热，使电池温度快速上升至正常工作水平。参考 Elnajjar[195]将相变材料嵌入建筑材料作为恒温墙体的思路，可利用相变材料储热特性，对电池进行保温。在锂离子电池正常工作时，电池所产生的热量会存储在相变材料中。在新能源汽车静置后，存储在相变材料中的热量会释放至电池中，延缓电池的温度下降速率，并保证电池温度分布均匀性。

本章针对低温下电池难以启动的问题，利用格子 Boltzmann 方法构建了低温环境相变材料电池温控系统数值计算模型，并研究了导热系数、相变潜热和环境温度等对保温性能的影响规律。

11.2 低温环境相变材料电池温控系统数值计算模型构建

11.2.1 低温下相变材料电池温度调控系统数值模型

低温下相变材料电池温度调控数值模型如图 11-1 所示，系统关于轴 BC 对称。其中，区域 $ABEF$ 为电池，区域 $BCDE$ 为相变材料。AB 和 BC 的长度为 13 mm。电池的高 AF 为 65 mm。在 $t>0$ 时，相变材料一侧壁面温度下降至 T_c（$T_c<T_m$），其余壁面维持绝热，并忽略接触热阻。本节选取石蜡为相变材料，电池和相变材料的物性如表 11-1 所示。为研究相变材料热物性的影响，本节选取

基准物性辅助分析，并由下标“0”表示。本节忽略固相相变材料和液相相变材料间的物性差异。

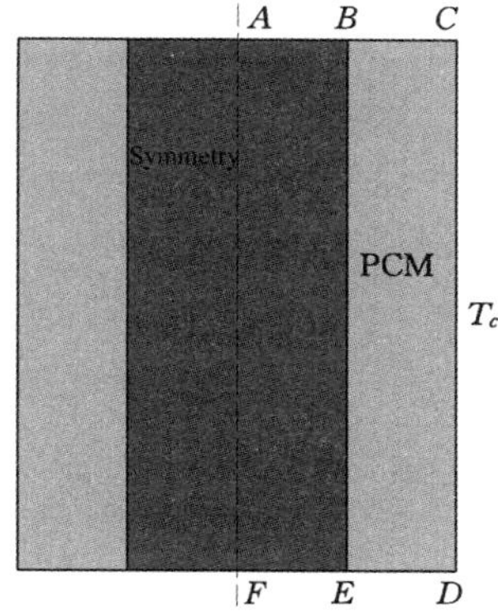

图 11-1　低温下相变材料电池温度调控示意图

表 11-1　电池和相变材料热物性

材料	λ_0	C_p	ρ	μ	h_{sl0}	β
电池	3	1 000	2 500	—	—	—
PCM	0.3	1 630	930	9.20×10^{-4}	195 000	10^{-4}

本节中相变材料宏观守恒方程如式(1-3)、(1-4)和(1-11)所示，其格子 Boltzmann 方程如式(1-20)和(1-45)所示。由于电池内部不存在流动，仅需考虑其传热方程。因此，电池的能量守恒方程为：

$$\frac{\partial T}{\partial t}=\nabla\cdot(\alpha_b\nabla T) \tag{11-5}$$

式中下标“b”即为电池。式(11-5)对应的格子 Boltzmann 演化方程为去掉潜热项的式(1-29)：

$$n_i(x+e_i\Delta t,t+\Delta t)=n_i(x,t)-\frac{1}{\tau_n}[n_i(x,t)-n_i^{eq}(x,t)] \tag{11-6}$$

对应的温度平衡态分布函数可简化为：

$$n_i^{eq}=\omega_i T \tag{11-7}$$

温度可由式(1-31)求得，而无量纲弛豫时间由将电池的热扩散系数代入式(1-37)求得。

11.2.2　边界条件及模型验证

如图 11-1 所示，由于电池和相变材料采用的是两套格子 Boltzmann 方法，在中间接触界面上，需要获得电池和相变材料之间的信息交换。本章中，基于式(6-14)，构建了 FVM 能量守恒方程。以其中一个控制体为例，如图 11-2 所示。图 11-2 中，$abcd$ 即格子节点(i,j)的控制体。控制体的左半侧，$aefd$ 位于电池区域内；右半侧，$ebcf$ 位于相变材料区域内；ef 为分界面。基于 $aefd$ 区域，可构建其能量守恒方程，如下式所示：

$$\begin{aligned}&(\rho C_p)_b\int_{i-\frac{1}{2}\Delta x}^{i}\int_{j-\frac{1}{2}\Delta x}^{j+\frac{1}{2}\Delta x}\int_{t}^{t+\Delta t}\frac{\partial T}{\partial t}\mathrm{d}t\mathrm{d}y\mathrm{d}x=\\&\lambda_b\Delta x\int_{t}^{t+\Delta t}\left(\left(\frac{\partial T}{\partial x}\right)_{\mathrm{ad}}-\frac{1}{2}\left(\left(\frac{\partial T}{\partial y}\right)_{\mathrm{ae}}+\left(\frac{\partial T}{\partial y}\right)_{\mathrm{df}}\right)\right)-Q\end{aligned}\tag{11-8}$$

式中，Q 为通过界面 ef 的换热量。同理，针对 $ebcf$ 区域，可构建其能量守恒方程为：

$$\begin{aligned}&(\rho C_p)_{\mathrm{PCM}}\int_{i}^{i+\frac{1}{2}\Delta x}\int_{j-\frac{1}{2}\Delta x}^{j+\frac{1}{2}\Delta x}\int_{t}^{t+\Delta t}\frac{\partial T}{\partial t}\mathrm{d}t\mathrm{d}y\mathrm{d}x=\\&\Delta x\lambda_{\mathrm{PCM}}\int_{t}^{t+\Delta t}\left(-\left(\frac{\partial T}{\partial x}\right)_{bc}-\frac{1}{2}\left(\left(\frac{\partial T}{\partial y}\right)_{eb}+\left(\frac{\partial T}{\partial y}\right)_{cf}\right)\right)+Q\end{aligned}\tag{11-9}$$

与式(6-14)一致，可获得式(11-8)和(11-9)的离散格式：

$$\begin{aligned}&(\rho C_p)_b\frac{\Delta x^2}{2}(T_{i,j}^{t+\Delta t}-T_{i,j}^{t})=\\&\lambda_b\Delta x\Delta t\left(\frac{T_{i,j}^{t}-T_{i-\Delta x,j}^{t}}{\Delta x}+\frac{1}{2}\left(\frac{T_{i,j}^{t}-T_{i,j+\Delta x}^{t}}{\Delta x}+\frac{T_{i,j}^{t}-T_{i,j-\Delta x}^{t}}{\Delta x}\right)\right)-Q\end{aligned}\tag{11-10}$$

$$\begin{aligned}&(\rho C_p)_{\mathrm{PCM}}\frac{\Delta x^2}{2}(T_{i,j}^{t+\Delta t}-T_{i,j}^{t})=\\&\lambda_{\mathrm{PCM}}\Delta x\Delta t\left(\frac{T_{i,j}^{t}-T_{i+\Delta x,j}^{t}}{\Delta x}+\frac{1}{2}\left(\frac{T_{i,j}^{t}-T_{i,j+\Delta x}^{t}}{\Delta x}+\frac{T_{i,j}^{t}-T_{i,j-\Delta x}^{t}}{\Delta x}\right)\right)+Q\end{aligned}\tag{11-11}$$

联立式(11-10)和(11-11)，即可获得下一时刻的温度值，再利用式(1-50)可获得新时刻的分布函数。

由于电池在工作过程中会产生热量，使电池和相变材料的温度上升。本节中，假设电池在计算初始时刻($t=0$)时已停止工作，研究相变材料的保温性能。除此之外，在模拟开始前，假设所有相变材料已经熔化，且维持在稳态。此时，图 11-1 中的右侧壁面维持在相变材料的相变温度 T_m。电池温度分布均匀，且维持在 T_0($T_0>T_m$)。因此，本节所有工况皆先进行稳态计算，收敛基准为：

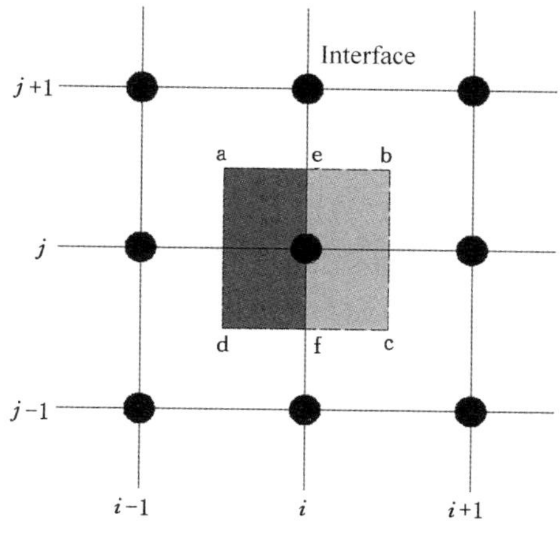

图 11-2　接触面有限体积法示意图

$$\frac{\sum |\Gamma^{t+\Delta t} - \Gamma^{t}|}{\sum \Gamma^{t}} < 10^{-9} \tag{11-12}$$

其中，Γ 为温度和速度。

为进一步分析，对系统变量进行无量纲化：

$$\psi_{\lambda} = \frac{\lambda}{\lambda_0} \tag{11-13}$$

$$\psi_{h} = \frac{h_{sl}}{h_{sl0}} \tag{11-14}$$

本节中选取图 11-1 中 AB 长度为特征长度。相变材料导热系数范围为 0.2～0.3 W·m^{-1}·K^{-1}，相变潜热范围为 185 000～205 000 J·kg^{-1}。电池初始温度 T_0 较相变温度 T_m 高 10 ℃（$T_0^* = 1$），而降温后无量纲环境温度变化范围为－1.5～0.5。

本章中的 Nusselt 数由式（6-11）求得，其左侧壁面替换为图 11-1 中的接触面 BE。电池的平均温度和温度标准差由式（6-16）和（6-17）求得，求解区域为图 11-1中的 $ABEF$。

本节中所用格子 Boltzmann 模型与第 6 章中一致。为获得准确的结果，本节中先进行了网格无关性解检测，并选择了网格系统为 52×130、78×195、104×260 和 130×325 的工况（$\psi_{\lambda} = 1, \psi_{h} = 1, T_c^* = -1$）进行求解，其平均 Nusselt 数结果如表 11-2 所示。当网格系统由 104×260 加密至 130×325 时，两者间平均 Nusselt 数相对误差小于 1％。因此，本节中所用网格系统为 104×260。

表 11-2　低温温度调控系统的网格无关性测试

$X\times Y$	52×130	78×195	104×260	130×325
Nu_{ave}	19.490	19.579	19.598	19.595

本小节中首先探讨相变潜热对低温下电池的保温性能。假设存在与石蜡物性一致的液体和固体，但在低温环境下不会发生相变，即 $\psi_h=0$。将相变材料、液相（无相变）材料和固相（无相变）材料作为图 11-1 中 BCDE 的工质，研究以下三种工况：

Case 1：相变材料（$\psi_\lambda=1, T_c^*=-1$）；

Case 2：液相（无相变）材料（$\psi_\lambda=1, T_c^*=-1$）；

Case 3：固相（无相变）材料（$\psi_\lambda=1, T_c^*=-1$）。

电池的平均温度和温度标准差如图 11-3 所示。Case 2 的电池平均温度在起始阶段即快速下降，并在无量纲时间为 0.14 时下降至 0。由于没有自然对流的影响，Case 3 的温度下降速率远远慢于 Case 2，其电池温度在无量纲时间为 0.57 时下降至 0。图 11-3(a)中结果显示，在自然对流影响下，起始阶段 Case 1 的平均温度下降速率较 Case 3 快。由于相变材料将潜热放出，并发生凝固，使电池的温度下降速率迅速减慢，大大延长了电池温度下降所需时间。在 $t^*=1.3$ 时，Case 1 的电池平均温度较 Case 2 电池温度高 0.96，而较 Case 3 电池平均温度高 0.61。除此之外，相变潜热亦可降低电池的温度标准差，使电池温度分布更均匀，如图 11-3(b)所示。在 $t^*=0.7$ 后，Case 1 电池的温度标准差小于 0.006，小于 Case 2 和 Case 3 的标准差。结果表明，相变潜热可有效保证电池的温度和温度分布均匀性。

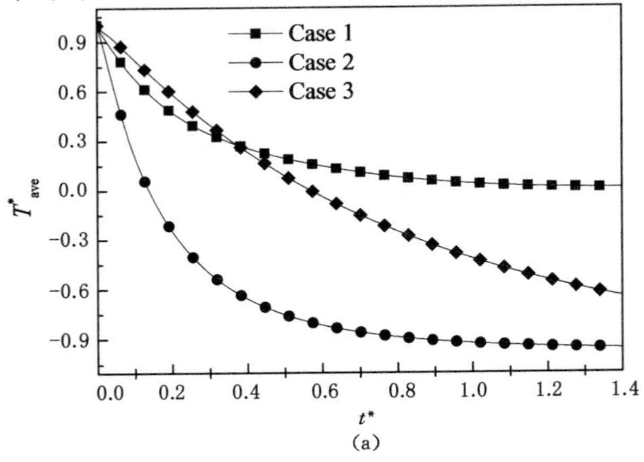

图 11-3　三种工况下电池的(a)平均温度和(b)温度标准差

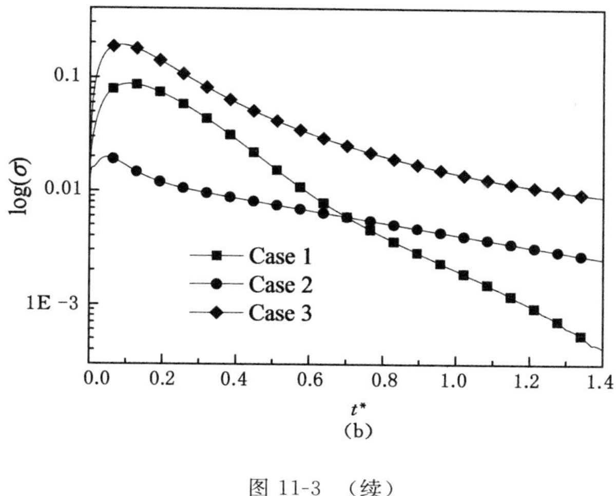

(b)

图 11-3　(续)

11.3　材料物性和温度对电池恒温性能计算结果分析

11.3.1　导热系数的影响

本小节中研究了相变材料导热系数对电池温度调控系统保温性能的影响规律。其中，$\varphi_h = 1, T_c^* = -1$。图 11-4 为电池平均温度变化曲线，$\varphi_\lambda$ 的变化范围为 2/3～1。在起始阶段，由于大部分相变材料处于液相，在自然对流的影响下，电池温度急速下降。此后，相变材料发生液固相变，释放内部存储的潜热，使电池温度下降速率逐渐减缓。当 φ_λ 为 5/6，相变材料在无量纲时间为 1.4 时，其温度变化率为－0.061。但是，当相变材料完全转化为固相后，电池的温度急速下降。如当 φ_λ 为 1 时，在无量时间为 1.54 后，电池平均温度的变化率从－0.007降低至－0.28。与散热不同，低温环境下的电池温度调控系统需要保持电池温度，而增加相变材料导热系数会加快电池向环境的散热。如图 11-4(b)所示，在相变材料的导热系数降低了 1/3，无量纲时间为 1.7 时，电池的平均温度相对增加了 0.098。

图 11-5 为电池温度标准差的变化曲线。在起始阶段，和相变材料接触处的电池区域温度快速下降，但电池内部温度变化较小，因此温度标准差迅速上升。随着时间的推移，由于相变潜热的作用，电池与相变材料接触位置的温度下降逐渐减缓，如图 11-4 所示，而电池内部温度下降速率变化不大。因此，电池温度标准差减小，温度分布趋于均匀。如图 11-5(a)所示，在无量纲时间为1.54之后，相

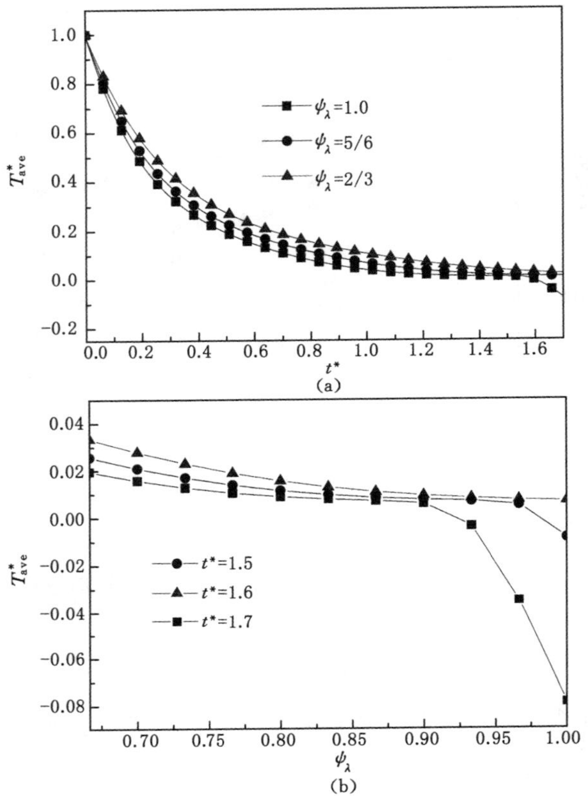

图 11-4　电池平均温度随(a)时间和(b)ψ_λ 的变化

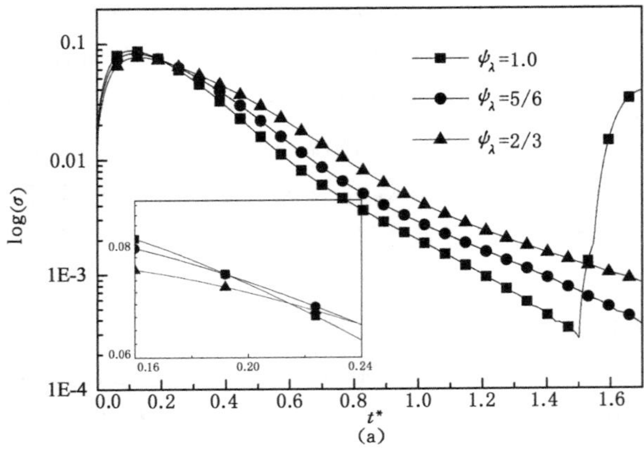

图 11-5　电池温度标准差随(a)时间和(b)ψ_λ 的变化

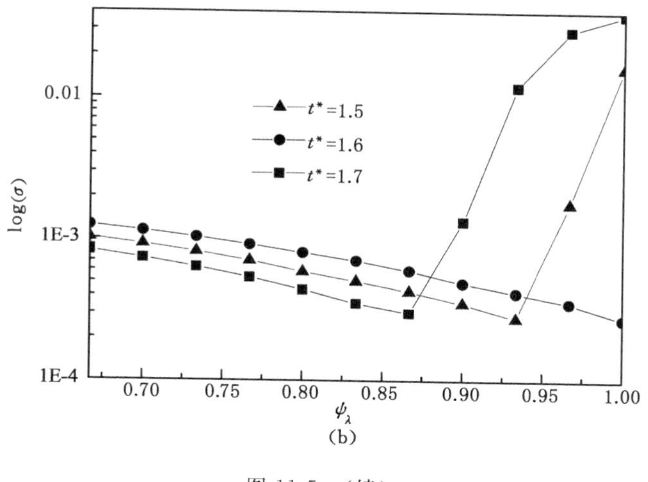

(b)

图 11-5 (续)

变材料完全转化为固相，接触位置处的电池温度下降速率再次增加，电池温度标准差迅速上升。较高的导热系数会减小固液相变所需的时间，亦会缩短温度标准差的变化过程。在 ψ_λ 分别为 1.0、5/6 和 2/3 时，电池温度标准差从起始时刻达到最大所花费时间分别为 0.110、0.120 和 0.130。

图 11-6 为不同相变材料导热系数下的 BE 面平均 Nusselt 数。根据式(6-11)，平均 Nusselt 数即为 BE 面上的无量纲温度梯度。在起始阶段，BE 面的传热主要来自于对流。在热量向环境散发后，相变材料逐渐转化为固相，相变界面朝电池移动，自然对流区域减小，界面换热量减小，平均 Nusselt 数减小。在相变材料完全转化为固相后，壁面传热量快速上升，平均 Nusselt 数上升。随着导热系数的下降，平均 Nusselt 数的变化趋于缓慢。在无量纲时间为 1.7 时，ψ_λ 大于 0.86 的工况中相变材料均已完全凝固，其平均 Nusselt 数随着 ψ_λ 的增加快速增加。图 11-7 为不同相变材料导热系数下的总液相率变化曲线。随着导热系数的增加，液相率的下降速率增加。在无量纲时间分别为 1.5、1.6 和 1.7 时，将 ψ_λ 从 0.8 增加至 0.9，其液相率分别下降了 0.059、0.062和 0.064。由于相变材料逐渐转化为固相，对流换热程度下降，其平均 Nusselt 数减小(图 11-6)，传热速率下降，相变材料的凝固速率随着时间会逐渐下降，如图 11-7 所示。

11.3.2 相变潜热的影响

本小节中，相变材料的潜热变化范围为 185 000～205 000 J·kg^{-1}，对应的 ψ_h 范围为 37/39～41/39。ψ_λ 和 T_c^* 分别设置为 1 和 −1。图 11-8 为电池平均温

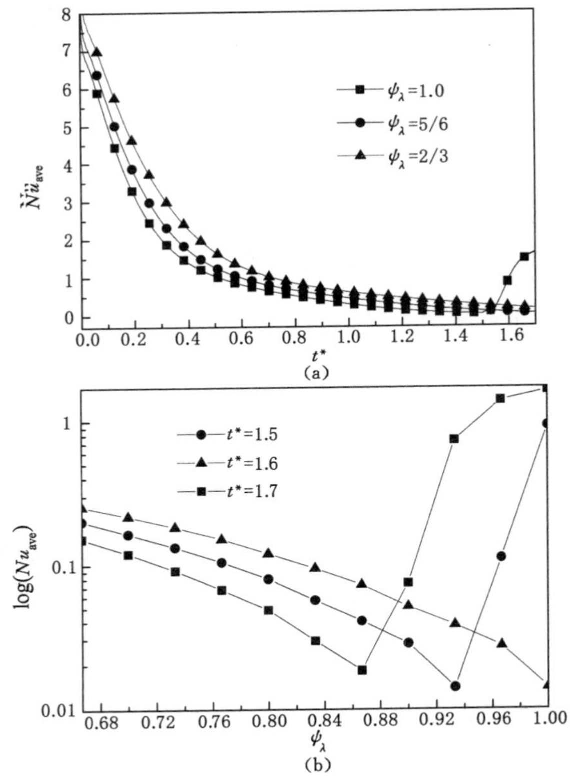

图 11-6 平均 Nusselt 数随(a)时间和(b) ψ_λ 的变化

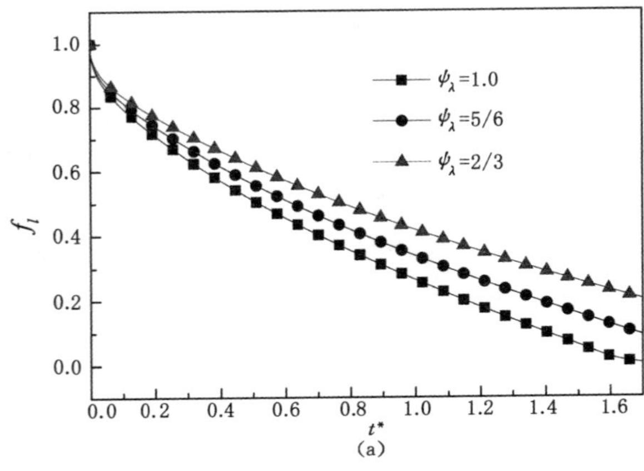

图 11-7 总液相率数随(a)时间和(b) ψ_λ 的变化

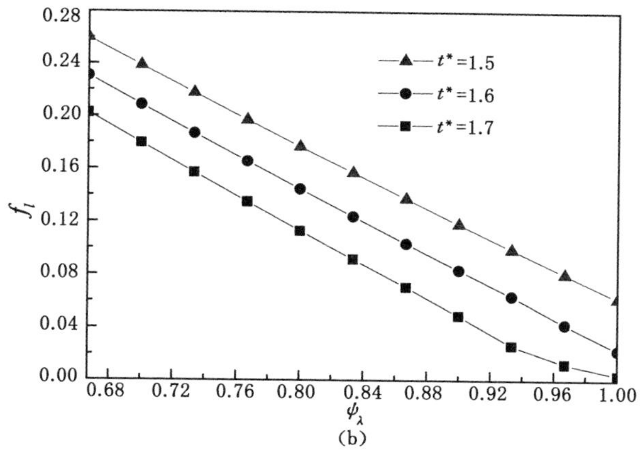

(b)

图 11-7 （续）

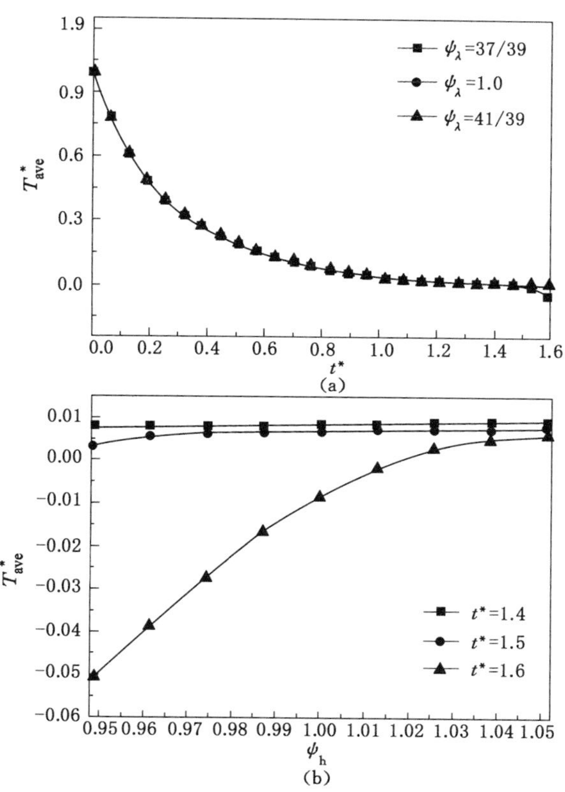

(a)

(b)

图 11-8　电池平均温度随(a)时间和(b) ψ_h 的变化

度随 ψ_h 的变化曲线。如 11.3.1 中所述，电池的平均温度在相变材料完全转化为固相前，下降速率逐渐减小。在同一时刻，不同相变潜热下电池的平均温度差异较小。在无量纲时间为 1.4 时，当 ψ_h 分别为 37/39、1 和 41/39，对应的电池平均温度为 0.007 6、0.008 4 和 0.009 2。但是，在相变材料完全转化为固相后，电池的温度急速下降。较大的相变潜热可以有效地延长相变材料的凝固时间。在无量纲时间为 1.6，相变材料的 ψ_h 为 37/39 时的电池平均温度为 −0.051。在相变材料的潜热增加至 41/39 时，电池的平均温度保持在 0.005 9。

图 11-9 为电池温度标准差的变化曲线。如前所述，由于相变潜热可以减缓电池的温度下降过程，其温度标准差在增加至最大值后即下降。如表 11-1 所示，电池的导热性能较相变材料高。在电池与相变材料接触位置的温度发生变化时，电池内部温度能快速下降。因此，在改变相变材料的潜热时，电池的温度

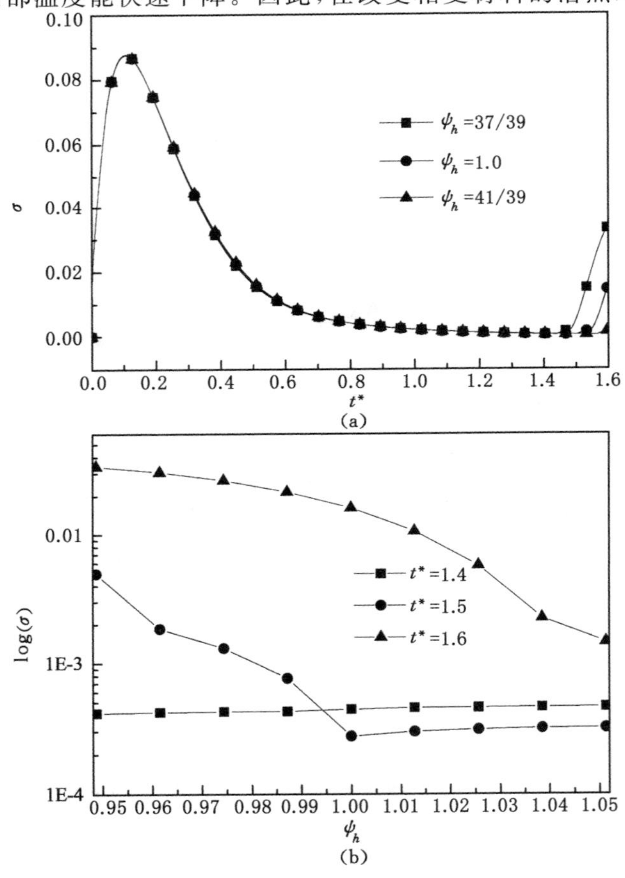

图 11-9 电池温度标准差随(a)时间和(b) ψ_h 的变化

标准差变化不大。在温度标准差下降过程中(无量纲时间为 0.11～1.4),相变材料的潜热越小,其温度标准差越小。

图 11-10 为 BE 面的平均 Nusselt 数,即界面处的热量传递速率。与 11.3.1 一致,在相变材料完全凝固后,由于没有相变潜热的作用,接触面处的平均 Nusselt 数快速增加,传热量增加,使电池的温度快速下降。在相变材料完全凝固前,增加相变材料的潜热,可以增加接触面处的传热量。在无量纲时间为 1.4 时,相变潜热比例为 37/39、1 和 41/39,对应的接触面平均 Nusselt 数分别为 0.031、0.039 和 0.045。在相变潜热增加了 4/39 后,在相变材料完全转化前,接触面处的传热速率变化不大。

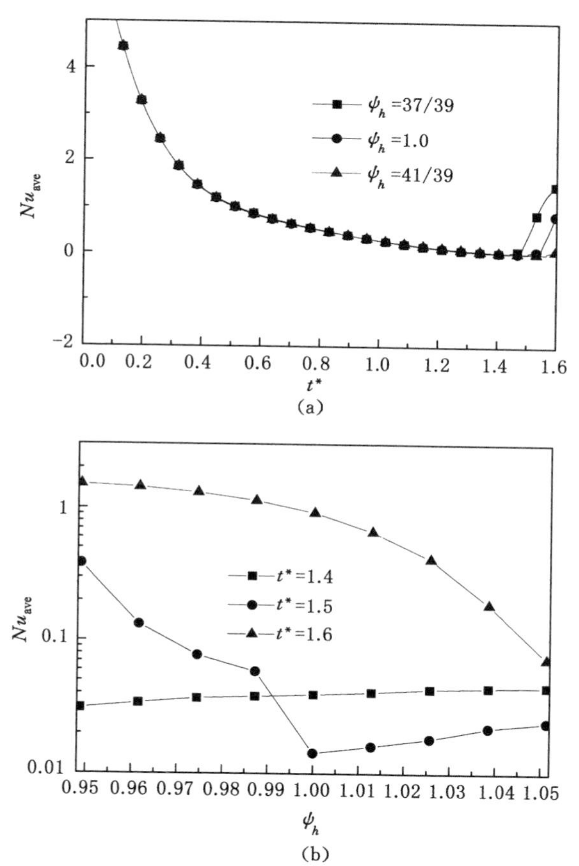

图 11-10　平均 Nusselt 数随(a)时间和(b) ψ_h 的变化

图 11-11 为不同相变材料潜热下的液相率。增加相变材料的潜热可以提高相变材料的保温性能。在无量纲时间为 1.4 时，潜热比例分别为 37/39、1 和 41/39 的对应相变材料液相率分别为 0.07、0.10 和 0.12，即增加了 20 000 J · kg^{-1}潜热可将相变材料的液相率增加 0.05。11.3.1 中结果显示，减小相变材料的导热系数，弱化相变材料的传热性能亦可提高系统的保温能力。但是，考虑到温度调控系统在高温环境下需要对电池进行散热，若导热系数不足，温度调控系统的传热性能会受到限制，使系统不能同时兼具散热和保温功能。另一方面，增加相变潜热，在温度调控系统散热时亦可长时间维持电池的工作温度。除此之外，导热系数的改变通常是采用添加低导热材料进行隔热，使单位体积的相变材

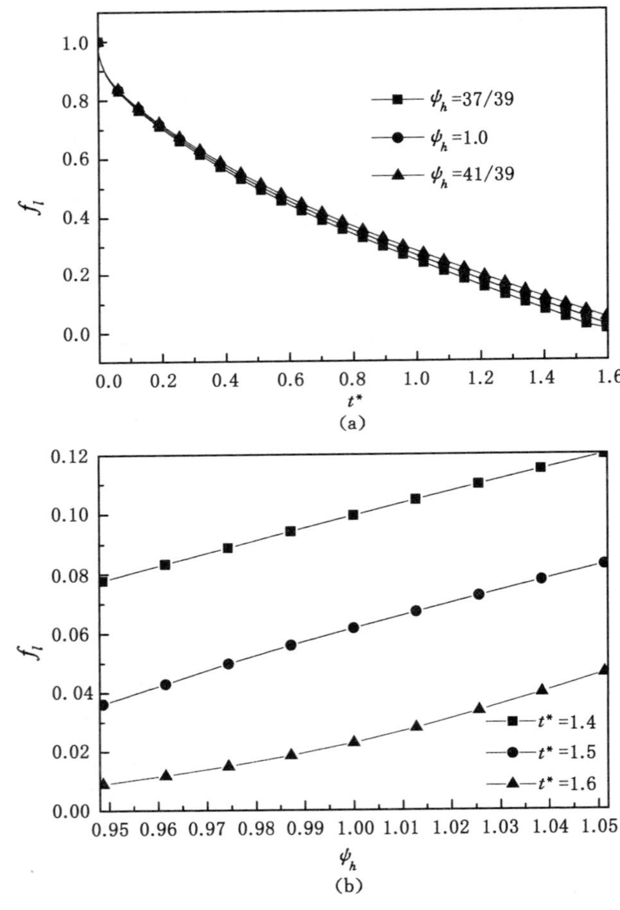

图 11-11　总液相率数随(a)时间和(b) ψ_h 的变化

料质量下降，潜热相对下降。因此，低温相变材料温度调控系统的首要任务是保证相变潜热。

11.3.3　环境温度的影响

本小节中，相变材料的 ψ_λ 和 ψ_h 均设置为基准工况，即均设置为 1，环境温度 T_c^* 变化范围为 −1.5～−0.5。图 11-12 为不同环境温度下的电池平均温度。电池的热量先传递给相变材料，再由相变材料散发至环境中。由于 CD 边界维持在第一类边界条件，较低的环境温度使相变材料的散热量增加，加快电池的温度下降速率。在无量纲时间为 1.0 时，环境温度为 −1.5、−1.0 和 −0.5 的对应电池平均温度分别为 0.014、0.030 和 0.043。同理，降低环境温度会减小相变材料完全从液相向固相转变的时间。在环境温度为 −1.5 时，相变材料在无量纲时间为 1.05 时完全凝固。而当环境温度上升至 −1.0 时，相变材料的凝固时

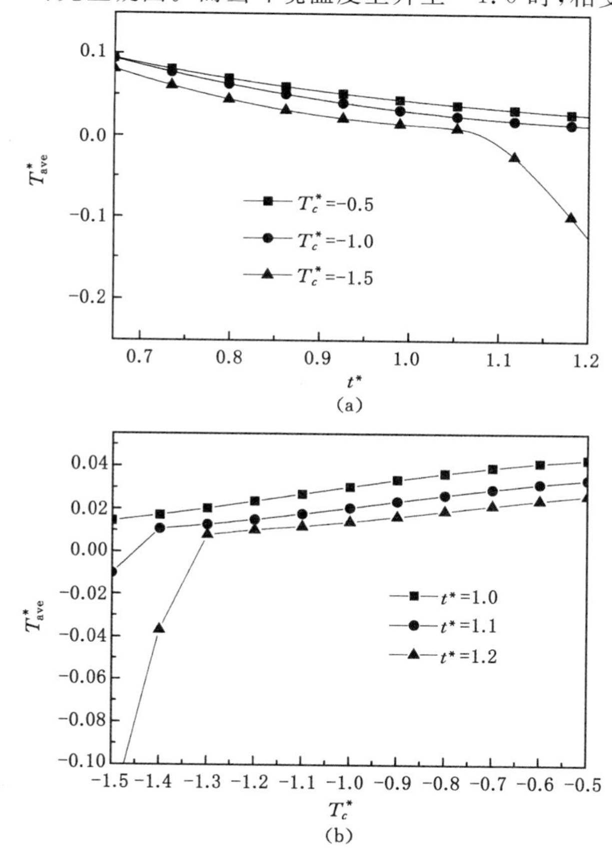

图 11-12　电池平均温度随(a)时间和(b) T_c^* 的变化

间为 1.6。但是,较低的环境温度可保证在凝固过程中的电池温度分布更均匀,如图 11-13 所示。在无量纲时间为 0.6 时,环境温度为 −1.5、−1.0 和 −0.5 的对应电池温度标准差分别为 0.007 5、0.009 3 和 0.013 0。这是由于相变材料在向更低温的环境散热时,电池的温度快速下降,同时缩短了电池温度趋于均匀的过程,加速了温度标准差的下降速率。

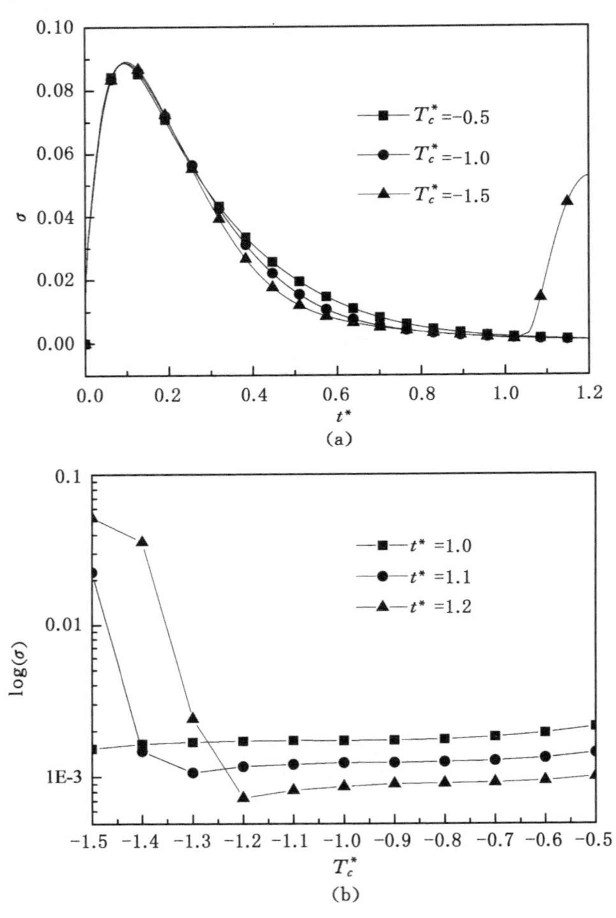

图 11-13　电池温度标准差随(a)时间和(b) T_c^* 的变化

图 11-14 为电池和相变材料接触面 BE 的平均 Nusselt 数。与图 11-6 和图 11-10中所示的一致,在相变材料接近完全凝固时,由于相变材料的温度变化不大(图 1-1),而电池的温度逐渐下降至相变温度,导致接触面的传热量快速下降,并接近 0。在相变材料完全凝固后,相变材料的温度继续下降,电池再度向

相变材料传热，因此平均 Nusselt 数再次增加。图 11-14(a)中显示，在环境温度较低时，界面的传热量较高，仅在相变材料接近全部凝固时才下降至低于其余环境温度工况的水平。图 11-15 为不同环境温度下的相变材料液相率变化曲线。如上文所述，低温会使相变材料的凝固速率加快。在无量纲时间为 1.2 时，将环境温度从－0.5 下降至－1.5，相变材料的液相率相对下降了 0.4。但是，相较于图 11-3，即使环境温度下降至－1.5，相变材料仍能保证电池温度，并维持较长时间。

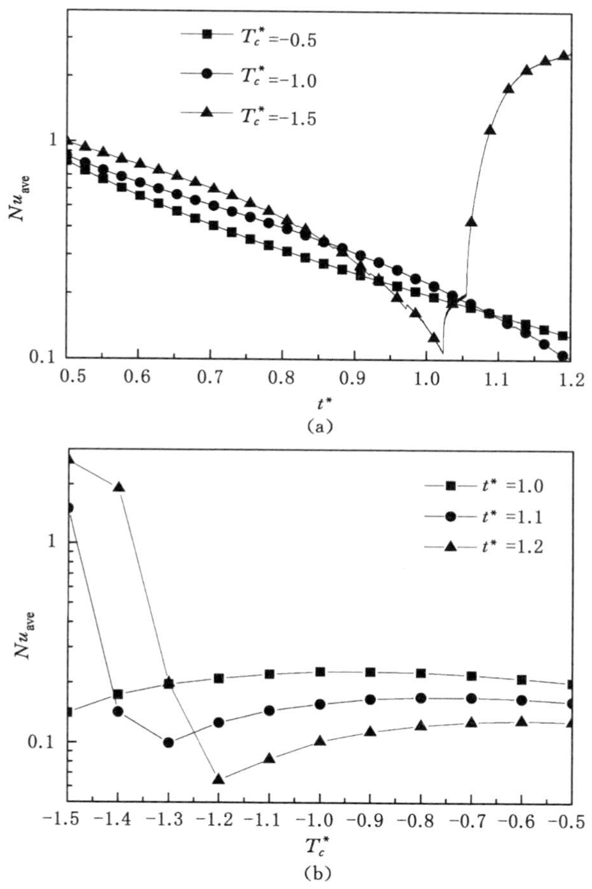

图 11-14　平均 Nusselt 数随(a)时间和(b) T_c^* 的变化

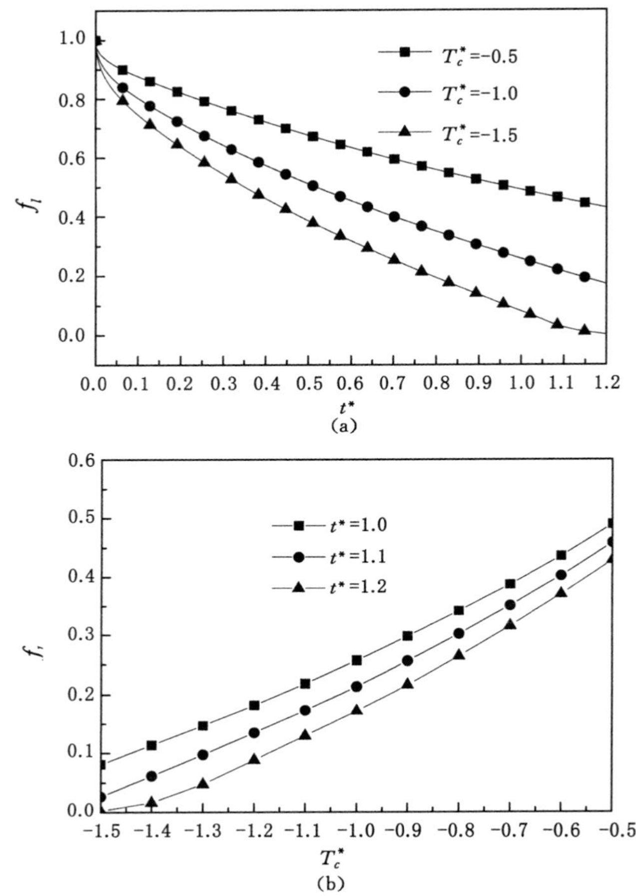

图 11-15 总液相率数随(a)时间和(b) T_c^* 的变化

11.4 本章小结

本章针对相变材料的恒温特性,研究了低温环境下的相变材料温度调控系统的保温性能,揭示了不同物性参数和环境温度对温度调控性能的影响规律。结果表明,在相变潜热的作用下,利用相变材料可有效延长电池在低温环境下的保温时间。在相变材料凝固过程中,由于相变潜热限制了电池的温度变化,使其温度标准差逐渐下降。当相变材料完全凝固后,电池温度标准差迅速上升。减小相变材料的导热系数和增加相变潜热会延长保温时间。改变相变材料的潜热在起始凝固阶段对电池的温度量级、分布影响不大，但会改变相变材料的完全凝固时间。当相变材料潜热增加了 20 000 $J \cdot kg^{-1}$时可将相变材料的液相率增加 0.05。考虑到相变材料温度调控系统需要在高温环境下对电池进行散热，高潜热的相变材料更加满足保温需求。

参考文献

[1] 饶中浩,汪双凤.储能技术概论[M].徐州:中国矿业大学出版社,2017.

[2] YUSUKE, TOMIZAWA. Experimental and numerical study on phase change material (PCM) for thermal management of mobile devices[J]. Applied Thermal Engineering,2016,98:320-329.

[3] SHIRAZI A H N,MOHEBBI F,AZADI KAKAVAND M R,et al. Paraffin nanocomposites for heat management of lithium-ion batteries: a computational investigation[J]. Journal of Nanomaterials,2016,2016:1-10.

[4] YAN J, LI K, CHEN H, et al. Experimental study on the application of phase change material in the dynamic cycling of battery pack system[J]. Energy Conversion and Management, 2016,128:12-19.

[5] RAO Z, WANG Q, HUANG C. Investigation of the thermal performance of phase change material/mini-channel coupled battery thermal management system[J]. Applied Energy,2016,164:659-669.

[6] ZHAO J, RAO Z, LIU C, et al. Experimental investigation on thermal performance of phase change material coupled with closed-loop oscillating heat pipe (PCM/CLOHP) used in thermal management[J]. Applied Thermal Engineering,2016,93:90-100.

[7] LIU C, RAO Z, ZHAO J, et al. Review on nanoencapsulated phase change materials: Preparation, characterization and heat transfer enhancement[J]. Nano Energy,2015,13:814-826.

[8] BALASUBRAMANIAN G, GHOMMEM M, HAJJ M R, et al. Modeling of thermochemical energy storage by salt hydrates[J]. International Journal of Heat and Mass Transfer,2010,53(25-26):5700-5706.

[9] GHOMMEM M, BALASUBRAMANIAN G, HAJJ M R, et al. Release of stored thermochemical energy from dehydrated salts[J]. International Journal of Heat and Mass Transfer, 2011, 54(23-24):4856-4863.

[10] PAL S, HAJJ M R, WONG W P, et al. Thermal energy storage in por-

ous materials with adsorption and desorption of moisture[J]. International Journal of Heat and Mass Transfer,2014,69:285-292.

[11] CHEN Z, GAO D, SHI J. Experimental and numerical study on melting of phase change materials in metal foams at pore scale[J]. International Journal of Heat and Mass Transfer,2014,72:646-655.

[12] BECHIRI M, MANSOURI K. Analytical study of heat generation effects on melting and solidification of nano-enhanced PCM inside a horizontal cylindrical enclosure [J]. Applied Thermal Engineering, 2016, 104: 779-790.

[13] ALABIDI A A, MAT S, SOPIAN K, et al. Numerical study of PCM solidification in a triplex tube heat exchanger with internal and external fins [J]. International Journal of Heat and Mass Transfer, 2013, 61(1): 684-695.

[14] SEDDEGH S, WANG X, HENDERSON A D. A comparative study of thermal behaviour of a horizontal and vertical shell-and-tube energy storage using phase change materials[J]. Applied Thermal Engineering,2016, 93:348-358.

[15] FAGHRI A,ZHANG Y W. Transport phenomena in multiphase systems [M]. Burlington,MA:Elsevier Academic Press,2006

[16] HT H, CM S. A numerical method for solving twodimensional problems of heat conduction with change of phase [J]. Chemical Engineering ProgSympseries,1967,63:34-41.

[17] LAMBERG P, LEHTINIEMI R, HENELL A-M. Numerical and experimental investigation of melting and freezing processes in phase change material storage[J]. International Journal of Thermal Sciences,2004,43(3):277-287.

[18] CHEN C, GUO H, LIU Y, et al. A new kind of phase change material (PCM) for energy-storing wallboard[J]. Energy and Buildings,2008,40(5):882-890.

[19] MOSAFFA A H,INFANTE FERREIRA C A,TALATI F,et al. Thermal performance of a multiple PCM thermal storage unit for free cooling[J]. Energy Conversion and Management,2013,67:1-7.

[20] LIU S, LI Y, ZHANG Y. Mathematical solutions and numerical models employed for the investigations of PCMs? phase transformations[J]. Re-

newable and Sustainable Energy Reviews,2014,33:659-674.

[21] SABBAH R, SEYED-YAGOOBI J, AL-HALLAJ S. Natural Convection With Micro-Encapsulated Phase Change Material[J]. Journal of Heat Transfer,2012,134(8):082503.

[22] INABA H, DAI C, HORIBE A. Numerical simulation of Rayleigh-Bénard convection in non-Newtonian phase-change-material slurries[J]. International Journal of Thermal Sciences,2003,42(5):471-480.

[23] INABA H,ZHANG Y L,HORIBE A,et al. Numerical simulation of natural convection of latent heat phase-change-material microcapsulate slurry packed in a horizontal rectangular enclosure heated from below and cooled from above[J]. Heat and Mass Transfer,2007,43(5):459-470.

[24] SONG S, LIAO Q, SHEN W. Laminar heat transfer and friction characteristics of microencapsulated phase change material slurry in a circular tube with twisted tape inserts[J]. Applied Thermal Engineering,2013,50(1):791-798.

[25] SONG S, LIAO Q, SHEN W, et al. Numerical study on laminar convective heat transfer enhancement of microencapsulated phase change material slurry using liquid metal with low melting point as carrying fluid[J]. International Journal of Heat and Mass Transfer,2013,62: 286-294.

[26] ZENG R, WANG X, CHEN B, et al. Heat transfer characteristics of microencapsulated phase change material slurry in laminar flow under constant heat flux[J]. Applied Energy,2009,86(12):2661-2670.

[27] MA Z W, ZHANG P. Modeling the heat transfer characteristics of flow melting of phase change material slurries in the circular tubes[J]. International Journal of Heat and Mass Transfer,2013,64:874-881.

[28] PHAM Q T. A fast, unconditionally stable finite-difference scheme for heat conduction with phase change[J]. International Journal of Heat & Mass Transfer,1985,28(11):2079-2084.

[29] PHAM Q T. Modelling heat and mass transfer in frozen foods: a review [J]. International Journal of Refrigeration,2006,29(6):876-888.

[30] VOLLER V R, SWAMINATHAN C R. On the enthalpy method[J]. International Journal of Numerical Methods for Heat & Fluid Flow,1993,3(3):233-244.

[31] SHATIKIAN V, ZISKIND G, LETAN R. Numerical investigation of a

PCM-based heat sink with internal fins[J]. International Journal of Heat and Mass Transfer,2005,48(17):3689-3706.

[32] YE W B, ZHU D S, WANG N. Fluid flow and heat transfer in a latent thermal energy unit with different phase change material (PCM) cavity volume fractions[J]. Applied Thermal Engineering,2012,42:49-57.

[33] YOUNSI Z, NAJI H, LACHHEB M. Numerical investigation of transient thermal behavior of a wall incorporating a phase change material via a hybrid scheme [J]. International Communications in Heat and Mass Transfer,2016,78:200-206.

[34] SEFIDAN A M, TAGHILOU M, MOHAMMADPOUR M, et al. Effects of different parameters on the discharging of double-layer PCM through the porous channel[J]. Applied Thermal Engineering,2017,123:592-602.

[35] QU Z G, LI W Q, TAO W Q. Numerical model of the passive thermal management system for high-power lithium ion battery by using porous metal foam saturated with phase change material[J]. International Journal of Hydrogen Energy,2014,39(8):3904-3913.

[36] AL-JETHELAH M S M,TASNIM S H,MAHMUD S,et al. Melting of nano-phase change material inside a porous enclosure[J]. International Journal of Heat and Mass Transfer,2016,102:773-787.

[37] CAO Y,FAGHRI A. A numerical analysis of phase-change problems including natural convection[J]. Journal of Heat Transfer,1990,112(3):812-816.

[38] DANAILA I, MOGLAN R, HECHT F, et al. A Newton method with adaptive finite elements for solving phase-change problems with natural convection[J]. Journal of Computational Physics,2014,274:826-840.

[39] KÖNIG-HAAGEN A, FRANQUET E, PERNOT E, et al. A comprehensive benchmark of fixed-grid methods for the modeling of melting[J]. International Journal of Thermal Sciences,2017,118:69-103.

[40] YANG B,FU X R,YANG W,et al. Effect of melt and mold temperatures on the solidification behavior of HDPE during gas-assisted injection molding:an enthalpy transformation approach[J]. Macromolecular Materials and Engineering,2009,294(5):336-344.

[41] LIANG S P,YANG B,FU X R,et al. A simple method for forecast of

cooling time of high-density polyethylene during gas-assisted injection molding[J]. Journal of Applied Polymer Science,2010,117(2):729-735.

[42] WANG S, FAGHRI A, BERGMAN T L. A comprehensive numerical model for melting with natural convection[J]. International Journal of Heat and Mass Transfer,2010,53(9-10):1986-2000.

[43] 何雅玲,李庆,王勇,等. 格子 Boltzmann 方法的工程热物理应用[J]. 科学通报,2009,54(18):2638-2656.

[44] GUO Z, SHI B, WANG N. Lattice BGK model for incompressible Navier-Stokes equation[J]. Journal of Computational Physics,2000,165(1):288-306.

[45] QIAN Y H,D'HUMIèRES D,LALLEMAND P. Lattice BGK models for navier-stokes equation[J]. Europhysics Letters (EPL),1992,17(6):479-484.

[46] 何雅玲,李庆,王勇,等. 格子 Boltzmann 方法的工程热物理应用[J]. 科学通报,2009,54(18):2638-2656.

[47] 宣益民,李强,姚正平. 纳米流体的格子 Boltzmann 模拟[J]. 中国科学 E 辑,2004,34(3):280-287.

[48] 何莹松. 基于格子 Boltzmann 方法的多孔介质流体渗流模拟[J]. 科技通报,2013,29(4):118-120.

[49] LI Q, LUO K H, KANG Q J, et al. Lattice Boltzmann methods for multiphase flow and phase-change heat transfer[J]. Progress in Energy and Combustion Science,2016,52:62-105.

[50] 徐晗,党政,白博峰. SOFC 电极多组分传质过程的格子 Boltzmann 模拟[J]. 工程热物理学报,2013,34(9):1711-1714..

[51] 郑林. 微尺度流动与传热传质的格子 Boltzmann 方法[D]. 武汉:华中科技大学.

[52] GUO Y, WANG M. Lattice Boltzmann modeling of phonon transport[J]. Journal of Computational Physics,2016,315:1-15.

[53] HAO ZHANG. Articulate Immersed Boundary Method for complex fluid-particle interaction problems with heat transfer[J]. Computers & Mathematics With Applications,2016,71(1):391-407.

[54] AMINA,YOUNSI. On anisotropy function in crystal growth simulations using Lattice Boltzmann equation[J]. Journal of Computational Physics,2016,325:1-21.

[55] YANG B, CHEN S, CAO C, et al. Lattice Boltzmann simulation of two cold particles settling in Newtonian fluid with thermal convection[J]. International Journal of Heat and Mass Transfer,2016,93:477-490.

[56] YAJI K, YAMADA T, YOSHINO M, et al. Topology optimization in thermal-fluid flow using the lattice Boltzmann method[J]. Journal of Computational Physics,2016,307:355-377.

[57] WANG Z, ZHANG W, ZHANG J. Lattice Boltzmann simulations of axisymmetric natural convection with anisotropic thermal diffusion[J]. International Journal of Heat and Mass Transfer,2016,101:1304-1315.

[58] WANG Y, SHU C, YANG L M. Boundary condition-enforced immersed boundary-lattice Boltzmann flux solver for thermal flows with Neumann boundary conditions[J]. Journal of Computational Physics, 2016, 306: 237-252.

[59] 霍宇涛.热能存储及温度调控过程中的固液相变传热传质机理研究[D].徐州:中国矿业大学.

[60] GUO Z L,ZHENG C G,SHI B C. Discrete lattice effects on the forcing term in the lattice Boltzmann method[J]. Physical Review E,2002,65(4):046308.

[61] YU H D,ZHAO K H. Rossby vortex simulation on a paraboloidal coordinate system using the lattice Boltzmann method[J]. Physical Review E, 2001,64(5):056703.

[62] LI Z, YANG M, ZHANG Y. Lattice Boltzmann method simulation of 3-D natural convection with double MRT model[J]. International Journal of Heat and Mass Transfer,2016,94:222-238.

[63] JAMI M, MOUFEKKIR F, MEZRHAB A, et al. New thermal MRT lattice Boltzmann method for simulations of convective flows[J]. International Journal of Thermal Sciences,2016,100:98-107.

[64] WANG Y, SHU C, TEO C J, et al. An immersed boundary-lattice Boltzmann flux solver and its applications to fluid - structure interaction problems[J]. Journal of Fluids and Structures,2015,54:440-465.

[65] WANG Y, SHU C, HUANG H B, et al. Multiphase lattice Boltzmann flux solver for incompressible multiphase flows with large density ratio [J]. Journal of Computational Physics,2015,280:404-423.

[66] WANG H. Numerical simulation of the ion-acoustic solitary waves in

plasma based on lattice Boltzmann method[J]. Advances in Space Research,2015,56(6):1161-1168.

[67] MOHSEN, SHEIKHOLESLAMI. Lattice Boltzmann simulation of magnetohydrodynamic natural convection heat transfer of Al2O3-water nanofluid in a horizontal cylindrical enclosure with an inner triangular cylinder[J]. International Journal of Heat and Mass Transfer, 2015, 80: 16-25.

[68] SHEIKHOLESLAMI M, ELLAHI R. Three dimensional mesoscopic simulation of magnetic field effect on natural convection of nanofluid[J]. International Journal of Heat and Mass Transfer,2015,89:799-808.

[69] WANG L, MI J, GUO Z. A modified lattice Bhatnagar-Gross-Krook model for convection heat transfer in porous media[J]. International Journal of Heat and Mass Transfer,2016,94: 269-291.

[70] 何雅玲,王勇,李庆. 格子 Boltzmann 方法的理论及应用[M]. 北京:科学出版社,2009.

[71] 郭照立,郑楚光. 格子 Boltzmann 方法的原理及应用[M]. 北京:科学出版社,2009.

[72] GUO Z L,SHI B C,ZHENG C G. A coupled lattice BGK model for the Boussinesq equations[J]. International Journal for Numerical Methods in Fluids,2002,39(4):325-342.

[73] KHAZAELI R,MORTAZAVI S,ASHRAFIZAADEH M. Application of a ghost fluid approach for a thermal lattice Boltzmann method[J]. Journal of Computational Physics,2013,250:126-140.

[74] RASIN I,MILLER W,SUCCI S. Phase-field lattice kinetic scheme for the numerical simulation of dendritic growth[J]. Physical Review E,2005,72(6):066705.

[75] MILLER W,SUCCI S. A lattice boltzmann model for anisotropic crystal growth from melt[J]. Journal of Statistical Physics, 2002, 107(1): 173-186.

[76] CARTALADE A, YOUNSI A, PLAPP M. Lattice Boltzmann simulations of 3D crystal growth: Numerical schemes for a phase-field model with anti-trapping current[J]. Computers & Mathematics with Applications,2016,71(9):1784-1798.

[77] WEN-SHU JIAUNG J R H. Lattice boltzmann method for the heat con-

duction problem with phase change[J]. Numerical Heat Transfer,Part B: Fundamentals,2001,39(2):167-187.

[78] HUBER C, PARMIGIANI A, CHOPARD B, et al. Lattice Boltzmann model for melting with natural convection[J]. International Journal of Heat and Fluid Flow,2008,29(5):1469-1480.

[79] 陈宝明,部凯凯,姜昊. 固-液相变糊状区的格子 Boltzmann 研究[J]. 工程热物理学报,2017,(11):2453-2460.

[80] HUANG R, WU H. An immersed boundary-thermal lattice Boltzmann method for solid - liquid phase change[J]. Journal of Computational Physics,2014,277:305-319.

[81] LI Z,YANG M,ZHANG Y W. Numerical simulation of melting problems using the lattice boltzmann method with the interfacial tracking method [J]. Numerical Heat Transfer, Part A: Applications, 2015, 68 (11): 1175-1197.

[82] TAGHILOU M, TALATI F. Numerical investigation on the natural convection effects in the melting process of PCM in a finned container using lattice Boltzmann method[J]. International Journal of Refrigeration, 2016,70:157-170.

[83] HUANG R, WU H, CHENG P. A new lattice Boltzmann model for solid-liquid phase change[J]. International Journal of Heat and Mass Transfer,2013,59:295-301.

[84] GAO D, CHEN Z. Lattice Boltzmann simulation of natural convection dominated melting in a rectangular cavity filled with porous media[J]. International Journal of Thermal Sciences,2011,50(4):493-501.

[85] SEMMA E A, EL GANAOUI M, BENNACER R. Lattice Boltzmann method for melting/solidification problems [J]. Comptes Rendus Mécanique,2007,335(5-6):295-303.

[86] MISHRA S C, BEHERA N C, Garg A K, et al. Solidification of a 2-D semitransparent medium using the lattice Boltzmann method and the finite volume method[J]. International Journal of Heat and Mass Transfer,2008,51(17-18):4447-4460.

[87] SEMMA E, EL GANAOUI M, BENNACER R, et al. Investigation of flows in solidification by using the lattice Boltzmann method[J]. International Journal of Thermal Sciences,2008,47(3):201-208.

[88] CHATTERJEE D. Lattice boltzmann simulation of incompressible transport phenomena in macroscopic solidification processes[J]. Numerical Heat Transfer, Part B: Fundamentals, 2010, 58(1): 55-72.

[89] CHATTERJEE D. An enthalpy-based thermal lattice Boltzmann model for non-isothermal systems[J]. EPL (Europhysics Letters), 2009, 86(1): 14004.

[90] CHAKRABORTY S, CHATTERJEE D. An enthalpy-based hybrid lattice-Boltzmann method for modelling solid-liquid phase transition in the presence of convective transport[J]. Journal of Fluid Mechanics, 2007, 592: 155-175.

[91] CHATTERJEE D, CHAKRABORTY S. A hybrid lattice Boltzmann model for solid-liquid phase transition in presence of fluid flow[J]. Physics Letters A, 2006, 351(4-5): 359-367.

[92] CHATTERJEE D, CHAKRABORTY S. An enthalpy-based lattice Boltzmann model for diffusion dominated solid-liquid phase transformation [J]. Physics Letters A, 2005, 341(1-4): 320-330.

[93] BRENT A D, VOLLER V R, REID K J. Enthalpy-porosity technique for modeling convection-diffusion phase change: application to the melting of a pure metal[J]. Numerical Heat Transfer, 1988, 13(3): 297-318.

[94] JOURABIAN M, FARHADI M, SEDIGHI K. RETRACTED: On the expedited melting of phase change material (PCM) through dispersion of nanoparticles in the thermal storage unit[J]. Computers & Mathematics With Applications, 2014, 67(7): 1358-1372.

[95] JOURABIAN M, FARHADI M. RETRACTED ARTICLE: melting of nanoparticles-enhanced phase change material (NEPCM) in vertical semicircle enclosure: numerical study[J]. Journal of Mechanical Science and Technology, 2015, 29(9): 3819-3830.

[96] JOURABIAN M, FARHADI M, ALI RABIENATAJ DARZI A. Outward melting of ice enhanced by Cu nanoparticles inside cylindrical horizontal annulus: lattice Boltzmann approach[J]. Applied Mathematical Modelling, 2013, 37(20/21): 8813-8825.

[97] LIU Q, HE Y-L. Double multiple-relaxation-time lattice Boltzmann model for solid - liquid phase change with natural convection in porous media [J]. Physica A: Statistical Mechanics and its Applications, 2015, 438:

94-106.

[98] SONG W, ZHANG Y, LI B, et al. A lattice Boltzmann model for heat and mass transfer phenomena with phase transformations in unsaturated soil during freezing process[J]. International Journal of Heat and Mass Transfer,2016,94:29-38.

[99] SU Y, DAVIDSON J H. A new mesoscopic scale timestep adjustable non-dimensional lattice Boltzmann method for melting and solidification heat transfer[J]. International Journal of Heat and Mass Transfer,2016, 92:1106-1119.

[100] YAO F J, LUO K, YI H L, ET AL. Analysis of melting with natural convection and volumetric radiation using lattice Boltzmann method[J]. International Journal of Heat and Mass Transfer,2017,112:413-426.

[101] Tao Y B, You Y, He Y L. Lattice Boltzmann simulation on phase change heat transfer in metal foams/paraffin composite phase change material[J]. Applied Thermal Engineering,2016,93:476-485.

[102] 张岩琛,杲东彦,陈振乾.基于格子 Boltzmann 方法的孔隙率对泡沫金属内相变材料融化传热的影响[J].东南大学学报(自然科学版),2013,43(1):94-98.

[103] ESHRAGHI M, FELICELLI S D. An implicit lattice Boltzmann model for heat conduction with phase change[J]. International Journal of Heat and Mass Transfer,2012,55(9-10):2420-2428.

[104] TALATI F, TAGHILOU M. Lattice Boltzmann application on the PCM solidification within a rectangular finned container[J]. Applied Thermal Engineering,2015,83:108-120.

[105] FENG Y, LI H, LI L, et al. Numerical investigation on the melting of nanoparticle-enhanced phase change materials (NEPCM) in a bottom-heated rectangular cavity using lattice Boltzmann method[J]. International Journal of Heat and Mass Transfer,2015,81:415-425.

[106] FENG Y C,LI H X,LI L X,et al. Investigation of the effect of magnetic field on melting of solid gallium in a bottom-heated rectangular cavity using the lattice Boltzmann method[J]. Numerical Heat Transfer,Part A: Applications,2016,69(11):1263-1279.

[107] ZHAO X, DONG B, LI W, et al. An improved enthalpy-based lattice Boltzmann model for heat and mass transfer of the freezing process[J].

Applied Thermal Engineering,2016,111:1477-1486.

[108] SHAN X W,CHEN H D. Lattice Boltzmann model for simulating flows with multiple phases and components[J]. Physical Review E,1993,47(3):1815-1819.

[109] HUO Y, RAO Z. Lattice Boltzmann simulation for solid-liquid phase change phenomenon of phase change material under constant heat flux [J]. International Journal of Heat and Mass Transfer, 2015, 86: 197-206.

[110] HUO Y, RAO Z. Investigation of phase change material based battery thermal management at cold temperature using lattice Boltzmann method [J]. Energy Conversion and Management,2017,133:204-215.

[111] LUO K, YAO F-J, YI H-L, et al. Lattice Boltzmann simulation of convection melting in complex heat storage systems filled with phase change materials[J]. Applied Thermal Engineering,2015,86:238-250.

[112] HUANG R, WU H. Phase interface effects in the total enthalpy-based lattice Boltzmann model for solid-liquid phase change[J]. Journal of Computational Physics,2015,294:346-362.

[113] REN Q, CHAN C L. GPU accelerated numerical study of PCM melting process in an enclosure with internal fins using lattice Boltzmann method [J]. International Journal of Heat and Mass Transfer, 2016, 100: 522-535.

[114] HUANG R, WU H. Total enthalpy-based lattice Boltzmann method with adaptive mesh refinement for solid-liquid phase change[J]. Journal of Computational Physics,2016,315:65-83.

[115] WU W, ZHANG S, WANG S. A novel lattice Boltzmann model for the solid-liquid phase change with the convection heat transfer in the porous media[J]. International Journal of Heat and Mass Transfer,2017,104:675-687.

[116] LIU Q, HE Y-L, LI Q. Enthalpy-based multiple-relaxation-time lattice Boltzmann method for solid-liquid phase-change heat transfer in metal foams[J]. Physical Review E,2017,96(2).

[117] GAO D, TIAN F-B, CHEN Z, et al. An improved lattice Boltzmann method for solid-liquid phase change in porous media under local thermal non-equilibrium conditions[J]. International Journal of Heat and Mass

Transfer,2017,110:58-62.

[118] GAO D, CHEN Z, ZHANG D, et al. Lattice Boltzmann modeling of melting of phase change materials in porous media with conducting fins [J]. Applied Thermal Engineering,2017,118:315-327.

[119] ZHAO J, CHENG P. A lattice Boltzmann method for simulating laser cutting of thin metal plates[J]. International Journal of Heat and Mass Transfer, 2017, 110: 94-103.

[120] 聂德明,林建忠. 格子 Boltzmann 方法中的边界条件[J]. 计算物理,2004,21(1)21-26.

[121] 刘演华,林建忠,库晓珂. 格子 Boltzmann 方法中三维运动边界的统一模型[J]. 计算物理,2008,25(5)535-542.

[122] CHEN S Y,MARTíNEZ D,MEI R W. On boundary conditions in lattice Boltzmann methods[J]. Physics of Fluids,1996,8(9):2527-2536.

[123] GUO Z L,ZHENG C G,SHI B C. Non-equilibrium extrapolation method for velocity and pressure boundary conditions in the lattice Boltzmann method[J]. Chinese Physics,2002,11(4):366-374.

[124] NOBLE D R,TORCZYNSKI J R. A lattice-boltzmann method for partially saturated computational cells[J]. International Journal of Modern Physics C,1998,9(8):1189-1201.

[125] HOLDYCH D J. Lattice Boltzmann methods for diffuse and mobile interfaces [D]. Ann Arbor: University of Illinois at Urbana-Champaign, 2003.

[126] STRACK O E,COOK B K. Three-dimensional immersed boundary conditions for moving solids in the lattice-Boltzmann method[J]. International Journal for Numerical Methods in Fluids,2007,55(2):103-125.

[127] HU H,ARGYROPOULOS S A. Mathematical modelling of solidification and melting:a review[J]. Modelling and Simulation in Materials Science and Engineering,1996,4(4):371-396.

[128] MENCINGER J. Numerical simulation of melting in two-dimensional cavity using adaptive grid[J]. Journal of Computational Physics,2004,198(1):243-264.

[129] HE X, DOOLEN G. Lattice Boltzmann Method on Curvilinear Coordinates System: Flow around a Circular Cylinder[J]. Journal of Computational Physics,1997,134(2):306-315.

[130] HE X, LUO L S, DEMBO M. Some Progress in Lattice Boltzmann Method. Part I. Nonuniform Mesh Grids[J]. Journal of Computational Physics,1996,129(2):357-363.

[131] DUPUIS A,CHOPARD B. Theory and applications of an alternative lattice Boltzmann grid refinement algorithm[J]. Physical Review E,Statistical,Nonlinear,and Soft Matter Physics,2003,67(6 Pt 2):066707.

[132] LIN C L,LAI Y G. Lattice Boltzmann method on composite grids[J]. Physical Review E,2000,62(2):2219-2225.

[133] HUANG R Z,WU H Y. Multiblock approach for the passive scalar thermal lattice Boltzmann method [J]. Physical Review E, 2014, 89 (4):043303.

[134] PENG Y, SHU C, CHEW Y T, et al. Application of multi-block approach in the immersed boundary-lattice Boltzmann method for viscous fluid flows [J]. Journal of Computational Physics, 2006, 218 (2): 460-478.

[135] YU D Z,MEI R W,SHYY W. A multi-block lattice Boltzmann method for viscous fluid flows[J]. International Journal for Numerical Methods in Fluids,2002,39(2):99-120.

[136] DE ROSIS A, FALCUCCI G, UBERTINI S, et al. Aeroelastic study of flexible flapping wings by a coupled lattice Boltzmann-finite element approach with immersed boundary method[J]. Journal of Fluids and Structures,2014,49:516-533.

[137] DE ROSIS A, FALCUCCI G, UBERTINI S, et al. A coupled lattice Boltzmann-finite element approach for two-dimensional fluid - structure interaction[J]. Computers & Fluids,2013,86:558-568.

[138] CLAUSEN J R, REASOR D A, AIDUN C K. Parallel performance of a lattice-Boltzmann/finite element cellular blood flow solver on the IBM Blue Gene/P architecture[J]. Computer Physics Communications,2010,181(6):1013-1020.

[139] DE ROSIS A, UBERTINI S, UBERTINI F. A partitioned approach for two-dimensional fluid - structure interaction problems by a coupled lattice Boltzmann-finite element method with immersed boundary [J]. Journal of Fluids and Structures,2014,45:202-215.

[140] ZARGHAMI A, UBERTINI S, SUCCI S. Finite-volume lattice Boltz-

mann modeling of thermal transport in nanofluids[J]. Computers & Fluids,2013,77:56-65.

[141] CHOI S K,LIN C L. A simple finite-volume formulation of the lattice boltzmann method for laminar and turbulent flows[J]. Numerical Heat Transfer,Part B:Fundamentals,2010,58(4):242-261.

[142] Maik,Stiebler,. An upwind discretization scheme for the finite volume lattice Boltzmann method[J]. Computers & Fluids, 2006, 35(8/9): 814-819.

[143] GELLER S, KRAFCZYK M, T? LKE J, et al. Benchmark computations based on lattice-Boltzmann, finite element and finite volume methods for laminar flows[J]. Computers & Fluids,2006,35(8-9):888-897.

[144] MEZRHAB A, BOUZIDI M, LALLEMAND P. Hybrid lattice-Boltzmann finite-difference simulation of convective flows[J]. Computers & Fluids,2004,33(4):623-641.

[145] HEINO P. Lattice-Boltzmann finite-difference model with optical phonons for nanoscale thermal conduction[J]. Computers & Mathematics with Applications,2010,59(7):2351-2359.

[146] LIU H H,VALOCCHI A J,ZHANG Y H,et al. Phase-field-based lattice Boltzmann finite-difference model for simulating thermocapillary flows[J]. Physical Review E,2013,87:013010.

[147] GUO Z L,XU K,WANG R J. Discrete unified gas kinetic scheme for all Knudsen number flows: low-speed isothermal case[J]. Physical Review E,2013,88(3):033305.

[148] GUO Z L,WANG R J,XU K. Discrete unified gas kinetic scheme for all Knudsen number flows. II. Thermal compressible case[J]. Physical Review E,2015,91(3):033313.

[149] WANG P,ZHU L H,GUO Z L,et al. A comparative study of LBE and DUGKS methods for nearly incompressible flows[J]. Communications in Computational Physics,2015,17(3):657-681.

[150] WANG P,WANG L P,GUO Z L. Comparison of the lattice Boltzmann equation and discrete unified gas-kinetic scheme methods for direct numerical simulation of decaying turbulent flows[J]. Physical Review E, 2016,94(4):043304.

[151] ZHU L,WANG P,GUO Z. Performance evaluation of the general char-

acteristics based off-lattice Boltzmann and DUGKS methods for low speed continuum flows: a comparative study" [EB/OL]. 2015: arXiv: 1511.00242. https://arxiv.org/abs/1511.00242".

[152] ZHU L, WANG P, GUO Z. Performance evaluation of the general characteristics based off-lattice Boltzmann scheme and DUGKS for low speed continuum flows[J]. Journal of Computational Physics, 2017, 333:227-246.

[153] FENG Y, SAGAUT P, TAO W-Q. A compressible lattice Boltzmann finite volume model for high subsonic and transonic flows on regular lattices[J]. Computers & Fluids, 2016, 131:45-55.

[154] GUO Z, XU K. Discrete unified gas kinetic scheme for multiscale heat transfer based on the phonon Boltzmann transport equation[J]. International Journal of Heat and Mass Transfer, 2016, 102:944-958.

[155] LUO X, YI H. A discrete unified gas kinetic scheme for phonon Boltzmann transport equation accounting for phonon dispersion and polarization[J]. International Journal of Heat and Mass Transfer, 2017, 114: 970-980.

[156] WANG P, TAO S, GUO Z. A coupled discrete unified gas-kinetic scheme for Boussinesq flows[J]. Computers & Fluids, 2015, 120:70-81.

[157] WU C, SHI B, CHAI Z, et al. Discrete unified gas kinetic scheme with a force term for incompressible fluid flows[J]. Computers & Mathematics with Applications, 2016, 71(12): 2608-2629.

[158] GUO Z L, ZHAO T S. Lattice Boltzmann model for incompressible flows through porous media[J]. Physical Review E, 2002, 66(3):036304.

[159] TAN F L. Constrained and unconstrained melting inside a sphere[J]. International Communications in Heat and Mass Transfer, 2008, 35(4): 466-475.

[160] GIMENEZ-GAVARRELL P, FERERES S. Glass encapsulated phase change materials for high temperature thermal energy storage[J]. Renewable Energy, 2017, 107:497-507.

[161] FAN L, ZHU Z, XIAO S, et al. An experimental and numerical investigation of constrained melting heat transfer of a phase change material in a circumferentially finned spherical capsule for thermal energy storage [J]. Applied Thermal Engineering, 2016, 100:1063-1075.

[162] GUO Z, HAN H, SHI B, et al. Theory of the lattice Boltzmann equation: Lattice Boltzmann model for axisymmetric flows[J]. Physical Review E,2009,79(4):046708.

[163] ZHENG L,SHI B C,GUO Z L,et al. Lattice Boltzmann equation for axisymmetric thermal flows[J]. Computers & Fluids,2010,39(6):945-952.

[164] RONG F, GUO Z, CHAI Z, et al. A lattice Boltzmann model for axisymmetric thermal flows through porous media[J]. International Journal of Heat and Mass Transfer,2010,53(23-24): 5519-5527.

[165] LI Q,HE Y L,TANG G H,et al. Lattice Boltzmann model for axisymmetric thermal flows[J]. Physical Review E,2009,80(3):037702.

[166] LI Q,HE Y L,TANG G H,et al. Improved axisymmetric lattice Boltzmann scheme[J]. Physical Review E,2010,81(5):056707.

[167] WANG S M,FAGHRI A,BERGMAN T L. Melting in cylindrical enclosures:numerical modeling and heat transfer correlations[J]. Numerical Heat Transfer;Part A:Applications,2012,61(11):837-859.

[168] KEFAYATI G R. Lattice Boltzmann simulation of MHD natural convection in a nanofluid-filled cavity with sinusoidal temperature distribution[J]. Powder Technology,2013,243:171-183.

[169] MOUTAOUAKIL L E, ZRIKEM Z, ABDELBAKI A. Interaction of surface radiation with natural convection in tall vertical cavities heated by a linear heat flux[J]. International Journal of Numerical Methods for Heat & Fluid Flow,2016,26(6):1975-1996.

[170] JAVED T,MEHMOOD Z,POP I. MHD-mixed convection flow in a lid-driven trapezoidal cavity under uniformly/non-uniformly heated bottom wall[J]. International Journal of Numerical Methods for Heat & Fluid Flow,2017,27(6):1231-1248.

[171] APARNA K, SEETHARAMU K N. Investigations on the effect of non-uniform temperature on fluid flow and heat transfer in a trapezoidal cavity filled with porous media[J]. International Journal of Heat and Mass Transfer,2017,108:63-78.

[172] KAMKARI B, SHOKOUHMAND H, BRUNO F. Experimental investigation of the effect of inclination angle on convection-driven melting of phase change material in a rectangular enclosure[J]. International Journal of Heat and Mass Transfer,2014,72:186-200.

[173] JOURABIAN M,FARHADI M,DARZI A A R. Simulation of natural convection melting in an inclined cavity using lattice Boltzmann method [J]. Scientia Iranica,2012,19(4):1066-1073. [LinkOut]

[174] ZHANG X,CHENG F. Comparative assessment of external and internal thermal insulation for energy conservation of intermittently air-conditioned buildings[J]. Journal of Building Physics,2019,42(4):568-584.

[175] ALI A,DARZI R,. Melting and solidification of PCM enhanced by radial conductive fins and nanoparticles in cylindrical annulus[J]. Energy Conversion and Management,2016,118:253-263.

[176] KAMKARI B, SHOKOUHMAND H. Experimental investigation of phase change material melting in rectangular enclosures with horizontal partial fins[J]. International Journal of Heat and Mass Transfer, 2014, 78: 839-851.

[177] 饶中浩,张国庆. 电池热管理[M]. 北京:科学出版社,2015.

[178] 饶中浩. 基于固液相变传热介质的动力电池热管理研究[D]. 广州:华南理工大学.

[179] WANG Z, ZHANG Z, JIA L, et al. Paraffin and paraffin/aluminum foam composite phase change material heat storage experimental study based on thermal management of Li-ion battery[J]. Applied Thermal Engineering,2015,78:428-436.

[180] LI W Q, QU Z G, HE Y L, et al. Experimental study of a passive thermal management system for high-powered lithium ion batteries using porous metal foam saturated with phase change materials[J]. Journal of Power Sources,2014,255:9-15.

[181] LING Z, WEN X, ZHANG Z, et al. Thermal management performance of phase change materials with different thermal conductivities for Li-ion battery packs operated at low temperatures[J]. Energy, 2018, 144: 977-983.

[182] ALSHAER W G, NADA S A, RADY M A, et al. Numerical investigations of using carbon foam/PCM/Nano carbon tubes composites in thermal management of electronic equipment[J]. Energy Conversion and Management,2015,89:873-884.

[183] JIANG Z Y, QU Z G, ZHOU L. Lattice Boltzmann simulation of ion and electron transport during the discharge process in a randomly recon-

structed porous electrode of a lithium-ion battery[J]. International Journal of Heat and Mass Transfer,2018,123:500-513.

[184] CHOI S U, EASTMAN J. Enhancing thermal conductivity of fluids with nanoparticles[J]. ASME-Publications-Fed,1995,231:99-106.

[185] HUNG Y-H, TENG T-P, TENG T-C, et al. Assessment of heat dissipation performance for nanofluid[J]. Applied Thermal Engineering, 2012,32:132-140.

[186] IZ C,WHA A,WANWM C,et al. Experimental investigation of thermal conductivity and electrical conductivity of Al_2O_3 nanofluid in water - ethylene glycol mixture for proton exchange membrane fuel cell application [J]. International Communications in Heat and Mass Transfer,2015,61: 61-68.

[187] MYERS P D, ALAM T E, KAMAL R, et al. Nitrate salts doped with CuO nanoparticles for thermal energy storage with improved heat transfer[J]. Applied Energy,2016,165:225-233.

[188] MAHAMUDUR RAHMAN M,HU H,SHABGARD H,et al. Experimental characterization of inward freezing and melting of additive-enhanced phase-change materials within millimeter-scale cylindrical enclosures[J]. Journal of Heat Transfer,2016,138(7):072301.

[189] DARZI A A R, FARHADI M, JOURABIAN M, et al. Natural convection melting of NEPCM in a cavity with an obstacle using lattice Boltzmann method[J]. International Journal of Numerical Methods for Heat & Fluid Flow,2013,24(1):221-236.

[190] ZHU F, ZHANG C, GONG X. Numerical analysis and comparison of the thermal performance enhancement methods for metal foam/phase change material composite[J]. Applied Thermal Engineering,2016,109: 373-383.

[191] ARICI M, TüTüNCü E, KAN M, et al. Melting of nanoparticle-enhanced paraffin wax in a rectangular enclosure with partially active walls [J]. International Journal of Heat and Mass Transfer,2017,104:7-17.

[192] TASNIM S H, HOSSAIN R, MAHMUD S, et al. Convection effect on the melting process of nano-PCM inside porous enclosure[J]. International Journal of Heat and Mass Transfer,2015,85:206-220.

[193] ZHANG S S, XU K, JOW T R. The low temperature performance of

Li-ion batteries[J]. Journal of Power Sources,2003,115(1):137-140.
[194] LüDERS C V, ZINTH V, ERHARD S V, et al. Lithium plating in lithium-ion batteries investigated by voltage relaxation and in situ neutron diffraction[J]. Journal of Power Sources,2017,342:17-23.
[195] ELNAJJAR E. Using PCM embedded in building material for thermal management: Performance assessment study[J]. Energy and Buildings, 2017,151:28-34.

附录 A

本附录考虑 SRT 模型，给出式(1-20)的 Chapman-Enskog 展开。对式(1-20)进行 Taylor 展开，可得：

$$f_i + \Delta t(e_i \cdot \nabla + \partial_t)f_i + \frac{\Delta t^2}{2}(e_i \cdot \nabla + \partial_t)^2 f_i = f_i - \frac{1}{\tau_f}[f_i - f_i^{eq}] + \Delta t F_i + O(\Delta t^3) \tag{A1}$$

引入 Chapman-Enskog 多尺度展开，如下：

$$\partial_t = K\partial_{t1} + K^2\partial_{t2} \tag{A2}$$

$$\nabla = K\nabla_1 \tag{A3}$$

$$f_i = f_i^{(0)} + Kf_i^{(1)} + K^2 f_i^{(2)} \tag{A4}$$

$$F_i = KF_i^{(1)} \tag{A5}$$

其中，系数 K 为任意小的正数。将式(A2)至(A5)代入式(A1)并根据系数 K 的阶数整理可得：

$$K^0: f_i^{(0)} = f_i^{eq} \tag{A6}$$

$$K^1: D_i^{(1)} f_i^{(0)} = -\frac{1}{\Delta t\tau_f} f_i^{(1)} + F_i^{(1)} \tag{A7}$$

$$K^2: \partial_{t2} f_i^{(0)} + D_i^{(1)} f_i^{(1)} + \frac{\Delta t}{2}[D_i^{(1)}]^2 f_i^{(0)} = -\frac{1}{\Delta t\tau_f} f_i^{(2)} \tag{A8}$$

其中 $D_i^{(1)}$ 为：

$$D_i^{(1)} = \partial_{t1} + e_i \cdot \nabla_1 \tag{A9}$$

根据式(A7)，式(A8)可修改为：

$$\partial_{t2} f_i^{(0)} + \left(1 - \frac{1}{2\tau_f}\right) D_i^{(1)} f_i^{(1)} = -\frac{1}{\tau_f \Delta t} f_i^{(2)} - \frac{\Delta t}{2} D_i^{(1)} F_i^{(1)} \tag{A10}$$

根据式(1-25)，对 $F_i^{(1)}$ 在 0 阶、1 阶和 2 阶速度空间求和得：

$$\sum_i F_i^{(1)} = 0 \tag{A11}$$

$$\sum_i e_i F_i^{(1)} = \left(1 - \frac{1}{2\tau_f}\right) F^{(1)} \tag{A12}$$

$$\sum_i e_i e_i F_i^{(1)} = \left(1 - \frac{1}{2\tau_f}\right)(uF^{(1)} + F^{(1)} u) \tag{A13}$$

将式(A4)和(A5)代入式(1-27)有：

$$\begin{aligned}\rho u &= \sum_i f_i e_i + \frac{\Delta t}{2}F \\ &= \sum_i [f_i^{(0)} + K f_i^{(1)} + K^2 f_i^{(2)}]e_i + \frac{\Delta t}{2}KF^{(1)} \\ &= \rho u + \sum_i [K f_i^{(1)} + K^2 f_i^{(2)}]e_i + \frac{\Delta t}{2}KF^{(1)}\end{aligned} \tag{A14}$$

整理得：

$$\sum_i f_i^{(1)} e_i = -\frac{\Delta t}{2}F^{(1)} \tag{A15}$$

对式(A7)和(A10)在 0 阶速度空间求和可得：

$$\partial_{t1}\rho + \nabla_1 \cdot (\rho u) = 0 \tag{A16}$$

$$\partial_{t2}\rho = 0 \tag{A17}$$

根据式(A2)和(A3)定义可得，联立(A16)和(A17)可得到质量守恒方程式(1-3)。补充密度分布函数的 2 阶速度空间求和，如下：

$$\sum_i e_i e_i f_i = \rho uu + pI \tag{A18}$$

则对式(A7)和(A10)在 1 阶速度空间求和可得：

$$\partial_{t1}(\rho u) + \nabla_1 \cdot (\rho uu) = -\nabla_1 p + F^{(1)} \tag{A19}$$

$$\begin{aligned}&\partial_{t2}(\rho u) + \left(1 - \frac{1}{2\tau_f}\right)\nabla_1 \cdot \sum e_i e_i f_i^{(1)} = \\ &-\frac{\Delta t}{2}\partial_{t1}F^{(1)} - \frac{\Delta t}{2}\nabla_1 \cdot \left(\left(1 - \frac{1}{2\tau_f}\right)(uF^{(1)} + F^{(1)}u)\right)\end{aligned} \tag{A20}$$

对式(A7)在 2 阶速度空间进行求和，得：

$$\begin{aligned}\sum e_i e_i f_i^{(1)} &= \Delta t \tau_f \left(1 - \frac{1}{2\tau_f}\right)(uF^{(1)} + F^{(1)}u) \\ &- \Delta t \tau_f \left[\partial_{t1}(\rho uu + pI) + \nabla_1 \cdot \sum e_i e_i e_i f_i^{(0)}\right]\end{aligned} \tag{A21}$$

其中，根据式(A16)，有：

$$\begin{aligned}\partial_{t1}(pI) &= \partial_{t1}(\rho c_s^2 I) = c_s^2 I \partial_{t1}\rho \\ &= -c_s^2 I \nabla_1 \cdot (\rho u)\end{aligned} \tag{A22}$$

同理，根据式(A16)和(A19)，有(为区分，在速度矢量中加入下标 i、j 和 k，引入 Einstein 约定)：

$$
\begin{aligned}
&\partial_{t1}(\rho u_i u_j) = u_i \partial_{t1}(\rho u_j) + \rho u_j \partial_{t1} u_i \\
&= u_i \partial_{t1}(\rho u_j) + u_j \partial_{t1}(\rho u_i) - u_i u_j \partial_{t1} \rho \\
&= u_i [-\nabla_1 \cdot (\rho u_j u_k) - c_s^2 \nabla_1 \rho \delta_{jk} + F^{(1)}] \\
&+ u_j [-\nabla_1 \cdot (\rho u_i u_k) - c_s^2 \nabla_1 \rho \delta_{ik} + F^{(1)}] + u_i u_j \nabla_1 \cdot (\rho u_k) \\
&= -u_i c_s^2 \nabla_1 \rho \delta_{jk} - u_j c_s^2 \nabla_1 \rho \delta_{ik} - u_i \nabla_1 \cdot (\rho u_j u_k) \\
&- u_j \nabla_1 \cdot (\rho u_i u_k) + u_i F^{(1)} + u_j F^{(1)} + u_i u_j \nabla_1 \cdot (\rho u_k) \\
&= -u_i c_s^2 \nabla_1 \rho \delta_{jk} - u_j c_s^2 \nabla_1 \rho \delta_{ik} + u_i F^{(1)} + u_j F^{(1)} \\
&- u_j u_k \rho \nabla_1 \cdot u_i - u_i \nabla_1 \cdot (\rho u_j u_k) \\
&= -u_i c_s^2 \nabla_1 \rho \delta_{jk} - u_j c_s^2 \nabla_1 \rho \delta_{ik} - \nabla_1 \cdot (\rho u_i u_j u_k) + u_i F^{(1)} + u_j F^{(1)}
\end{aligned} \tag{A23}
$$

根据密度平衡态分布函数(1-22)，可得其在 3 阶速度空间求和为(方程左侧为 3 阶张量，省略了离散速度标志)：

$$
\sum e_i e_j e_k f^{(1)} = \rho c_s^2 (\delta_{ij} u_k + \delta_{ik} u_j + \delta_{kj} u_i) \tag{A24}
$$

则有：

$$
\begin{aligned}
&\nabla_1 \cdot \sum e_i e_j e_k f^{(1)} = \nabla_1 \cdot [\rho c_s^2 (\delta_{ij} u_k + \delta_{ik} u_j + \delta_{kj} u_i)] \\
&= \rho c_s^2 \nabla_1 \cdot (\delta_{ij} u_k + \delta_{ik} u_j + \delta_{kj} u_i) + c_s^2 (\delta_{ij} u_k + \delta_{ik} u_j + \delta_{kj} u_i) \nabla_1 \rho
\end{aligned} \tag{A25}
$$

将式(A22)、(A23)和(A25)代入式(A21)可得：

$$
\begin{aligned}
&\sum e_i e_i f_i^{(1)} = \Delta t \tau_f \left(1 - \frac{1}{2\tau_f}\right)(u F^{(1)} + F^{(1)} u) \\
&- \Delta t \tau_f \left[\partial_{t1} (\rho u u + p I) + \nabla_1 \cdot \sum e_i e_i e_i f_i^{(0)}\right] \\
&= -\frac{\Delta t}{2}(u F^{(1)} + F^{(1)} u) - \Delta t \tau_f [-\nabla_1 \cdot (\rho u u u) + \rho c_s^2 \nabla_1 u + \rho c_s^2 (\nabla_1 u)^T]
\end{aligned} \tag{A26}
$$

将式(A26)代入式(A20)可得：

$$
\begin{aligned}
&\partial_{t2}(\rho u) = -\frac{\Delta t}{2} \partial_{t1} F^{(1)} \\
&+ \Delta t \left(\tau_f - \frac{1}{2}\right) \nabla_1 \cdot [-\nabla_1 \cdot (\rho u u u) + \rho c_s^2 \nabla_1 u + \rho c_s^2 (\nabla_1 u)^T]
\end{aligned} \tag{A27}
$$

联立式(A19)和(A27)，可得：

$$
\begin{aligned}
&\partial(\rho u) + \nabla \cdot (\rho u u) = -\nabla p \\
&+ \Delta t \left(\tau_f - \frac{1}{2}\right) c_s^2 \nabla \cdot \left[-\frac{1}{c_s^2} \nabla \cdot (\rho u u u) + \rho \nabla u + \rho (\nabla u)^T\right] + F - \frac{\Delta t}{2} K \partial_{t1} F
\end{aligned} \tag{A28}
$$

将式(1-28)代入式(A28)且根据 $\nabla \cdot (\nabla u)^T = \nabla(\nabla \cdot u)$，可得：

$$\partial(\rho u)+\nabla\cdot(\rho uu)=-\nabla p+\mu\nabla\cdot\nabla u+F+\mu\nabla(\nabla\cdot u)$$
$$-\frac{\Delta t}{2}K\partial_{t1}F+\nabla\cdot\left[-\frac{1}{\rho c_s^2}\nabla\cdot(\rho uuu)\right] \tag{A29}$$

对比 Navier-Stokes 方程可知，式(A29)中缺少第二黏度系数，且存在误差项(方程右侧后两项)，在低 Mach 数的不可压缩流中(本书研究所有内容均属于此类)，式(A29)方程右侧后三项可忽略，则式(A29)化简为式(1-4)。

附录B

本附录给出式(1-45)和式(4-2)的 Chapman-Enskog 展开。对式(1-45)进行 Taylor 展开得：

$$(e_i \cdot \nabla + \partial_t) g_i + \frac{\Delta t}{2} (e_i \cdot \nabla + \partial_t)^2 g_i = -\frac{1}{\Delta t \tau_g} [g_i - g_i^{eq}] + O(\Delta t^3) \quad \text{(B1)}$$

引入 Chapman-Enskog 展开并代入式(B1)，整理各阶系数得：

$$K^0 : g_i^{(0)} = g_i^{eq} \quad \text{(B2)}$$

$$K^1 : D_i^{(1)} g_i^{(0)} + \frac{1}{\Delta t \tau_g} g_i^{(1)} = 0 \quad \text{(B3)}$$

$$K^2 : \partial_{t2} g_i^{(0)} + \left(1 - \frac{1}{2\tau_g}\right) D_i^{(1)} g_i^{(1)} + \frac{1}{\Delta t \tau_g} g_i^{(2)} = 0 \quad \text{(B4)}$$

根据平衡态分布函数定义，对式(B3)和(B4)在 0 阶速度空间求和得：

$$\frac{\partial H}{\partial t_1} + \nabla_1 \cdot (C_p T u) = 0 \quad \text{(B5)}$$

$$\frac{\partial H}{\partial t_2} + \left(1 - \frac{1}{2\tau_g}\right) \nabla_1 \cdot \sum_i e_i g_i^{(1)} = 0 \quad \text{(B6)}$$

对式(B3)在 1 阶速度空间求和得：

$$\sum_i e_i g_i^{(1)} = -\tau_g \Delta t \left[\frac{\partial (C_p T u)}{\partial t_1} + \nabla_1 \cdot (C_p T u u + C_p T c_s^2 I)\right] \quad \text{(B7)}$$

与附录 C 中一致，引入通用无量纲表达式，其中无量纲长度改写为：

$$L^* = \frac{L}{L_{ref}} \quad \text{(B8)}$$

并代入式(B7)可得：

$$\begin{aligned}
&\frac{U_{ref} C_p T_{ref}}{t_{ref}} \frac{\partial (T^* u^*)}{\partial t_1^*} + \frac{U_{ref}^2 C_p T_{ref}}{L_{ref}} \nabla_1^* \cdot (T^* u^* u^*) + \frac{c_s^2 T_{ref}}{L_{ref}} \nabla_1^* T^* \\
&= \frac{c_s^2 C_p T_{ref}}{L_{ref}} \left(\frac{U_{ref} L}{t_{ref} c_s^2} \frac{\partial (T^* u^*)}{\partial t_1^*} + \frac{U_{ref}^2}{c_s^2} \nabla_1^* \cdot (T^* u^* u^*) + \nabla_1^* T^*\right) \quad \text{(B9)} \\
&= \frac{c_s^2 C_p T_{ref}}{L_{ref}} \left(Ma \frac{L_{ref}}{t_{ref} c_s} \frac{\partial (T^* u^*)}{\partial t_1^*} + Ma^2 \nabla_1^* \cdot (T^* u^* u^*) + \nabla_1^* T^*\right)
\end{aligned}$$

保证 Ma 和 $L_{ref}/t_{ref}c_s$ 远小于 1，则式(B7)可简化为：

$$\sum_i e_i g_i^{(1)} \approx -\tau_g \Delta t \ \nabla_1 (C_{pl} T c_s^2) \tag{B10}$$

对式(B4)在0阶速度空间求和,并代入式(B10)可得：

$$\frac{\partial H}{\partial t_2} + \nabla_1 \cdot \left(\left(\frac{1}{2} - \tau_g \right) \Delta t c_s^2 \ \nabla_1 (C_p T) \right) = 0 \tag{B11}$$

联立式(B5)和(B11),即可还原式(1-11)。

下文对式(4-2)进行 Chapman-Enskog 展开。将式(4-2)改写为离散速度形式：

$$\frac{\partial g_i}{\partial t} + e_i \cdot \nabla g_i = \frac{g_i^{eq} - g_i}{\tau_g} \tag{B12}$$

将 Chapman-Enskog 展开代入上式并整理各阶系数得：

$$K^0 : g_i^{(0)} = g_i^{eq} \tag{B13}$$

$$K^1 : \frac{\partial g_i^{(0)}}{\partial t_1} + e_i \cdot \nabla_1 g_i^{(0)} = -\frac{g_i^{(1)}}{\tau_g} \tag{B14}$$

$$K^2 : \frac{\partial g_i^{(0)}}{\partial t_2} + \frac{\partial g_i^{(1)}}{\partial t_1} + e_i \cdot \nabla_1 g_i^{(1)} = -\frac{g_i^{(2)}}{\tau_g} \tag{B15}$$

对式(B14)在0阶速度空间求和可得式(B5)。对式(B15)在0阶速度空间求和得：

$$\frac{\partial H}{\partial t_2} + \nabla_1 \cdot \sum_i e_i g_i^{(1)} = 0 \tag{B16}$$

现对式(B14)在1阶速度空间求和,得：

$$\begin{aligned} \frac{\sum_i e_i g_i^{(1)}}{\tau_g} &= -\frac{\partial \left[\sum_i e_i g_i^{(0)} \right]}{\partial t_1} - \nabla_1 \cdot \left[\sum_i e_i e_i g_i^{(0)} \right] \\ &= -\frac{\partial [C_p T u]}{\partial t_1} - \nabla_1 \cdot [Huu + RT_0 C_p T I] \\ &\approx -\nabla_1 (RT_0 C_p T) \end{aligned} \tag{B17}$$

上式简化过程使用了式(B9)中的无量纲形式。将式(B17)代入式(B16)可得：

$$\frac{\partial H}{\partial t_2} + \nabla_1^2 (-\tau_g C_p T R T_0) = 0 \tag{B18}$$

联立式(B5)和(B18)即可得式(1-11),且满足式(4-14)。

附录 C

本附录给出第 5 章中柱坐标系下固液相变格子 Boltzmann 模型的 Chapman—Enskog 推导过程。根据式(5-11),补充分布函数在 0 阶、1 阶和 2 阶速度空间的求和,可得:

$$\sum_i g_i^{eq} = rH \tag{C1}$$

$$\sum_i e_i g_i^{eq} = urC_p T \tag{C2}$$

$$\sum_i e_i e_i g_i^{eq} = uurC_p T + rC_p T c_s^2 I \tag{C3}$$

同理,补充 G_i 在 0 阶和 1 阶速度空间的求和可得:

$$\sum_i G_i = 0 \tag{C4}$$

$$\sum_i e_i G_i = b \tag{C5}$$

对式(5-10)进行 Taylor 展开可得:

$$(\partial_t + e_i \cdot \nabla) g_i + \frac{\Delta t}{2}(\partial_t + e_i \cdot \nabla)^2 g_i = -\frac{1}{\Delta t \tau_g}(g_i - g_i^{eq}) + G_i + O(\Delta t^3) \tag{C6}$$

引入式(A2)和(A3)和以下各式:

$$g_i = g_i^{(0)} + K g_i^{(1)} + K^2 g_i^{(2)} \tag{C7}$$

$$G_i = K G_i^{(1)} \tag{C8}$$

并代入式(C6)后整理各阶系数可得:

$$K: g_i^{(0)} = g_i^{eq} \tag{C9}$$

$$K^2: D_i^{(1)} g_i^{(0)} = -\frac{1}{\Delta t \tau_g} g_i^{(1)} + G_i^{(1)} \tag{C10}$$

$$K^2: \partial_{t2} g_i^{(0)} + D_i^{(1)} g_i^{(1)} + \frac{\Delta t}{2}[D_i^{(1)}]^2 g_i^{(0)} = -\frac{1}{\Delta t \tau_g} g_i^{(2)} \tag{C11}$$

根据式(C10),(C11)可修改为:

$$\partial_{t2} g_i^{(0)} + \left(1 - \frac{1}{2\tau_g}\right) D_i^{(1)} g_i^{(1)} + \frac{\Delta t}{2} D_i^{(1)} G_i^{(1)} = -\frac{1}{\Delta t \tau_g} g_i^{(2)} \tag{C12}$$

对式(C10)在0阶速度空间上求和可得：

$$\partial_{t1}(rH)+\nabla_1\cdot(urC_pT)=0 \tag{C13}$$

同理，对式(C12)在0阶速度空间求和可得：

$$\partial_{t2}(rH)+\left(1-\frac{1}{2\tau_g}\right)\nabla_1\cdot\sum_i e_i g_i^{(1)}+\frac{\Delta t}{2}\nabla_1\cdot b^{(1)}=0 \tag{C14}$$

对式(C10)在1阶速度空间求和，可得：

$$\begin{aligned}\sum_i e_i g_i^{(1)} &= \Delta t\tau_g\left[b^{(1)}-\partial_{t1}\sum_i e_i g_i^{(0)}-\nabla_1\cdot\sum_i e_i e_i g_i^{(0)}\right]\\ &= \Delta t\tau_g\left[b^{(1)}-\partial_{t1}(rC_pTu)-\nabla_1\cdot\left[uuC_pTr+c_s^2IC_pTr\right]\right]\end{aligned} \tag{C15}$$

引入通用无量纲变量表达式：

$$T^*=\frac{T}{T_{ref}} \tag{C16}$$

$$t^*=\frac{t}{t_{ref}} \tag{C17}$$

$$u^*=\frac{u}{u_{ref}} \tag{C18}$$

$$r^*=\frac{r}{L_{ref}} \tag{C19}$$

根据式(C16)至式(C19)，有：

$$\begin{aligned}&\partial_{t1}(rC_pTu)+\nabla_1\cdot(uuC_pTr)+c_s^2\nabla_1(C_pTr)\\ &=\frac{u_{ref}L_{ref}T_{ref}}{t_{ref}}\partial_{t1}^*(r^*C_pT^*u^*)+u_{ref}u_{ref}T_{ref}\nabla_1^*\cdot(u^*u^*C_pT^*r^*)\\ &+T_{ref}c_s^2\nabla_1^*(C_pT^*r^*)=T_{ref}c_s^2\left[\frac{u_{ref}L_{ref}}{t_{ref}c_s^2}\partial_{t1}^*(r^*C_pT^*u^*)+\frac{u_{ref}u_{ref}}{c_s^2}\right.\\ &\left.\nabla_1^*\cdot(u^*u^*C_pT^*r^*)+\nabla_1^*(C_pT^*r^*)\right]\end{aligned} \tag{C20}$$

根据Mach数定义：

$$Ma=\frac{u_{ref}}{c_s} \tag{C21}$$

则式(C20)简化为：

$$\begin{aligned}&\partial_{t1}(rC_pTu)+\nabla_1\cdot(uuC_pTr)+c_s^2\nabla_1(C_pTr)\\ &=T_{ref}c_s^2\left[\frac{L_{ref}}{t_{ref}c_s}\mathrm{Ma}\partial_{t1}^*(r^*C_pT^*u^*)+\mathrm{Ma}^2\nabla_1^*\cdot\right.\\ &\left.(u^*u^*C_pT^*r^*)+\nabla_1^*(C_pT^*r^*)\right]\end{aligned} \tag{C22}$$

在确定 Ma 和 $L_{\mathrm{ref}}/t_{\mathrm{ref}}c_s$ 远小于1时，式(C15)简化为：

$$\sum_i e_i g_i^{(1)}\approx\Delta t\tau_g\left[b^{(1)}-\nabla_1(c_s^2C_pTr)\right] \tag{C23}$$

将式(C23)代入式(C14)可得：

$$\partial_{t2}(rH)=\Delta t\left(\tau_g-\frac{1}{2}\right)c_s^2\ \nabla_1^2(C_pTr)-\Delta t\tau_g\ \nabla_1\cdot b^{(1)} \tag{C24}$$

联立式(C13)和式(C24),可得:

$$\frac{\partial(rH)}{\partial t}+\nabla\cdot(urC_pT)=\Delta t\left(\tau_g-\frac{1}{2}\right)c_s^2\ \nabla^2(C_pTr)-\Delta t\left(\tau_g-\frac{1}{2}\right)c_s^2\ \frac{\partial(C_pT)}{\partial r} \tag{C25}$$

从(C25)中提取变量 r 即可得到式(5-3)。

附录 D

本附录中给出方腔熔化自然对流的格子 Boltzmann 计算程序，数值模型如 2.3.4 所示，程序采用 C++语言编写。碰撞函数采用 SRT 模型，固液相变模型采用 3.2 中焓转化法模型。模型输出结果可采用 Tecplot 等软件分析。

```
#include<iostream>
#include<cmath>
#include<cstdlib>
#include<iomanip>
#include<fstream>
#include<sstream>
#include<string>

using namespace std;


const int Q=9;

const int L=128;    //特征长度
const int NX=L;     //x 方向模型尺寸
const int NY=L;     //y 方向模型尺寸

double e[Q][2]={{0,0},{1,0},{0,1},{-1,0},{0,-1},{1,1},{-1,1},{-1,-1},{1,-1}};    //离散速度
double w[Q]={4.0/9,1.0/9,1.0/9,1.0/9,1.0/9,1.0/36,1.0/36,1.0/36,1.0/36};    //D2Q9 权系数
double wk[Q]={-5./9,1.0/9,1.0/9,1.0/9,1.0/9,1.0/36,1.0/36,1.0/36,1.0/36};    //焓转化法额外权系数
```

```
double c,dx,dy,Lx,Ly,dt,tau_f,tau_g,cs,RT;
        //格子变量

//温度场变量
double G[NX+1][NY+1][Q],g[NX+1][NY+1][Q],T[NX+1][NY
+1],H[NX+1][NY+1],fl[NX+1][NY+1];
//流场变量
double F[NX+1][NY+1][Q],f[NX+1][NY+1][Q],rho[NX+1]
[NY+1],u[NX+1][NY+1][2],force[NX+1][NY+1][2];
double Pr,Ra,Ste,Ma;         //无量纲参数
double lambda,alpha,cps,cpl,La,niu,U,gbeta,Hs,Hl,Tl,Ts,Tm,theta;
  //相变材料物性

double Tc,Th,rho0;         //边界条件

double geq(int k,double H,double T,double u[2]);     //焓平衡态分布
函数
double feq(int k,double rho,double u[2]);            //密度平衡态分布
函数
double Fi(int k,double force[2],double u[2]);        //体积力离散项
double T_cal(double H);                              //根据焓计算温度
double H_cal(double T);                              //根据温度计算焓
double fl_cal(double H);                             //液相率计算函数

void collision();                                    //碰撞函数
void boundary();                                     //边界条件
void stream();                                       //迁移函数

void init();                                         //初始化函数
void evolution();                                    //演化函数
void output(int m);                                  //输出函数

/*******************焓平衡态分布函数*****
****************/
```

```
double geq(int k,double H,double T,double u[2])
{
double geq,uv,eu;
eu=(e[k][0] * u[0]+e[k][1] * u[1]);
uv=(u[0] * u[0]+u[1] * u[1]);
geq=w[k] * (H+cpl * T * (eu/RT+eu * eu/2./RT/RT-uv/RT/2.))
+wk[k] * (cpl * T-H);
return geq;
}

/******************密度平衡态分布函数********************/
double feq(int k,double rho,double u[2])
{
double feq,eu,uv;
eu=e[k][0] * u[0]+e[k][1] * u[1];
uv=u[0] * u[0]+u[1] * u[1];
feq=rho * w[k] * (1+eu/RT+eu * eu/2/RT/RT-uv/RT/2);
return feq;
}

/******************体积力离散项*************************/
double Fi(int k,double force[2],double u[2])
{
double Fi;
Fi=w[k] * (1-1/2./tau_f) * (((e[k][0]-u[0])/RT+(e[k][0] * u[0]
+e[k][1] * u[1])/RT/RT * e[k][0]) * force[0]+((e[k][1]-u[1])/RT+
(e[k][0] * u[0]+e[k][1] * u[1])/RT/RT * e[k][1]) * force[1]);
return Fi;
}

/******************根据焓计算温度************************/
```

```
double T_cal(double H)
{
double T;
if(H<Hs)
{
T=(H-cps*theta)/cps+Tm;
}
else if(H>Hl)
{
T=(H-La-cps*theta)/cpl+Tm;
}
else
{
T=(H-La/2.-(cps+cpl)*theta/2.)/((cpl+cps)/2.+La/2./theta)
+Tm;
}
return T;
}

/*******************根据温度计算焓****************
*************/
double H_cal(double T)
{
double H;
if(T<=Ts)
{
H=cps*(T-Tm)+cps*theta;
}
else if(T>=Tl)
{
H=cpl*(T-Tm)+cps*theta+La;
}
else
{
```

```
H=((cpl+cps)/2.+La/2./theta)*(T-Tm)+(cpl+cps)/2.*theta+La/2.;
}
return H;
}

/*****************液相率计算函数***************************/
double fl_cal(double H)
{
if(H<Hs)
{
return 0;
}
else if(H>Hl)
{
return 1;
}
else
{
return (H-Hs)/(Hl-Hs);
}
}

/***********************碰撞函数***********************/
void collision()
{
int i,j,k;
for(i=1;i<NX;i++)
{
for(j=1;j<NY;j++)
{
for(k=0;k<Q;k++)
```

```
{
//速度场演化方程,对应式(1-20)
F[i][j][k]=f[i][j][k]-(f[i][j][k]-feq(k,rho[i][j],u[i][j]))/tau_f
+Fi(k,force[i][j],u[i][j]);
//温度场演化方程,对应式(1-45)
G[i][j][k]=g[i][j][k]-(g[i][j][k]-geq(k,H[i][j],T[i][j],u[i]
[j]))/tau_g;
}
}
}
}

/**********************边界条件****
******************/
void boundary()
{
//采用非平衡态外推格式,对应式(1-50)
int i,j,k,ip,jp;
//左右边界
for(j=1;j<NY;j++)
{
jp=j;
//左边界
i=0;
ip=1;
u[i][j][0]=0;
u[i][j][1]=0;
rho[i][j]=rho[ip][jp];
T[i][j]=Th;
H[i][j]=H_cal(T[i][j]);
fl[i][j]=1.0;
for(k=0;k<Q;k++)
{
F[i][j][k]=feq(k,rho[i][j],u[i][j])+(F[ip][jp][k]-feq(k,rho[ip]
```

```
[jp],u[ip][jp]));
    G[i][j][k]=geq(k,H[i][j],T[i][j],u[i][j])+(G[ip][jp][k]-geq(k,H[ip][jp],T[ip][jp],u[ip][jp]));
    }
    //右边界
    i=NX;
    ip=NX-1;
    u[i][j][0]=0;
    u[i][j][1]=0;
    rho[i][j]=rho[ip][jp];
    T[i][j]=Ts;
    H[i][j]=H_cal(T[i][j]);
    fl[i][j]=0;
    for(k=0;k<Q;k++)
    {
    F[i][j][k]=feq(k,rho[i][j],u[i][j])+(F[ip][jp][k]-feq(k,rho[ip][jp],u[ip][jp]));
    G[i][j][k]=geq(k,H[i][j],T[i][j],u[i][j])+(G[ip][jp][k]-geq(k,H[ip][jp],T[ip][jp],u[ip][jp]));
    }
    }
    //上下边界
    for(i=0;i<=NX;i++)
    {
    ip=i;
    //下边界
    j=0;
    jp=1;
    u[i][j][0]=0;
    u[i][j][1]=0;
    rho[i][j]=rho[ip][jp];
    T[i][j]=T[ip][jp];
    H[i][j]=H[ip][jp];
    fl[i][j]=fl[ip][jp];
```

```
for(k=0;k<Q;k++)
{
F[i][j][k]=feq(k,rho[i][j],u[i][j])+(F[ip][jp][k]-feq(k,rho[ip][jp],u[ip][jp]));
G[i][j][k]=geq(k,H[i][j],T[i][j],u[i][j])+(G[ip][jp][k]-geq(k,H[ip][jp],T[ip][jp],u[ip][jp]));
}
//上边界
j=NY;
jp=NY-1;
u[i][j][0]=0;
u[i][j][1]=0;
rho[i][j]=rho[ip][jp];
T[i][j]=T[ip][jp];
H[i][j]=H[ip][jp];
fl[i][j]=fl[ip][jp];
for(k=0;k<Q;k++)
{
F[i][j][k]=feq(k,rho[i][j],u[i][j])+(F[ip][jp][k]-feq(k,rho[ip][jp],u[ip][jp]));
G[i][j][k]=geq(k,H[i][j],T[i][j],u[i][j])+(G[ip][jp][k]-geq(k,H[ip][jp],T[ip][jp],u[ip][jp]));
}
}
}

/**************************迁移函数********************/
void stream()
{
int i,j,k,ip,jp;

for(i=1;i<NX;i++)
{
```

```
for(j=1;j<NY;j++)
{
rho[i][j]=0;
u[i][j][0]=0;
u[i][j][1]=0;
H[i][j]=0;
for(k=0;k<Q;k++)
{
ip=i-e[k][0]*dt/dx;
jp=j-e[k][1]*dt/dx;
f[i][j][k]=F[ip][jp][k];
g[i][j][k]=G[ip][jp][k];
}
for(k=0;k<Q;k++)
{
rho[i][j]+=f[i][j][k];
u[i][j][0]+=e[k][0]*f[i][j][k];
u[i][j][1]+=e[k][1]*f[i][j][k];
H[i][j]+=g[i][j][k];
}
u[i][j][0]=u[i][j][0]/rho[i][j];
u[i][j][1]=u[i][j][1]/rho[i][j]+dt/2.*force[i][j][1]/rho[i][j];

T[i][j]=T_cal(H[i][j]);

force[i][j][0]=0;
force[i][j][1]=rho[i][j]*gbeta*(T[i][j]-Tm);

fl[i][j]=fl_cal(H[i][j]);
//固液相变界面近似处理
if(fl[i][j]<0.5)
{
u[i][j][0]=0;
u[i][j][1]=0;
```

```
}
}
}
}

/********************演化函数*****************************/
void evolution()
{
collision();
boundary();
stream();
}

/********************输出函数*****************************/
void output(int m)
{
int i,j;
ostringstream name;
name<<"time_"<<alpha*m*dt/L/L<<".dat";
ofstream out(name.str().c_str());
out<<"Title=\"LBM for solid-liquid phase change\""<<endl<<"dt="<<dt<<" dx="<<dx<<endl<<"VARIABLES=\"X\",\"Y\",\"U\",\"V\",\"T\",\"rho\",\"fl\"\n"<<"ZONE T=\"BOX\",I="<<NX+1<<",J="<<NY+1<<",F=POINT"<<endl;
for(j=0;j<=NY;j++)
{
for(i=0;i<=NX;i++)
{
out<<i<<" "<<j<<" "<<u[i][j][0]<<" "<<u[i][j][1]<<" "<<T[i][j]<<" "<<rho[i][j]<<" "<<fl[i][j]<<endl;
}
}
```

```
}

/********************主函数******************************/
int main()
{
int n;
init();
cout<<"Intilized"<<endl;

for(n=0;n<10*L*L/dt/alpha;n++)
{
evolution();
if(n%10000==0)
{
cout<<"dimensionless time="<<alpha*n*dt/L/L<<" "<<endl;
output(n);
}
}
output(n);
system("pause");
return 0;
}

/********************初始化函数*****************************/
void init()
{
int k;
//格子 Boltzmann 模型参数
dx=1;          //x 方向离散步长
dy=dx;         //y 方向离散步长
Lx=dx*NX;      //x 方向长度
Ly=dy*NY;      //y 方向长度
```

```
dt=dx;            //时间步长
c=dx/dt;           //格子速度
//离散速度
for(k=0;k<Q;k++)
{
e[k][0] *=c;
e[k][1] *=c;
}
cs=sqrt(c*c/3);  //格子声速
RT=c*c/3;       //格子气体常数和特征温度乘积

//无量纲参数定义
Pr=0.02;              //Prandtl 数
Ra=2.5e4;            //Rayleigh 数
Ste=0.01;            //Stefan 数
Ma=0.1;              //Mach 数

//相变材料物性计算
rho0=1.0;            //特征密度
Th=1.0;              //左侧壁面温度
Tc=0;                //右侧壁面温度
U=Ma*cs;              //特征速度
gbeta=U*U/(Th-Tc)/L;  //重力加速度和膨胀系数乘积
alpha=sqrt(gbeta*(Th-Tc)*L*L*L/Pr/Ra);   //温度扩散系数
niu=Pr*alpha;                                   //黏度
cpl=1;                       //液相比热
cps=cpl;                     //固相比热
La=cpl*(Th-Tc)/Ste;       //潜热
theta=0.001*(Th-Tc);      //焓转化法相变区间温度
Tm=Tc;                       //相变温度
Tl=Tm+theta;                 //液相温度
Ts=Tm-theta;                 //固相温度
Hs=H_cal(Ts);               //液相焓
Hl=H_cal(Tl);               //固相焓
```

```
//无量纲弛豫时间
tau_f=niu/RT/dt+0.5;        //流场无量纲弛豫时间
tau_g=alpha/RT/dt+0.5;      //温度场无量纲弛豫时间

//流场和温度场初始化
for(int i=0;i<=NX;i++)
{
for(int j=0;j<=NY;j++)
{
rho[i][j]=rho0;
u[i][j][0]=0;
u[i][j][1]=0;
T[i][j]=Ts;
H[i][j]=H_cal(T[i][j]);
fl[i][j]=fl_cal(H[i][j]);
for(int k=0;k<Q;k++)
{
f[i][j][k]=feq(k,rho[i][j],u[i][j]);
g[i][j][k]=geq(k,H[i][j],T[i][j],u[i][j]);
}
}
}
}
```